高等职业教育土建类"十四五"规划"互联网+"创新系列教材

U0742989

钢结构施工 第2版

GANG JIEGOU

SHIGONG

主 编 龙卫国 宋国芳 朱思静

中南大学出版社
www.csupress.com.cn

图书在版编目(CIP)数据

钢结构施工／龙卫国，宋国芳，朱思静主编. —2 版.
—长沙：中南大学出版社，2022.7
ISBN 978-7-5487-4936-3

Ⅰ. ①钢… Ⅱ. ①龙… ②宋… ③朱… Ⅲ. ①钢结构—
工程施工—高等学校—教材 Ⅳ. ①TU758.11

中国版本图书馆 CIP 数据核字(2022)第 101007 号

钢结构施工

第 2 版

GANGJIEGOU SHIGONG

龙卫国　宋国芳　朱思静　主编

□ 出 版 人	吴湘华	
□ 策划编辑	周兴武　谭　平	
□ 责任编辑	周兴武	
□ 封面设计	吴颖辉	
□ 责任印制	唐　曦	
□ 出版发行	中南大学出版社	
	社址：长沙市麓山南路	邮编：410083
	发行科电话：0731-88876770	传真：0731-88710482
□ 印　　装	湖南蓝盾彩色印务有限公司	

□ 开　　本	787 mm×1092 mm 1/16	□ 印张 18.75	□ 字数 475 千字
□ 版　　次	2022 年 7 月第 2 版	□ 印次 2022 年 7 月第 1 次印刷	
□ 书　　号	ISBN 978-7-5487-4936-3		
□ 定　　价	54.00 元		

出版说明 INSTRUCTIONS

为了深入贯彻党的十九大精神和全国教育大会精神，落实《国家职业教育改革实施方案》（国发〔2019〕4号）和《职业院校教材管理办法》（教材〔2019〕3号）有关要求，深化职业教育"三教"改革，全面推进高等职业院校土建类专业教育教学改革，促进高端技术技能型人才的培养，依据教育部高职高专教育土建类专业教学指导委员会《高职高专土建类专业教学基本要求》和国家教学标准及职业标准要求，通过充分的调研，在总结吸收国内优秀高职高专教材建设经验的基础上，我们组织编写和出版了这套高等职业教育土建类专业规划教材。

高职高专教学改革不断深入，土建行业工程技术日新月异，相应国家标准、规范，行业、企业标准、规范不断更新，作为课程内容载体的教材也必然要顺应教学改革和新形势，适应行业的发展变化。教材建设应该按照最新的职业教育教学改革理念构建教材体系，探索新的编写思路，编写出版一套全新的、高等职业院校普遍认同的、能引导土建专业教学改革的系列教材。为此，我们成立了规划教材编审委员会。规划教材编审委员会由全国30多所高职院校的权威教授、专家、院长、教学负责人、专业带头人及企业专家组成。编审委员会通过推荐、遴选，聘请了一批学术水平高、教学经验丰富、工程实践能力强的骨干教师及企业专家组成编写队伍。

本套教材具有以下特色：

1. 教材符合《职业院校教材管理办法》（教材〔2019〕3号）的要求，以习近平新时代中国特色社会主义思想为指导，注重立德树人，在教材中有机融入中国优秀传统文化、"四个自信"、爱国主义、法治意识、工匠精神、职业素养等思政元素。

2. 教材依据教育部高职高专教育土建类专业教学指导委员会《高职高专土建类专业教学基本要求》及国家教学标准和职业标准（规范）编写，体现科学性、综合性、实践性、时效性等特点。

3. 体现"三教"改革精神，适应高职高专教学改革的要求，以职业能力为主线，采用行动导向、任务驱动、项目载体，教、学、做一体化模式编写，按实际岗位所需的知识能力来选取教材内容，实现教材与工程实际的零距离"无缝对接"。

4. 体现先进性特点，将土建学科发展的新成果、新技术、新工艺、新材料、新知识纳入教材，结合最新国家标准、行业标准、规范编写。

5. 产教融合，校企双元开发，教材内容与工程实际紧密联系。教材案例选择符合或接近真实工程实际，有利于培养学生的工程实践能力。

6. 以社会需求为基本依据，以就业为导向，有机融入"1+X"证书内容，融入建筑企业岗位(八大员)职业资格考试、国家职业技能鉴定标准的相关内容，实现学历教育与职业资格认证的衔接。

7. 教材体系立体化。为了方便教师教学和学生学习，本套教材建立了多媒体教学电子课件、电子图集、教学指导、教学大纲、案例素材等教学资源支持服务平台；部分教材采用了"互联网+"的形式出版，读者扫描书中的二维码，即可阅读丰富的工程图片、演示动画、操作视频、工程案例、拓展知识等。

高等职业教育土建类专业规划教材

编审委员会

高等职业教育土建类"十四五"规划"互联网+"
创新系列教材编审委员会

主　任

王运政　　胡六星　　郑　伟　　玉小冰　　刘孟良　　陈安生
李建华　　谢建波　　彭　浪　　赵　慧　　赵顺林　　向　曙

副主任

（以姓氏笔画为序）

王超洋　　卢　滔　　刘文利　　刘可定　　刘庆潭　　孙发礼
杨晓珍　　李　娟　　李玲萍　　李清奇　　李精润　　欧阳和平
项　林　　胡云珍　　黄　涛　　黄金波　　龚建红　　颜　昕

委　员

（以姓氏笔画为序）

万小华　　邓　慧　　王四清　　龙卫国　　叶　姝　　包　蜃
邝佳奇　　朱再英　　伍扬波　　庄　运　　刘小聪　　刘天林
刘汉章　　刘旭灵　　许　博　　阮晓玲　　孙光远　　孙湘晖
李为华　　李　龙　　李　冰　　李　奇　　李　侃　　李　鲤
李亚贵　　李进军　　李丽田　　李丽君　　李海霞　　李鸿雁
肖飞剑　　肖恒升　　何　珊　　何立志　　佘　勇　　宋士法
宋国芳　　张小军　　张丽姝　　陈　晖　　陈　翔　　陈贤清
陈淳慧　　陈婷梅　　易红霞　　金红丽　　周　伟　　赵亚敏
徐龙辉　　徐运明　　徐猛勇　　卿利军　　高建平　　唐　文
唐茂华　　黄郎宁　　黄桂芳　　曹世晖　　常爱萍　　梁鸿颉
彭　飞　　彭子茂　　彭秀兰　　蒋　荣　　蒋买勇　　曾维湘
曾福林　　熊宇璟　　樊淳华　　魏丽梅　　魏秀瑛　　瞿　峰

前 言 PREFACE

随着建筑钢结构在建筑工程领域中的应用越来越广，对我国高职土木类学生提出了新的更高的要求，因而"钢结构施工"成为高职土木类学生一门必要的专业课程。近几年，我国也相应出台了新的《钢结构设计标准》(GB 50017—2017)、《钢结构工程施工规范》(GB 50755—2020)、《钢结构工程施工质量验收标准》(GB 50205—2020)和《钢结构焊接规范》(GB 50661—2011)。本书依据最新规范编写，以实际钢结构工业厂房为主线，分钢结构认知、钢结构材料、钢结构构件制作与预拼装、钢结构连接、钢结构涂装、钢结构安装、钢结构质量验收与保证措施、钢结构识图等8个项目内容进行阐述。

本书在编写上突出了以下三个特点：

1. 以工程实例为主线，逐步深入，逐一讲述，框架清晰，结构完整。通过本书的学习，学生可以全面系统掌握钢结构的特点、钢结构施工要求及钢结构构件连接设计的基本概念和基本理论。

2. 实用性和操作性强。本书内容紧扣钢结构施工、质量检测和监理岗位，与最新规范和标准保持一致，体现本教材的可操作性、资料完整性和技术规范性。

3. 内容丰富，紧贴实际工程。便于组织教学和学生自学，每个项目前设有知识目标、能力目标和素质目标，穿插了典型工程案例、工程实践等内容。

本书在编写过程中，走访了湖南的许多钢结构生产企业和钢结构施工单位，并得到了他们的大力支持，在此一并感谢。还参阅了大量有关规范、标准及文献资料。

本书由龙卫国、宋国芳、朱思静任主编，胡婷婷、许博、陈叶、胡海燕、邓羿、彭展鹏、刘俊任副主编。参编人员及分工如下：项目一、八由湖南城建职业技术学院龙卫国老师和彭展鹏老师编写，项目二由广东水利电力职业技术学院胡海燕老师和湖南城建职业技术学院邓羿老师编写，项目三由湖南城建职业技术学院朱思静老师和刘俊老师编写，项目四由湖南城建职业技术学院胡婷婷老师编写，项目五由湖南工程职业技术学院宋国芳老师编写，项目六由湖南城建职业技术学院许博老师编写，项目七由湖南城建职业技术学院陈叶老师编写。由湖南城建职业技术学院龙卫国教授和湖南工程职业技术学院宋国芳教授统稿。全书由湖南城建职业技术学院郑伟教授主审。

由于编者水平和经验有限，加之时间仓促，书中错误和疏漏之处在所难免，敬请读者批评指正。

编　者

2022 年 6 月

目 录 CONTENTS

项目一　钢结构认知

【知识目标】
1. 钢结构的优缺点及其发展；
2. 钢结构的形式；
3. 钢结构的法规性文件。

【能力目标】
1. 能了解钢结构的特点和所用材料；
2. 会查阅钢结构法规性文件。

【素质目标】
1. 培养学生的安全意识；
2. 培养学生的职业道德和社会公德。

任务1.1　钢结构的应用及其发展

1.1.1　建筑钢结构发展趋势

早在19世纪80年代，我国就开始将钢结构应用到建筑结构中了，如1889年唐山水泥厂厂房就采用了钢结构。20世纪60—70年代，我国由于钢材供应短缺，基本限制了钢结构的使用。20世纪80年代以来，我国钢产量逐年提高，钢结构应用范围不断扩大。到20世纪末，我国提出要合理使用钢材，钢结构在建筑结构中的应用迅猛发展。目前，我国建筑产业大力推行"节能环保"的绿色建筑，钢结构是极具代表性的绿色建筑和抗震建筑，因此具有很好的应用前景。主要应用范围如下。

1. 大跨度结构

钢材强度高、重量轻的优势正好适合大跨度结构，如展览厅、飞机库、体育馆、影剧院等屋盖结构，如图1-1、图1-2所示。

图1-1　深圳龙湾足球场

图1-2　鸟巢

2. 工业厂房

工业厂房重型车间的屋架、柱、吊车梁都是钢结构。如首钢、鞍钢、包钢等工业厂房，如图1-3、图1-4所示。

图1-3 东河铝业园区工业厂房

图1-4 马鞍山钢铁公司钢结构加工厂房

3. 高层建筑

多层和高层建筑采用钢结构越来越多。如上海金茂大厦、深圳地王大厦等，如图1-5、图1-6所示。

图1-5 上海金茂大厦

图1-6 深圳地王大厦

4. 高耸结构

高耸结构包括塔架和桅杆结构。大多数高耸结构也采用钢结构，如电视塔、通信塔、火箭发射塔、大气监测塔等，如图1-7、图1-8所示。

5. 移动结构

钢结构强度高、结构轻，非常适用于需要搬迁或移动的结构。如装配式房屋、桥式吊车、塔式起重机、水工闸门、油田和野外作业的生产和生活用房的骨架等，如图1-9、图1-10所示。

图1-7 酒泉卫星发射塔

图1-8 上海东方明珠电视塔

图1-9 海上采油平台

图1-10 塔式起重机

6. 容器和其他构筑物

冶金、石油、化工企业中大量采用钢板做成的容器结构，包括油罐、煤气罐、高炉和热风炉等，如图1-11、图1-12所示。

图1-11 联峰钢铁五号高炉

图1-12 立式油罐

7. 桥梁

大跨度桥梁常采用钢结构，钢桥主要结构形式有钢架桥、斜拉桥和悬索桥等，南京长江大桥为钢结构的钢架桥，上海杨浦大桥为钢结构的斜拉桥，湖南湘西矮寨大桥为钢结构悬索桥。如图1-13～图1-15所示。

图1-13 南京长江大桥	图1-14 上海杨浦大桥	图1-15 湘西矮寨大桥

8. 住宅

钢结构住宅是以钢结构为骨架配合多种复合材料的轻型墙体拼装而成的，如图1-16、图1-17所示。所用材料均为工厂标准化、系列化、批量化生产，改变了砖、瓦、灰、砂、石等传统的现场作业模式，对实现住宅业的产业化、标准化、规模化具有战略意义。

图1-16 钢结构别墅住宅　　　　　　　　图1-17 马钢光明新村住宅

我国钢结构正处于迅速发展的前期，今后的应用更为广泛，其主要发展方向是：新型高性能钢材的应用，新的设计理论和设计方法的研究，钢结构形式的革新，新型制作工艺和安装工艺研究等。

1.1.2 钢结构的优缺点

1. 钢结构的优点

(1)强度高、重量轻，塑性、韧性好，抗震性能优越。钢材与其他材料相比，具有较高的强度，适合于建造跨度大、高度高、承载重的结构，也适用于建造抗震、可移动、易拆装的结构。它的强度与重力密度之比较混凝土要高得多（混凝土：$1.25 \times 10^6 \sim 2.4 \times 10^6$；钢：$3.1 \times 10^6 \sim 4.9 \times 10^6$）。在相

4

同的荷载作用下,钢结构屋架重量为同等跨度钢筋混凝土屋架的1/3～1/4倍;若采用薄壁型钢屋架则更轻,只有钢筋混凝土屋架的1/10。因此,钢结构具有自重轻、便于运输和安装的优点,同时具有良好的吸能能力,抗震性能优越。

(2)密封性能好。钢结构采用焊缝连接可以做到完全密封,能满足一些对气密性和水密性要求较高的结构,如高压容器、大型油库、煤气罐、油罐和管道等。

(3)制作加工方便,工业化程度高,工期短。钢结构所用材料单纯,可由专业化的厂家轧制成各种型材,加工制作简单,准确度和精密度都较高。制成的构件可直接运到现场拼装,采用焊接或螺栓连接。因构件较轻,故安装方便,施工机械化程度高,工期短,为降低造价、提前收回投资、提高综合经济效益创造了条件。

(4)节能、环保,减少对不可再生资源的破坏。与混凝土结构相比,钢结构是环保类型的,属于绿色建筑结构体系,可以再次利用,也利于结构产业化,同时还有较好的综合经济指标。

2.钢结构的缺点

(1)稳定性较差。钢结构构件不但截面尺寸小,且大多数为开口或闭口截面,抗侧刚度、抗扭刚度都比混凝土小,容易失稳。

(2)耐火性差。在火灾中,未加防护的钢结构一般只能维持10～20 min,因此应采取防火措施。

(3)耐腐蚀性差,易锈蚀。钢结构在潮湿环境中特别是在有腐蚀介质环境中容易锈蚀。因此,应采用防腐处理或一些特殊处理(如镀锌、镀铝锌复合层等),因而会相应提高钢结构的造价。

(4)低温脆冷等。钢结构在低温条件下可能发生脆性断裂。另外钢材在交变荷载、复杂应力、冲击荷载、焊接缺陷等条件下也会产生脆性断裂。

任务1.2　钢结构的组成和结构类型

1.2.1　钢结构的构件组成

钢结构除容器和管道采用钢板壳体结构外,其他结构多由杆件系统和索组成。根据杆件受力,可归结为拉索、拉杆、压杆、受弯杆件、拉弯构件、压弯构件、拱和刚架等。此外,钢构件还与混凝土组合在一起形成组合构件,如钢管混凝土、型钢混凝土构件等。

钢结构体系主要有框架结构、拱式结构、悬索结构、网壳结构、预应力钢结构和索膜结构等。

1.2.2　钢结构的主要结构类型

1.单层房屋建筑的钢结构主要结构形式

(1)平面承重结构:常见的有横梁与柱刚接的门式刚架、柱铰接的排架等。如图1-18、图1-19所示。

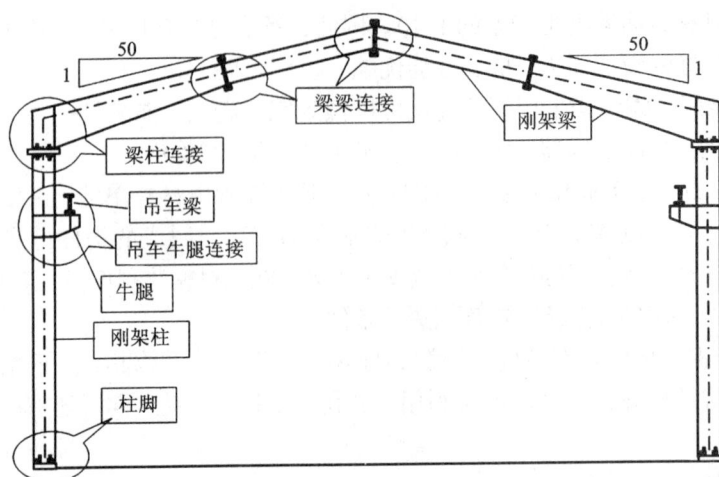

50　　　　　　　　　　　　　　　50
1　　　　　　　　　　　　　　　　1

梁梁连接

刚架梁

梁柱连接

吊车梁

吊车牛腿连接

牛腿

刚架柱

柱脚

图 1-18　横梁与柱刚接的门式刚架

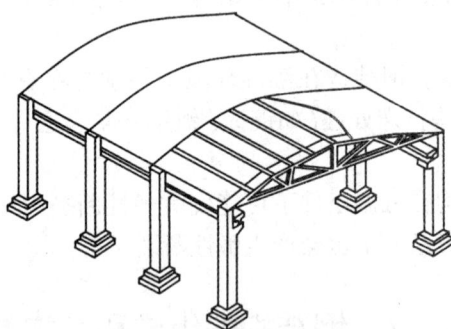

图 1-19　柱铰接的排架

（2）网架结构：有平板网架、网壳、球状网壳等，如图 1-20～图 1-22 所示。

图 1-20　平板网架

图 1-21　网壳

图 1-22　球状网壳

（3）桁架或刚架结构体系。

（4）张拉集成结构。

（5）悬索结构如图1-23所示。

（6）索膜结构具有自重轻、体型灵活多样的特点，适用于大跨度公共建筑。如图1-24所示。

图1-23 悬索预应力拉索桥

图1-24 湖南桂东罗霄广场

2.多层、高层及超高层建筑的钢结构主要形式

（1）刚架结构：梁与柱刚性连接形成多层多跨刚架。

（2）刚架-支撑结构：由刚架和支撑体系（包括抗剪桁架、剪力墙和核心筒等）组成。

（3）筒体结构：主要有框筒、筒中筒和束筒等。

3.桥梁的钢结构主要形式

（1）实腹板梁式结构。

（2）桁架式结构，如图1-25所示。

（3）拱或刚架式结构。

（4）拱与梁桁架的组合结构。

（5）斜拉结构，如图1-26所示。

图1-25 郑州黄河公铁两用桥（桁架桥）

图1-26 港珠澳大桥（斜拉桥）

4.塔桅的钢结构主要形式

（1）桅杆结构，如图1-27所示。

（2）塔架结构，如图1-28所示。

图1-27 广州新电视塔2号方案

图1-28 塔架结构

任务1.3 主要法规性文件

钢结构设计、施工规范规程同其他材料的结构规范规程一样是技术性法律文件,是广大设计、施工工程技术人员必须共同遵守的原则。因此,对从事钢结构设计和施工的技术人员来说,学习和掌握钢结构设计与施工规范就显得十分必要。只有充分理解和掌握规范,方能准确地执行和贯彻规范。

1.3.1 规范体系

任何国家的结构规范都有一套完整的规范体系。在具体讲述钢结构设计与施工规范的应用之前,本节先介绍我国钢结构设计与施工规范在整个规范体系中的地位,从全局上把握规范。我国钢结构工程所涉及的标准规范从总体上可划分为5个层次。

第一个层次为规范制定的原则。属于第一层次的规范有《建筑结构可靠度设计统一标准》(GB 50068—2001),《工程结构设计基本术语标准》(GB/T 50083—2014),《建筑结构制图标准》(GB/T 50105—2010)等。

第二个层次为荷载代表值的取用。属于第二个层次的规范为《建筑结构荷载规范》(GB 50009—2019)。

第三个层次为各种结构设计规范。属于第三个层次的规范为与钢结构设计有关的规范、规程。如《冷弯薄壁型钢结构技术规范》(GB 50018—2016)。

第四个层次为与设计规范配套的施工规范。属于第四个层次的规范为与钢结构施工及验收有关的规范、标准、规程。如《钢结构工程施工质量验收标准》(GB 50205—2020)。

第五个层次为与设计、施工相配套的各种材料、连接方面的规范及标准等。属于第五个层次的规范、标准为材料标准、紧固件标准及焊接接头形式与尺寸标准等。各层次规范的相互关系如图1-29所示。

另外，根据钢结构工程所处的环境条件，还将涉及防火、防腐、防震等方面的有关规范、规程、标准等。

对有抗震设防要求的钢结构建筑，其设计和施工应符合《建筑抗震设计规范》(GB 50011—2016)。《建筑抗震设计规范》是根据《建筑结构可靠度设计统一标准》修订的，可以与钢结构设计与施工方面的规范、规程配套使用，该规范是各类建筑抗震设防的依据。网架结构的抗震作用及其内力应按《空间网格结构技术规程》(JGJ 7—2010)中的有关规定进行计算。

对有防火要求的建筑，应符合《建筑设计防火规范》(GB 50016—2014)等防火规范中对钢结构构件的要求，规范对房屋的耐火等级及钢构件的耐火极限做了规定，它是我国建筑钢结构防火设计的依据。

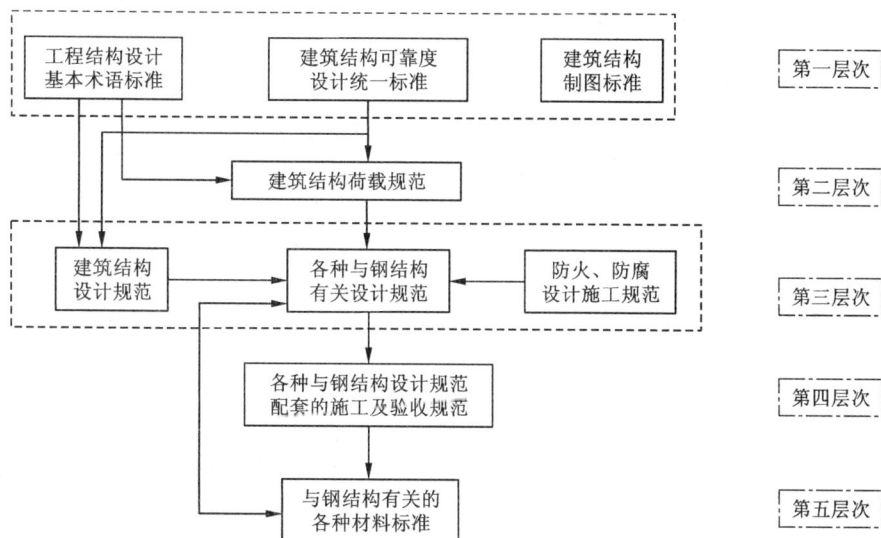

图1-29 各种规范之间的相互关系

建筑防腐设计在《钢结构设计标准》(GB 50017—2017)、《冷弯薄壁型钢结构技术规范》(GB 50018—2016)中均有相应的规定。在防腐方面应满足《建筑防腐蚀工程施工规范》(GB 50212—2014)、《工业建筑防腐蚀设计规范》(GB/T 50046—2008)的要求。

1.3.2 钢结构规范标准

随着我国基本建设事业的蓬勃发展和钢结构理论研究的不断深入，以及应用技术的不断进步，国家有关部委组织全国部分设计单位、施工单位、高等院校等的专家陆续制定、修订了一批钢结构设计、施工规范、规程及与其配套的材料、配件标准。这些规范和规程的制定对贯彻执行国家的技术经济政策、节约钢材、确保钢结构工程的质量和安全、促进钢结构技术进步等方面起到了十分重要的作用。

与钢结构有关的现行规范、规程及材料、配件标准很多,现将一些常用的规范、规程、标准及其代号列入表1-1,以便对规范、标准有一个整体性认识。

表1-1 与钢结构有关的常用规范、规程、标准及其代号

(1)与设计有关的规范、规程、标准及其代号

序号	规范、规程、标准	代号	序号	规范、规程、标准	代号
1	钢结构设计标准	GB 50017—2017	5	建筑结构荷载规范	GB 50009—2019
2	高层民用建筑钢结构技术规程	JGJ 99—2015	6	空间网格结构技术规程	JGJ 7—2010
3	建筑抗震设计规范(附条文说明)	GB 50011—2010	7	钢骨混凝土结构技术规程	YB 9082—2006
4	冷弯薄壁型钢结构技术规范	GB 50018—2016	8	门式刚架轻型房屋钢结构技术规程	CECS 102—2015

(2)与施工有关的规范、规程、标准及其代号

序号	规范、规程、标准	代号	序号	规范、规程、标准	代号
1	钢结构工程施工质量验收标准	GB 50205—2020	8	钢结构工程施工规范	GB 50755—2020
2	钢结构焊接规范	GB 50661—2011	9	低合金高强度结构钢	GB/T 1591—2018
3	工字钢用方斜垫圈	GB/T 852—1988	10	钢结构用高强度垫圈	GB/T 1230—2006
4	电弧螺柱焊用圆柱头焊钉	GB/T10433—2002	11	电弧螺柱焊用无头焊钉	GB/T10432.1—2010
5	钢结构用高强度大六角头螺栓	GB/T 1228—2006	12	钢结构用高强度大六角螺母	GB/T 1229—2006
6	焊缝无损检测超声检测技术、检测等级和评定	GB/T 11345—2013	13	钢结构用高强度大六角头螺栓、大六角螺母、垫圈技术条件	GB/T 1231—2006
7	钢结构用扭剪型高强度螺栓连接副	GB/T3632—2008	14	碳素结构钢	GB/T 700—2006

(3)焊接接头形式与尺寸的标准及其代号

序号	规范、规程、标准	代号	序号	规范、规程、标准	代号
1	气焊、焊条电弧焊、气体保护焊和高能束焊的推荐坡口	GB/T 985.1—2008	2	埋弧焊的推荐坡口	GB/T 985.2—2008

注:技术标准符号说明如下:GB—国家标准;GBJ—工程建设国家标准;CECS—中国工程建设标准化协会标准;JGJ—建筑工业行业标准;YB—冶金工业行业标准;YBJ—冶金建筑行业标准;YC—建筑材料行业标准;JBJ—机械行业标准;/T—推荐性。

任务1.4　课程内容和学习方法

1.4.1　课程主要内容

"钢结构施工"是土建施工类专业的一门主要课程。本课程从教学实际出发,重点介绍了钢结构的特点、钢结构材料的基本性能、钢结构识图、钢结构的连接施工、钢结构加工制作、钢结构涂装工程施工、钢结构安装施工中的主要技术问题,并配套相应的实训项目,以提高学生的学习兴趣,培养学生的实际操作能力和协作能力。

1.4.2　课程学习方法

"钢结构施工"是一门理论性和实践性较强的课程,理论体系完善;内容多、涉及面广;要求材料、力学、工厂加工、施工机械、焊接工艺、工程测量等方面的基础知识。

钢结构的构造形式复杂,要求空间想象能力强;学习时一方面要掌握基本材料、构造、加工及工程安装施工方法,同时注意联系工程实践。

要处理好各个项目的独立性和联系性,如钢结构识图、钢结构加工、钢结构连接、钢结构施工、防腐涂料、防水涂料等工作介质是不同的,但是施工工艺和方法有共性,都需要钢结构材料方面的知识,在授课时要注意知识的个性与共性,避免知识的遗漏和重复。对材料、连接、基本构件(梁、柱、屋架、平台、网架)和钢结构施工和验收等内容善于归纳、分析和比较,并不断加深理解,抓住基本问题分析的方法,注重各个项目之间的联系,形成完整的钢结构系统概念。

钢结构制作与安装的复杂性和多样性,要求学生善于利用各种设计资料及最新钢结构成果,综合应用所学知识解决实际工作问题,通过理论学习和实训项目结合,可以巩固和加深对所学理论的理解,培养分析问题、解决问题的能力。

本课程需积累典型的钢结构工程案例,收集钢结构工程的设计图、深化图、施工方案、施工专项方案、安全专项方案、工程照片、施工安装录像等充实的课程资源库;充分利用本教材和网上钢结构教学资源库实施教学,发挥学生的主体作用和教师的主导作用,模拟施工安装实训、加工车间的实操训练和施工现场的实习三方面相结合。实现"手脑并用"和"教学做合一",每个实训项目确保学生将所学知识用于实际工程或模拟工程。

能力训练题

1.通过网上查阅近期有关钢结构方面的信息,了解目前我国钢结构的发展趋势。

2.通过网上查阅目前我国和国外各3座具有代表性的钢结构建筑,按下表填写这些钢结构建筑的基本情况。

序号	名称	建成年限	建筑物总高	层数	形状	结构体系	设计单位	功能介绍
1								
2								
3								
4								
5								

3. 钢结构有哪些优缺点?

4. 钢结构施工技术课程有哪些主要内容和特点?

实训项目一 钢结构认知职业活动训练

钢结构认知职业活动训练是指学生在学习过程中为增加对各种建筑钢结构和构造的认识,以及对将要从事职业的入职体验而进行的实践教学环节。通过职业活动训练、体验,有助于对建筑钢结构课程的正确理解,从而使学生对各种结构形式、结构材料、节点构造、施工方法有初步的认识,从而提高钢结构的学习效果;同时能够使学生了解企业实际、体验企业的文化,建立对即将从事职业的认识,培养学生的职业素养。

钢结构认知职业活动实习内容、教学设计实训项目详见表1-2。

表1-2 钢结构认知职业活动实训教学设计项目卡

项目 认知钢结构	实训场所:校内外实训基地、钢结构加工厂 计划学时:2学时		学期: 日期: 班级:	
教学目标	能力目标	学生熟悉要体验的内容,知道怎样去体验,以取得更好的职业体验效果		
	知识目标	钢结构结构形式、主要构件形式、材料、连接方式、组成构造、加工和安装施工等过程		
教学重点难点	认知钢结构,钢结构参观实习的联系、组织及安全问题			
设计思路	教师引导学生观看钢结构录像、图片,认识钢结构形式、主要构件截面形式、材料、连接方式、组成构造、加工和安装施工等方法			

序号	工作任务	教学设计与实施		参考学时
		课程内容和要求	活动设计	
1	课程职业体验	认识实习，安全教育	职业体验期间一定要安全第一，进行安全教育，进工地要戴安全帽，不要乱动生产设备和设施，到校企合作实习基地进行认识实习，培养职业素养，开展职业教育	
2	参观认知	主要是到建筑钢结构工地等场所有针对性地对建筑钢结构课程所涉及的工程实例和节点构造进行参观认知	活动1：了解结构用钢材品种及牌号，钢材的规格(钢板、型钢、薄壁型钢、压型钢板)及其构造 活动2：了解焊接方法，焊条种类、连接方法(焊接、螺栓、铆钉连接)。焊接接头的形式(对接、搭接、T形接头)、端焊缝、侧焊缝、围焊缝、角焊缝；角钢与钢板的连接、变截面钢板的拼接、引弧板，对接焊缝的垫板，螺栓的排列(并列、错列)，角钢肢上螺栓的排列，抗剪螺栓、受拉螺栓；高强度螺栓连接，大六角头高强度螺栓、剪扭型高强度螺栓 活动3：了解钢梁的截面形式(型钢梁、组合梁)，简支梁、连接梁、悬臂梁、框架梁，工作平台梁、吊车梁、楼盖梁、檩条等；轴心受拉、受压构件截面形式(热轧塑钢和冷弯薄壁型钢)，实腹式轴心受压柱截面形式、格构式轴心受压柱截面形式、柱头、柱脚形式与构造 活动4：了解钢屋架的组成与构造，常用屋架的形式(三角形、梯形、平行弦屋架等)，支撑的类型、布置、屋架节点构造；轻型钢屋架的形式，节点构造；网架结构的类型、节点构造	2
3		学时总计		2

课前回顾	网上收集国内有关代表性的钢结构建筑的基本情况
教学引入	引导学生观看钢结构构件录像、图片，认识钢结构形式、主要构件截面形式、材料、连接方式、构造、加工和安装施工等方法
实训小结	每个模块学习完之后都要提交一份职业体验报告
课外训练	到钢结构加工厂、建筑钢结构工地等场所有针对性地对钢结构参观认知，采用分散进行，安排在课余时间、周六日或节假日进行，其中学校集中安排一次

项目二　钢结构材料

【知识目标】

1. 钢结构材料的基本性能和钢材的基本知识；
2. 钢结构所用材料、品种、规格；
3. 建筑钢材的特性。

【能力目标】

1. 知道钢材的力学性能和材料基本知识；
2. 能选用建筑用钢材。

【素质目标】

1. 培养学生的职业道德；
2. 培养学生的严谨科学态度。

钢结构是指以钢材为基材，经过机械加工组装而成的结构件，它是主要的建筑结构类型之一。因此，要深入了解钢结构的特性，必须从钢结构的材料(钢材)入手，掌握钢结构常用材料的品种、规格及基本性能。

任务2.1　基础知识

2.1.1　黑色金属、钢和有色金属的基本概念

黑色金属主要是指铁的合金，如钢、生铁、铁合金、铸铁等。钢和生铁都是以铁为基础，以碳为主要添加元素的合金，统称为铁碳合金。

生铁是指把铁矿石放到高炉中冶炼而成的产品，主要用来炼钢和制造铸件。把铸造生铁放在熔铁炉中熔炼，即得到铸铁(溶液)，把液状铸铁浇铸成铸件，这种铸铁叫铸铁件。铁合金是由铁与硅、锰、铬、钛等元素组成的合金，铁合金是炼钢的原料之一，在炼钢时作钢的脱氧剂和合金元素添加剂用。

把炼钢用生铁放到炼钢炉内按一定工艺熔炼，即得到钢。钢的产品有钢锭、连铸胚和直接铸成的各种钢铸件等。通常所讲的钢，一般是指轧制成各种钢材的钢。钢属于黑色金属，但钢不完全等于黑色金属。

有色金属又称非铁金属，指除黑色金属外的金属和合金，如铜、锡、铅、锌以及黄铜、青铜、铝合金和轴承合金等。另外在工业上还采用铬、镍、锰、钼、钴、钒、钛等，这些金属主要用作合金附加物，以改善金属的性能，其中钨、钛、钼等多用以生产刀具用的硬质合金。以上这些有色金属都成为工业用金属，此外还有贵重金属(铂、金、银等)和稀有金属，包括放射性的铀、镭等。

2.1.2　常用钢材的分类

钢铁是钢和生铁的统称。钢和铁都是以铁和碳为主要元素组成的合金，是应用最广、用量最大的金属材料，钢铁材料分为生铁和钢两类。碳含量（质量分数）大于2%时称为生铁，碳含量为2.5%～3.5%时称为工业生铁，钢是含碳量为0.03%～2%的铁碳合金。因其资源丰富，可以进行大规模工业化生产，并且性能优异，可以通过各种加工处理来改变其形状、尺寸和性能，故而能更好地满足国民经济发展和人们的各种需求。目前，钢材的生产量和消费量都很大，已成为最重要的一种工业建筑材料。

它的主要分类方法见表2-1。应该说明的是各种分类方法不存在好与不好的问题，主要是由于不同需要或不同场合而采用不同的分类方法。这几种分类方法往往混合使用。

表 2-1　钢的分类

方法			分类
按品质分类			普通钢[$w(\mathrm{P})\leqslant0.045\%～0.085\%$，$w(\mathrm{S})\leqslant0.055\%～0.065\%$]；优质钢[$w(\mathrm{P})\leqslant0.030\%～0.040\%$，$w(\mathrm{S})\leqslant0.030\%～0.045\%$]；高级优质钢[$w(\mathrm{P})\leqslant0.027\%～0.035\%$]
按化学成分分类	碳素钢		低碳钢[$w(\mathrm{C})\leqslant0.25\%$]；中碳钢[$0.25\%<w(\mathrm{C})\leqslant0.60\%$]；高碳钢[$w(\mathrm{C})>0.60\%$]
	合金钢		低合金钢（合金元素总含量≤5%）；中合金钢（合金元素总含量在5%～10%之间）；高合金钢（合金元素总含量>10%）
按成型方法分类			锻钢；铸钢；热轧钢；冷拉钢；冷轧钢
按用途分类	建筑及工程用钢		碳素结构钢；低合金高强度钢；钢筋混凝土用钢
	结构钢	机械制造用钢	调质结构钢；表面硬化结构钢：包括渗碳钢、渗氮钢，表面淬火用钢；易切结构钢；冷塑性成型用钢，包括冷冲压用钢，冷墩用钢
		弹簧钢；轴承钢	
	工具钢		碳素工具钢；合金工具钢；高速工具钢
	特殊性能钢		不锈耐酸钢；耐热钢（抗氧化钢、热强钢、气阀钢）；电热合金钢；耐磨钢；低温用钢；电工用钢；磁钢
	专业用钢		如桥梁用钢，船舶用钢，锅炉用钢，压力容器用钢，农机用钢，汽车、航空化工等
综合分类	普通钢	碳素结构钢	Q195，Q215（A，B），Q235（A，B，C，D），Q255（A，B），Q275（A，B，C，D）
		低合金结构钢和特定用途的普通结构钢	
	优质钢（包括高级优质钢）	结构钢	优质碳素结构钢；合金结构钢；弹簧钢；易切钢；轴承钢；特定用途优质结构钢
		工具钢	碳素工具钢；合金工具钢；高速工具钢
		特殊性能钢	不锈耐酸钢；耐热钢；电热合金钢；电工用钢；高锰耐磨钢
按冶炼方法分类	按炉种分	平炉钢或转炉钢	酸性转炉钢；碱性转炉钢或底吹转炉钢；侧吹转炉钢；顶吹转炉钢
		电炉钢	电弧炉钢；电渣炉钢；感应炉钢；真空自耗炉钢；电子束炉钢
		按脱氧程度和浇制分	沸腾钢F；半镇静钢；镇静钢；特殊镇静钢TZ

2.1.3 钢材缺陷术语

钢材常用的缺陷术语如表2-2所示。

表2-2 钢材常用缺陷术语

序号	名称	说明
1	圆度	圆形截面的轧材,如圆钢和圆形钢管的横截面上的各个方向上直径不等
2	形状不正确	轧材横截面几何形状歪斜、凹凸不平,如六角钢的六边不等、角钢顶角大、型钢扭转等
3	薄厚不均	钢板(或钢带)各部位的厚度不一样,有的两边厚而中间薄,有的边部薄而中间厚,也有的头尾差超过规定
4	弯曲度	轧件在长度或宽度方向不平直,呈曲线状
5	镰刀弯	钢板(或钢带)的长度方向在水平面上向一边弯曲
6	瓢曲度	钢板(或钢带)在长度和宽度方向同时出现高低起伏的波浪现象,使其成为"瓢形"或"船形"
7	扭转	条形轧件沿纵轴扭成螺旋状
8	脱方、脱矩	方形、矩形截面的材料对边不等或截面的对角线不等
9	拉痕(划道)	呈直线沟状,肉眼可见到沟底分布于钢材的局部或全长
10	裂纹	一般呈直线状,有时呈Y形,多与拔制方向一致,但也有其他方向,一般开口处为锐角
11	重皮(结疤)	表面呈舌状或鱼鳞片状的翘起薄片;一种是与钢的本体相联结,并折合到表面上不易脱落;另一种是与钢的本体没有联结,但黏合到表面易于脱落
12	折叠	钢材表面局部重叠,有明显的折叠纹
13	锈蚀	表面生成的铁锈,其颜色由杏黄色到黑红色,除锈后,严重的有锈蚀麻点
14	发纹	表面发纹是深度甚浅、宽度极小的发状细纹,一般沿轧制方向延伸形成细小纹缕
15	分层	钢材截面上有局部的、明显的金属结构分离,严重时则分成2~3层,层与层之间有肉眼可见的夹杂物
16	气泡	表面无规律地分布呈圆形的大大小小的凸泡,其外缘比较圆滑,大部是鼓起的,也有的不鼓起而经酸洗平整后表面发亮,其剪切断面有分层
17	麻点(麻面)	表面呈现局部的或连续的成片粗糙面,分布着形状不一、大小不同的凹坑,严重时有类似橘子皮状的,比麻点大而深的麻斑
18	氧化颜色	钢材(或钢板)经退火后在表面上呈现出浅黄色、深棕色、浅蓝色、深蓝色或亮灰色等
19	辊印	表面有带状或片状的周期性轧辊印,其压印部位较亮,且没有明显的凹凸感觉
20	疏松	钢的不致密性的表现。切片经过酸液侵蚀以后,扩大成许多洞穴,根据其分布可分:一般疏松、中心疏松
21	偏析	钢中各部分化学成分和非金属夹杂物不均匀分布的现象,根据其表现形式可分:树枝状、方框形、点状偏析和反偏析等

续表2-2

序号	名称	说明
22	缩孔残余	在横向酸浸试片的中心部位,呈现不规则的空洞或裂缝,空洞和裂缝中往往残留着外来杂质
23	非金属夹杂物	在横向酸浸试片上见到一些无金属光泽,呈灰白色、米黄色和暗灰色等色彩,系钢中残留的氧化物、硫化物、硅酸盐等
24	金属夹杂物	在横向低倍试片上见到一些有金属光泽的基体金属显然不同的金属盐
25	过烧	观察经侵蚀后的显微组织时,往往在网格状氧化物周围的基体金属上可看到脱碳组织,其他金属如铜及其合金,则有氧化铜沿晶界呈网络状或点状向试样内部延伸
26	脱碳	钢的表层碳分较内层碳分降低的现象称为脱碳,全脱碳层是指钢的表面因脱碳而呈现全部为铁素体组织部分,部分脱碳是指在全脱碳层之后到钢的含碳量未减少的组织
27	晶粒粗大	酸浸试片断口上有强烈金属光泽
28	白点	它是钢的内部破裂的一种,在钢件的纵向断口上呈圆形或椭圆形的银白色斑点,在经过磨光和酸蚀以后的横向切片上,则表现为细长的发裂,有时呈辐射状分布,有时则平行于变形方向和无规则地分布

2.1.4 钢材常用的标准术语

钢材常用的标准术语如表2-3所示。

表2-3 钢材常用标准术语

序号	名称	说明
1	标准	标准是对重复性事物和概念所做的统一规定,它以科学、技术和实践经验的综合成果为基础,经有关方面协商一致,由主管机构批准,以特定形式发布,作为共同遵守的准则和依据。目前,我国钢铁产品执行的标准有国家标准(GB、GB/T)、行业标准(YB)、地方标准和企业标准
2	技术条件	标准中规定产品应该达到的各项性能指标和质量要求称为技术条件,如化学成分、外形尺寸、表面质量、物理性能、力学性能、工艺性能、内部组织、交货状态等
3	保证条件	按照金属材料技术条件的规定,生产厂应该进行检验并保证检验结果符合规定要求的性能、化学成分、内部组织等质量指标,称为保证条件 (1)基本保证条件:又称为必保条件,是指标准中规定的,无论需方是否在订货合同中要求,生产厂必须进行检验并保证检验结果符合规定的项目 (2)附加保证条件:是标准中规定的,只要需方在合同中注明要求,生产厂就必须进行检验,并保证检验结果符合规定的项目; (3)协议保证条件:在标准中没有规定的,而经供需双方协议在合同中注明加以保证的项目,称为协议保证条件; (4)参考条件:标准中没有规定,或有规定而不要求保证,由需方提出并经供需双方协商一致进行检验的项目,其结果仅供参考,不做考核,称为参考条件

序号	名称	说明
4	质量保证书	金属材料的生产和其他工业产品的生产一样，是按统一的标准规定进行的，执行产品出厂检验制度，不合格的金属材料不准交货，对于交货的金属材料，生产厂提供质量证明书以保证其质量，金属材料的质量证明书不仅说明材料的型号、规格、交货件数、重量等，而且还提供规定的保证项目的全部检验结果质量说明书，是供方对该批产品检验结果的确认和保证，也是需方进行复检和使用的依据
5	质量等级	按钢材表面质量、外形及尺寸允许偏差等要求不同，将钢材质量划分为若干等级，例如一级品、二级品，有时针对某一要求制定不同等级，例如针对表面质量分为A级、B级、C级，针对表面脱碳层深度分为一级、二级等，均表示质量上的差别
6	精度等级	某些金属材料，标准中规定有几种尺寸允许偏差，并且按尺寸允许偏差大小不同，分为若干等级，称为精度等级。精度等级按允许偏差分为普通精度、较高精度等，精度等级愈高，其允许的尺寸偏差就愈小，在订货时，应注意将精度等级要求写入合同等有关单据中。
7	型号	金属材料的型号是指用汉语拼音(或拉丁文)字母和一个或几个数字来表示不同形状、类型的型材及硬质合金等产品的代号，数字表示主要部位的公称尺寸
8	牌号	金属材料的牌号，是给每一种具体的金属材料所取的名称。钢的牌号又称钢号，我国金属材料的牌号，一般都能反映出化学成分。牌号不仅表明金属材料的具体品种，而且根据它还可以大致判断其质量，这样，牌号就简便地提供了具体金属材料质量的共同概念，从而为生产、使用和管理等工作带来很大方便
9	规格	规格是指同一品种或同一型号金属材料的不同尺寸，一般尺寸不同，其允许偏差也不同，在产品标准中，品种的规格通常按从小到大，有顺序地排列
10	品种	金属材料的品种，是指用途、外形、生产工艺、热处理状态、粒度等不同的产品
11	表面状态	主要分为光亮和不光亮两种，在钢丝和钢带标准中常见，主要区别在于采取光亮退火还是一般退火，也有把抛光、磨光、酸洗、镀层等作为表面状态看待
12	边缘状态	边缘状态是指带钢是否切边而言。切边者为切边带钢，不切边者为不切边带钢
13	交货状态	交货状态是指产品交货的最终塑性变形加工或最终热处理状态，不经过热处理交货的有热轧(锻)及冷轧状态，经正火、退火、高温回火、调质及固溶等处理的统称为热处理状态交货，或根据热处理类别分别称正火、退火、高温回火、调质等状态交货
14	材料软硬程度	指采用不同热处理或加工硬化程度，所得钢材的软硬程度不同，在有的钢带标准中，划分为特软钢带、软钢带、半软钢带、低硬钢带和硬钢带
15	纵向和横向	钢材料标准中所称的纵向和横向，均指与轧制(锻制)及拔制方向的相对关系而言，与加工方向平行者称为纵向；与加工方向垂直者称横向。沿加工方向取的试样叫纵向试样；与加工方向垂直取的试样称横向试样。而在纵向试样上打的断口，是与轧制方向垂直的，故叫横向断口，横向试样上打的断口，则与加工方向平行，故称纵向断口

续表2-3

序号	名称	说明
16	理论质量和实际质量	是两种不同的计算交货质量的方法,按理论质量交货者,是按材料的工称尺寸和密度计算得出的交货质量,按实际质量交货者,是按材料经称量(过磅)所得交货质量
17	公称尺寸和实际尺寸	公称尺寸是指标准中规定的名义尺寸,是生产过程中希望得到的理想尺寸,但在实际生产中,钢材实际尺寸往往大于或小于公称尺寸,实际得到的尺寸称为实际尺寸
18	偏差和公差	由于实际生成中难达到公称尺寸,所以标准中规定实际尺寸和公称尺寸之间有一允许差值,称为偏差,差值为负值称为负偏差,正值为正偏差,标准中规定的允许正负偏差绝对值之和称为公差。偏差与方向性,即以"正"或"负"表示,公差没有方向性
19	交货长度	钢材交货长度,在现行标准中有四种规定:(1)通常长度,又称不定尺寸长度,凡钢材长度在标准规定范围内而且无固定长度的,都称为通常长度,但为了包装运输和计量方便,各企业剪切钢材时,根据情况最好切成几种不同长度的尺寸,力求避免乱尺。(2)定尺长度:按订货要求切成的固定长度(钢材的定尺是指宽度和长度)叫定尺长度,例如定尺为5 m,则一批交货钢材长度均为5 m,但实际上不可能都是5 m长,因此还规定了允许正偏差值。(3)倍尺长度:按订货要求的单倍尺长度切成等于订货单倍长度的整数倍数,称为倍尺长度,例如单倍尺长度为950 mm,则切成双倍尺时为1900 mm,三倍尺为950×3=2850(mm)等。(4)凡长度小于标准中通常长度下限,但不小于最小允许长度者,称为短尺长度
20	冶炼方法	指采用何种炼钢炉冶炼而言,例如用平炉、电弧炉、电渣炉、真空感应炉及混合炼钢等冶炼。"冶炼方法"一词在标准中的含义,不包括脱氧方法(如全脱氧的镇静钢和沸腾钢)及浇注方法(如上汴、下注、连铸)这些概念
21	化学成分	即产品成分,是指钢铁产品的化学组成,包括主要成分和杂质元素,其含量以质量百分数表示
22	熔炼成分	钢的熔炼成分是指钢在熔炼(如罐内脱氧)完毕、浇注中期的化学成分
23	成品成分	即验证分析成分,指从成品钢材上按规定方法《钢的成品化学成分允许偏差》(GB/T 222—2006)钻取或刨取试屑,并按规定的标准方法分析得来的化学成分,主要是供使用部门或检验部门验收钢材时使用的。生产厂一般不全做成品分析,但应保证成品成分符合标准规定,有些主要产品或者有时由于某种原因(如工艺改动、质量不稳、熔炼成分接近上下限、熔炼分析未取到等)生产厂也做成品分析

2.1.5 钢材的交货状态

交货状态直接影响材料的性能和使用,订购材料时必须在货单、合同等单据上注明要求何种交货状态。钢材的交货状态见表2-4。

表 2-4　钢材的交货状态

交货状态	说明
热轧	钢材在热轧或锻造后不再对其进行专门热处理，冷却后直接交货，称为热轧或热锻状态。热轧(锻)的终止温度一般为 800～900℃，之后一般在空气中自然冷却，因而热轧(锻)状态相当于正火处理，所不同的是因为热轧(锻)终止温度有高有低，不像正火加热温度控制严格，因而钢材组织与性能的波动比正火大。目前不少钢铁企业采用控制轧制，由于终轧温度控制很严格，并在终轧后采取强制冷却措施，因而钢的晶粒细化，交货钢材有较高的综合力学性能，无扭控冷热轧盘条比普通热轧盘条性能优越就是这个道理。热轧(锻)状态交货的钢材，由于表面覆盖有一层氧化铁皮，因而具有一定的耐蚀性，储运保管的要求不像冷拉(轧)状态交货的钢材那样严格，大中型型钢、中厚钢板可以在露天货场或经苫盖后存放
冷拉(轧)	经冷拉、冷轧等冷加工成型的钢材，不经任何热处理而直接交货的状态，称为冷拉或冷轧状态。与热轧(锻)状态相比，冷拉(轧)状态的钢材尺寸精度高，表面质量好，表面粗糙度低，并有较高的力学性能，由于冷拉(轧)状态交货的钢材表面没有氧化皮覆盖，并且存在很大的内应力，极易遭受腐蚀或生锈，因而冷拉(轧)状态的钢材，其包装、储运均有较严格的要求，一般均需在库房内保存，并应注意库房内的温度控制
正火	钢材出厂前经过正火热处理，这种交货状态称正火状态。由于正火加热温度比热轧温度控制严格，因而钢材的组织、性能均匀，与退火状态的钢材相比，由于正火冷却速度较快，钢的组织中珠光体数量增多，珠光体层及钢的晶粒细化，因而有较高的综合力学性能，并有利于改善低碳钢的魏氏组织和过共析钢的渗碳体网状，可为成品的进一步热处理做好组织准备，碳素结构钢、合金钢钢材常采用正火状态交货。某些低合金高强度钢如 14MnMoVBRE、14CrMnMoVB 钢为了获得贝氏体组织，也要求正火状态交货
退火	钢材出厂前经退火热处理，这种交货状态称为退火状态。退火的主要目的是消除和改善前道工序遗留的组织缺陷和内应力，并为后道工序做好组织和性能上的准备，合金结构钢、保证淬透性结构钢、冷镦钢、轴承钢、工具钢、汽轮机叶片用钢、铁索体型不锈耐热钢的钢材常用退火状态交货
固溶处理	钢材出厂前经固溶出来，这种交货状态称为固溶处理状态，它主要适用于奥氏体型不锈钢材出厂前的处理，通过固溶处理，得到单相奥氏体组织，以提高钢的韧性和塑性，为进一步冷加工(冷轧或冷拉)创造条件，也可为进一步沉淀硬化做好组织准备
高温回火	钢材出厂前经高温回火热处理，这种交货状态称为高温回火状态，高温回火的回火温度高，有利于彻底消除内应力，提高塑性和韧性，氮结构、合金钢、保证淬透性结构钢钢材均可采用高温回火状态交货。某些马氏体型高强度不锈钢、高速工具钢和高强度合金钢，由于有很高的淬透性以及合金元素的强化作用，常在淬火(或回火)后进行一次高温回火，使钢中碳化物适当聚集，得到碳化物颗粒较粗大的回火索氏体组织(与球化退火组织相似)，因而，这种交货状态的钢材有很好的切削加工性能

2.1.6　钢材的分类

钢材按外形可分为型材、板材、管材、金属制品四大类，见表 2-5。其中建筑钢结构中使用最多的是型材和板材。

表 2-5　钢材的分类

类别	品种	说明
型材	重轨	每米重量大于 30 kg 的钢轨(包括起重机轨)
	轻轨	每米重量小于或等于 30 kg 的钢轨
	大型型钢	普通钢圈钢、方钢、扁钢、六角钢、工字钢、槽钢、等边和不等边钢及螺纹钢等，按尺寸大小分为大、中、小型
	中型型钢	
	小型型钢	
	线材	直径 5~10 mm 的圆钢和盘条
	冷弯型钢	将钢材或钢带冷弯成型制成的型钢
	优质型钢	优质钢圈钢、方钢、扁钢、六角钢等
	其他型钢	包括重轨配件、车轴坯、轮箍等
板材	薄钢板	厚度≤4 mm 的钢板
	厚钢板	厚度>4 mm 的钢板，可分为中板(4 mm<厚度≤20 mm)，厚板(20 mm<厚度≤60 mm)、特厚板(厚度>60 mm)
	钢带	也称带钢，实际上是长而窄并成卷供应的薄钢板
管材	无缝钢管	用热轧、冷拔或挤压等方法生产的管壁无接缝的钢管
	焊接钢管	将钢板或钢带卷曲成型，然后焊接制成的钢管
金属制品	金属制品	包括钢丝、钢丝绳、钢绞线等

2.1.7　钢材牌号

钢的分类方法只是简单地把某种具有共同特征的钢种划分或归纳为同一类型，并未反映出某一钢种具体的特征。为此，人们便创造了用钢的牌号具体反映钢材本身特性。

钢材产品牌号的表示，通常采用大写汉语拼音字母、化学元素符号和阿拉伯数字相结合的方法表示。汉字牌号易识别和记忆，汉语拼音字母牌号便于书写和标记。钢的牌号表示方法的原则如下。

(1)牌号中化学元素采用汉字或国际化学符号表示。例如，"碳"或"C""锰"或"Mn""铬"或"Cr"。

(2)钢材的产品用途、冶炼方法和浇注方法，也采用汉字和汉语拼音表示，其表示方法一般采用缩写。原则上只用一个字母，并且取第一个字，一般不超过两个汉字和字母，见表 2-6。

表 2-6 产品名称浇注方法缩写

名称	采用汉字及拼音		采用符号	字体
	汉字	拼音		
甲类钢	甲	—	A	
乙类钢	乙	—	B	
特类钢	特	—	C	大写
酸性侧吹转炉钢	酸	suan	S	
沸腾钢	沸	fo	F	

任务 2.2　钢材的化学成分

钢材是由各种化学成分组成的，化学成分及其含量直接影响钢的组织构造，从而影响钢材的力学性能。

钢是碳含量小于 0.2% 的铁碳合金，其中铁含量约占 99%，除了铁和碳以外，还含有硅、锰、硫、磷、氮、氧、氢等元素，这些元素是原料或冶炼过程带入，称为常存元素。除了上述常存元素之外，为了适应某些使用要求，特意提高硅、锰的含量或特意加进铬、镍、钨、钼、钒等元素，这些特意加进的或提高含量的元素称为合金元素，其含量一般低于 1.5%。虽然碳和其他元素含量不大，但对钢材的力学性能有重要影响。

2.2.1　常用钢材的化学成分

(1)在建筑钢结构中，碳素结构钢的化学成分按《碳素结构钢》(GB/T 700—2006)标准执行，见表 2-7。

表 2-7　碳素结构钢化学成分

牌号	统一数字代号[①]	等级	厚度（或直径）/mm	化学成分(质量分数)/%，不大于					脱氧方法
				C	Si	Mn	P	S	
Q195	U11952	—	—	0.12	0.30	0.50	0.035	0.040	F、Z
Q215	U12152	A	—	0.15	0.35	1.20	0.045	0.050	F、Z
	U12155	B						0.045	
Q235	U12352	A	—	0.22	0.35	1.4	0.045	0.050	F、Z
	U12355	B		0.20[②]				0.045	
	U12358	C		0.17			0.040	0.040	Z
	U12359	D					0.045	0.035	TZ

续表2-7

牌号	统一数字代号①	等级	厚度（或直径）/mm	化学成分（质量分数）/%，不大于					脱氧方法
				C	Si	Mn	P	S	
Q275	U12752	A	—	0.24			0.045	0.050	F、Z
	U12755	B	≤40	0.21	0.35	1.5	0.045	0.045	Z
	U12758	C	>40	0.22			0.040	0.040	Z
	U12759	D	—	0.20			0.035	0.035	TZ

注：①表中为镇静钢、特殊镇静钢牌号的统一数字。沸腾钢的统一代号如下：Q195F-U11950；Q215AF-U12150，Q215BF-U12153；Q235AF-U12350，Q235BF-U12353；Q275AF-U12750。②经需方同意，Q235B 的碳含量可不大于0.22%。

（2）低合金高强度结构钢的牌号和化学成分按《低合金高强度结构钢》（GB/T 1591—2018）标准执行，见表2-8。

表2-8　低合金高强度结构钢的牌号和化学成分

牌号	质量等级	化学成分（质量分数）%，不大于										
		C	Mn	Si	P	S	Nb	V	Ti	Als	Cr	Ni
Q345	A	0.20	1.70	0.50	0.035	0.035	0.07	0.15	0.50	—	0.30	0.50
	B				0.035	0.035				—		
	C				0.030	0.030						
	D	0.18			0.030	0.025				0.015		
	E				0.025	0.020						
Q390	A	0.20	1.70	0.50	0.035	0.035	0.07	0.20	0.50	—	0.30	0.50
	B				0.035	0.035				—		
	C				0.030	0.030						
	D				0.030	0.025				0.015		
	E				0.025	0.020						
Q420	A	0.20	1.70	0.50	0.035	0.035	0.07	0.20	0.80	—	0.30	0.80
	B				0.030	0.035				—		
	C				0.030	0.030						
	D				0.030	0.025				0.015		
	E				0.025	0.020						

续表2-8

牌号	质量等级	化学成分(质量分数)%，不大于										
		C	Mn	Si	P	S	Nb	V	Ti	Als	Cr	Ni
Q460	C				0.030	0.030						
	D	0.20	1.80	0.60	0.030	0.025	0.11	0.20	0.80	0.015	0.30	0.80
	E				0.025	0.020						
Q500	C				0.30	0.30						
	D	0.18	1.80	0.60	0.30	0.25	0.11	0.12	0.80	0.015	0.60	0.80
	E				0.25	0.20						
Q550	C				0.30	0.30						
	D	0.18	2.00	0.60	0.30	0.25	0.11	0.12	0.80	0.015	0.80	0.80
	E				0.25	0.20						
Q620	C				0.30	0.30						
	D	0.18	2.00	0.60	0.30	0.25	0.11	0.12	0.80	0.015	1.00	0.80
	E				0.25	0.20						
Q690	C				0.30	0.30						
	D	0.18	2.00	0.60	0.30	0.25	0.11	0.12	0.80	0.015	1.00	0.80
	E				0.25	0.20						

注：①执行标准：GB/T 700-2006；②表中 Nb 和 Ti 的含量(质量分数)分别为0.015%～0.060%和0.02%～0.20%；③Als 为酸溶铝，即溶解在酸中主要以 Als 形式存在，特别强调酸溶铝的比例；④当细化晶粒元素组合加入时，20(Nb+V+Ti)≤0.22%，20(Mo+Cr)≤0.30%

2.2.2 化学成分对钢材的影响

1. 碳

碳是钢材除铁以外的最主要元素，它是形成钢材强度的主要成分，并直接影响钢材的塑性、韧性和可焊性。碳含量增加，会使钢材强度提高，但塑性和韧性降低，同时耐腐蚀、疲劳强度、冷弯性能和可焊性也有显著降低。因此，建筑结构钢的碳含量不宜太高，一般不应超过0.22%，在焊接性能要求高的钢结构中，碳含量应小于0.2%。

2. 硅

硅是一种有益元素，具有很强的脱氧作用，是强脱氧剂。加入适量的硅，能提高钢的强度、硬度和弹性，但对塑性、韧性、冷弯性能和可焊性无显著不良影响。一般而言，在碳素钢中硅的含量不超过0.5%，超过限值则成为合金钢的合金元素。当含量超过1%时，钢的塑性和冲击韧性下降，冷脆性增大，焊接性、耐腐蚀性变差。

3. 锰

锰是一种脱氧剂。加入适量的锰，可提高钢强度和硬度，可使钢脱氧去硫，消除硫、氧

24

对钢材的热脆影响，改善钢材热加工性能和冷脆性能。锰的含量一般在1%以下，当其含量过高(≥1%)时，会使钢塑性和韧性下降，脆性增大，焊接性和抗锈性变差。

4.硫

硫属于有害元素。硫与铁的化合物硫化铁散布在纯铁体晶体间，使钢材的塑性、韧性、疲劳强度和抗锈蚀性降低。高温时，硫化铁熔化使钢材变脆，因而在进行焊接或热加工时，可能出现热裂纹，这种现象称为钢材的"热脆"。因此，在一般建筑用钢中含硫量要求不超过0.055%，在焊接结构中应不超过0.05%。

5.磷

磷也属于有害元素。磷可提高钢材强度、抗锈性，但会严重降低钢材的塑性、韧性、冷弯性能和可焊性等。当磷含量较高时，特别在低温下会使钢变脆，不利于钢材进行冷加工，这种现象称为钢材的"冷脆"。因此，磷的含量应限制在0.05%以下，焊接结构中不超过0.045%。

6.氧和氮

氧和氮都属于有害元素。它们容易在冶炼过程中从铁液中逸出，故含量很少。氧的作用和硫类似，一般使钢材发生热脆，因此，其含量应在0.05%以下。氮的作用和磷相似，使钢材冷脆，其含量应小于0.008%。

7.钒、铌、钛

钒、铌和钛属于钢材中的合金元素。它们是钢的脱氧剂和除气剂，可显著提高钢材强度。少量钒和铌可提高钢材低温韧性，改善可焊性，当含量过多时，则会降低焊接性能。少量钛可改善塑性、韧性和焊接性能，降低热敏感性。

8.铝、铬、镍

铝是强脱氧剂，用铝进行补充脱氧，可以进一步减少钢材中有害氧化物。铬和镍可以有效提高钢材强度。

9.铜

少量铜可提高钢材强度和抗锈蚀能力。当含量增到0.25%~0.3%时，焊接性能变坏，增到0.4%时，钢材发生热脆现象。

任务2.3　钢材的性能及检验方法

钢材的品种繁多，各自的性能、产品规格及用途都不相同，建筑结构钢材必须有足够的强度，良好的塑性、韧性、耐久性和优良的焊接性能，且易于冷加工成型，耐腐蚀性好，经济合理，为此需要了解钢材的性能及检验方法。

2.3.1　钢材性能的分类

钢材的性能可分为使用性能和工艺性能两大类，见表2-9。

表 2-9　钢材性能的检验方法

性能分类				主要检测方法	国家标准编号
使用性能	力学性能	强度性能	屈服强度	室温拉伸实验	GB/T 228
			抗拉强度		
			疲劳强度	疲劳试验	
			硬度	硬度试验	GB/T 230、GB/T 231
		塑性性能	伸长率	室温拉伸试验	GB/T 228
			断面收缩率		
			冷弯性能	弯曲试验	GB/T 232
		冲击韧性性能		夏比缺口冲击试验	GB/T 229
		厚度方向性能		室温拉伸试验	GB 5313
	耐久性能	时效		时效试验	
		高温持久性		拉伸塑变及持久试验	GB/T 2039
工艺性能	冷弯性能			弯曲试验	GB/T 232
	焊接性能			焊接接头机械性能试验	GB/T 2649
	冲压性能、冶炼性能、铸造性能、热加工性能、热处理性能、切削性能等				

注：钢结构的疲劳试验、时效试验和持久试验多针对结构构件进行。

　　使用性能包括力学性能和耐久性能。钢材的力学性能又称机械性能和物理性能，是钢材最重要的性能指标，它表示钢材在力作用下所显示的弹性和非弹性反应或涉及应力-应变关系的性能。力学性能可分为强度性能、塑性性能、冲击韧性性能和厚度方向性能四大类，其中强度性能又包括屈服强度、抗拉强度、疲劳强度、硬度等。

2.3.2　钢材的力学性能的检验方法

钢材常用的力学性能检验方法有以下几种：

1. 室温拉伸实验

材料在外力作用下抵抗变形和断裂的能力称为强度。强度可以通过比例极限、弹性极限、屈服极限、抗拉强度等指标来反映，碳素结构钢材的应力-应变曲线如图 2-1 所示。

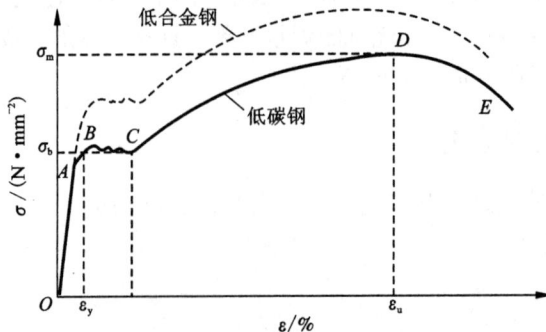

图 2-1　钢材的单项拉伸应力-应变曲线

在拉伸试验机上，通过对标准圆形试样的拉伸，可以取得以下结果。

(1)屈服点(屈服强度)在拉力机的拉力作用下，试样被拉长，在开始时试样的伸长和拉力成正比，当拉力取消后试样仍收缩到原来尺寸，试样的这种变形称为弹性变形。在拉力不断加大后试样继续被伸长，但外力取消后试样却不再收缩到原来长度，这种被保留下来的变形称为塑性变形。由弹性变形转为塑性变形的点，称为屈服点，其代表符号是 σ_b，单位是 N/mm^2。

(2)抗拉强度在上述试验中，当应力超过弹性极限后，应力与应变不再呈线性关系，产生塑性变形，曲线出现波动，这种现象称为屈服。波动最高点称上屈服点，最低点为下屈服点，下屈服点数值较为稳定，因此它作为材料抗力指标，称为屈服强度。有些钢材无明显的屈服现象，以材料产生 0.2% 塑性变形时的应力作用为名义屈服强度，当钢材屈服到一定程度后，由于内部晶粒重新排列，强度提高，进入应变强化阶段，应力达到最大值，此时称为抗拉强度，其代表符号是 σ_m，单位是 N/mm^2。

(3)伸长率(延伸率)伸长率是钢材的塑性指标，代表断裂前具有塑性变形能力，这种能力使得结构制造时，钢材即使经受剪切、冲击、弯曲及锤击作用产生局部屈服而无明显破坏。伸长率越大，钢材的塑性和延伸性越好，可靠性越大，也有利于截面应力的重新分配，试样拉断前后示意如图 2-2 所示。

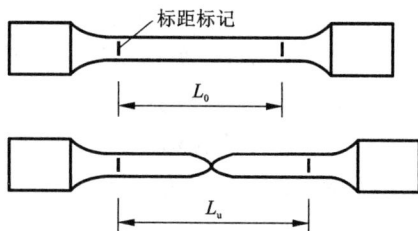

图 2-2　试样拉断前后示意图

上述试验中，在试样拉断以后，试样被拉长后的标距改变量与原来标距的比称为延伸率或伸长率，按下式计算，其代表符号为 δ，单位是 % 。

$$\delta = \frac{L_u - L_0}{L_0} \times 100\%$$

式中：L_0——试样原始标距长度，mm；

L_u——试样拉断后的标距长度，mm。

取试样直径(宽度)的 5 倍($L_0 = 5d_0$，短试样)或 10 倍($L_0 = 10d_0$，长试样)作为标距长度时，对应的伸长率记为 δ_5 和 δ_{10}，同一种钢材 δ_5 大于 δ_{10}，是因为试样越短，断口处集中变形所占比例就越大。现常用 δ_5 来表示材料的伸长率。

屈服强度、抗拉强度、伸长率是建筑钢材非常重要的三个力学性能指标，钢结构中各类钢材都必须满足国家标准对三个指标的有关规定，不满足要求时，一般应进行复验。有关拉伸试验性能指标参见本项目的任务 2.5 内容。

(4)断面收缩率也是测定钢材塑性的一个指标，是指上述试样拉断后，测量拉断后的断面颈缩处横截面面积的最大缩减量与原横截面面积的百分比，称为断面收缩率，其代表符号

为 ψ，单位为%。

$$\psi = \frac{S_1 - S_0}{S_0} \times 100\%$$

式中：S_0——试样原始截面面积，mm^2；

S_1——试样断口的横截面积，mm^2。

2. 冷弯性能

冷弯性能是指钢材在常温下加工发生塑性变形时，对产生裂纹的抵抗能力，由冷弯试验依据《金属材料弯曲试验方法》(GB/T 232—2010)来确定，如图 2-3 所示。

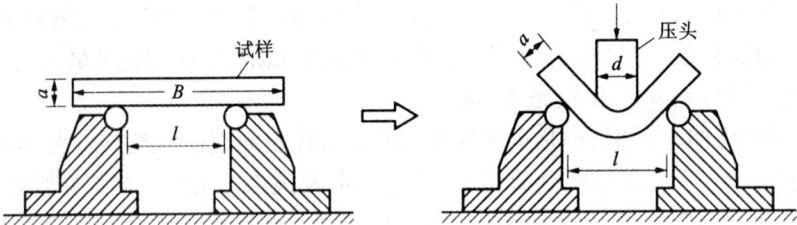

图 2-3　冷弯试验示意图

试验时按照规定的弯心直径在试验机上用冲头加压，然后放置在试验机平板之间继续施加压力，压至试样两臂平行，使试样弯成180°，如试样外表面不出现裂纹和分层，即为合格。弯曲程度一般用弯曲角度或弯心直径与材料厚度的比值来表示，弯曲角度越大或弯心直径与材料厚度的比值越小，则表示材料的冷弯性能就越好。

冷弯试验不仅能直接检验钢材的弯曲变形能力和塑性性能，还能暴露钢材内部的冶金缺陷，如硫、磷偏析和硫化物与氧化物的掺杂情况。因此，冷弯性能是鉴定钢材在弯曲状态下塑性应变能力和钢材质量的综合指标，见表 2-12。

3. 冲击试验

强度、塑性、硬度等力学性能指标都是静力性能，而冲击韧性是钢材抵抗冲击荷载的能力，它是指钢材在塑性变形和断裂过程中吸收能量的能力，是衡量钢材抵抗动力荷载能力的指标，它是强度和塑性的综合指标，是判断钢材在动力荷载作用下是否出现脆性破坏的重要指标之一，韧性低则发生脆性破坏的可能性大。

冲击试验的依据是《金属夏比缺口冲击试验方法》(GB/T 229—1994)，通常采用夏比冲击试验法原理。夏比冲击试验是在摆锤式冲击试验机上进行的。试验时，将带有缺口的标准试样[用带夏比 V 形[图 2-4(a)]或 U 形[图 2-4(b)]缺口的处于简支梁状态的标准试样]安放在试验机的机架上，使试样的缺口位于两支座中间，并背向摆锤的冲击方向，如图 2-4 所示。

将一定质量的摆锤升高到规定高度 h_1，则摆锤具有势能 A_{KV1}。当摆锤落下将试样冲断后，摆锤继续向前升高到 h_2，此时摆锤的剩余势能 A_{KV2}。摆锤冲断试样所失去的势能是：

$$A_{KV} = A_{KV1} - A_{KV2}$$

A_{KV} 就是规定形状和尺寸的试样在冲击试验力一次作用下折断时所吸收的功，称为冲击吸收功。A_{KV} 可以从试验机的刻度盘上直接读出，它是表征金属材料冲击韧性的主要判断依

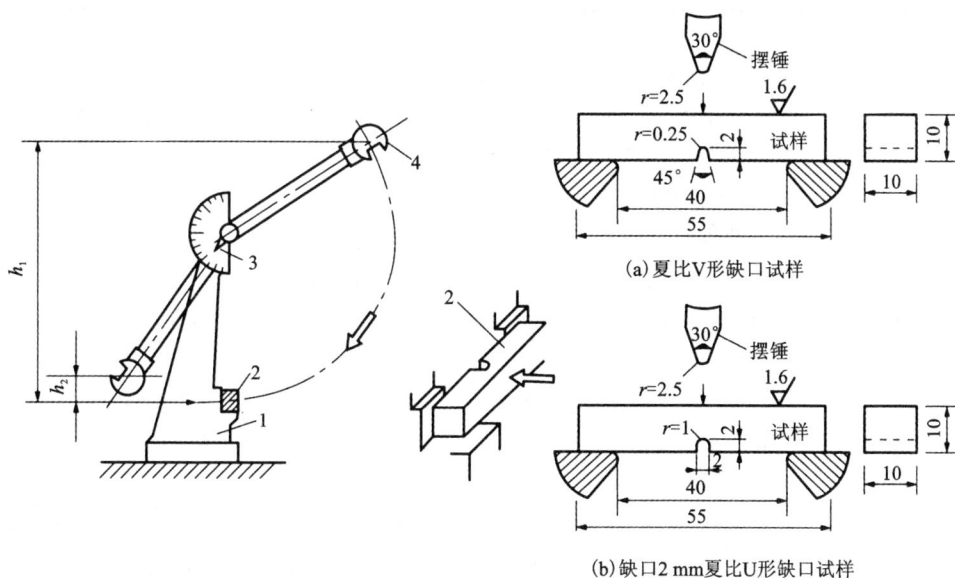

1—固定支架；2—带缺口试样；3—指针；4—摆锤。

图 2-4　夏比冲击试验原理

据，代表了材料的冲击韧度高低。A_{KV} 越大，表明材料破坏时吸收的能力越多，因此抵抗脆性破坏的能力越强，韧性越好。

温度对冲击韧性有重大影响，实际工程中，由于低温对钢材的脆性破坏有显著影响，为了避免钢结构的低温脆断，在寒冷地区建造的结构不但要求钢材具有常温（20℃）冲击韧性指标，还要求具有负温（0℃、-20℃或-40℃）冲击韧性指标，以保证结构具有足够的抵抗脆性的破坏能力。

总之，塑性和韧性好的钢材可以使结构在静载和动载作用下有足够的应变能力，既可减少结构脆性破坏的倾向，又能通过较大的塑性变形调整局部应力，同时具有较好的抵抗重复荷载作用的能力，按《钢结构设计标准》（GB 50017—2017）规定：承受结构的钢材应具有抗拉强度、伸长率、屈服度和碳、硫、磷含量的合格保证；焊接结构的钢材应具有冷弯试验的合格保证；对某些承受动力荷载的结构以及重要的受拉或受弯的焊接结构的钢材，应具有常温和负温冲击韧性的合格保证。

2.3.3　钢材的工艺性能和耐腐蚀性

钢材的工艺性能表示钢在各种生产加工过程中的行为。良好的工艺性能（冷加工、热加工和可焊性）不仅可以加工成各种形状的结构，而且不致因加工而对结构的强度、韧性等造成较大的不利影响，保证成品的质量，提高成品率，并减低成本。钢材的工艺性能及其含义见表 2-10。对钢结构来说，工艺性能主要是指冷弯性能和焊接性能，下面简要介绍钢材的可焊性和耐腐蚀性能。

表 2-10　钢材的工艺性能及其含义

序号	名称	含义
1	铸造性	金属材料能用铸造方法获得合格的能力称为铸造性。铸造性包括流动性、收缩性和偏析倾向等。流动性是指液态金属充满铸模的能力，流动性愈好，愈易铸造细薄精致的铸件；收缩性是指铸件凝固时体积收缩的程度，收缩愈小，铸件凝固时变形愈小；偏析是指化学成分不均匀，偏析愈严重，铸件各部位的性能愈不均匀，铸件的可靠性愈小
2	切削加工性	金属材料的切削加工性是指金属接受切削加工的能力，也是指金属经过加工而成为符合要求的工件的难易程度。通常可以切削后工作表面的粗糙程度、切削速度和刀具磨损来评价金属的切削加工性
3	焊接性	焊接性是指金属在特定结构和工艺条件下通过常用焊接方法获得预期质量要求的焊接接头的性能。焊接性一般根据焊接时产生的裂纹敏感性和焊缝区力学性能的变化来判断
4	锻性	锻性是材料在承受锤锻、轧制、拉拔、挤压等加工工艺时会改变形状不产生裂纹的性能，它实际上是金属塑性好坏的一种表现，金属材料塑性越高，变形抗力就越小，则锻性就越好。锻性好坏主要决定于金属的化学成分、显微组织、变形温度、变形速度及应力状态等因素
5	冲压性	冲压性是指金属经过冲压变形而不发生裂纹等缺陷的性能，许多金属产品的制造都要经过冲压工艺，如汽车壳体、搪瓷制品坯料及锅、盆、盂壶等日用品，为保证制品的质量和工艺的顺利进行，用于冲压的金属板、带等必须具有合格的冲压性能
6	顶锻性	顶锻性是指金属材料承受打铆、镦头等的顶锻变形的性能，金属的顶锻性，是用顶锻试验测定的
7	冷弯性	金属材料在常温下能承受弯曲而不破裂的性能，称为冷弯性。出现裂纹前能承受的弯曲程度愈大，则材料的冷弯性能愈好
8	热处理工艺性	热处理是指金属或合金在固态范围内，通过一定的加热、保温和冷却方法，以改变金属或合金的内部组织，而得到所需性能的一种工艺操作。热处理工艺就是指金属经过热处理后其组织和性能改变的能力，包括淬硬性、淬透性、回火脆性等

1. 钢材的可焊性

钢材的可焊性是冷弯试验在一定的焊接工艺条件下，钢材能经受住焊接时产生的高温热循环作用，焊缝金属和近焊缝区的钢材不产生裂纹，焊接后焊缝的主要力学性能不低于焊接钢材的力学性能。它是一项重要指标，可分为施工上的可焊性和使用上的可焊性。施工上的可焊性是指一定的焊接工艺下，钢材本身具有可焊接的条件，通过焊接，可以方便地实现多种不同形状和不同厚度的钢材的连接，焊缝金属及其附近金属不产生裂纹。使用上的可焊性是指焊接构件在施焊后的力学性能不低于母材的力学性能。即焊接接头的强度、刚度一般可达到与母材相同或相近，能够承受母材金属所能承受的各种作用。建筑钢材中，Q235 系列钢具有较好的可焊性；Q345 系列钢可焊性次之，用于重要结构时需采取一些必要措施，如预加热焊件等。

2.钢材的耐腐蚀性能

钢材的耐腐蚀性能较差是钢结构的一大弱点，据统计全世界每年约有年产量30%～40%的钢材因腐蚀而失效。因此，防腐对节约钢材有着十分重要的意义。

钢材如暴露在自然环境中不加保护，则将和周围一些物质成分发生化学反应，形成腐蚀物。腐蚀作用一般分为两类：一类是金属元素和非金属元素的直接结合，称为"干腐蚀"；另一类是在水分多的情况下，同周围非金属元素结合成腐蚀物，称为"湿腐蚀"。钢材在空气中的腐蚀可能是干腐蚀，也可能是湿腐蚀，或是两者兼而有之。

防止钢材腐蚀的主要措施是依靠涂料来加以保护。近年来研制了一些耐大气腐蚀的钢材，称为耐候钢，它是在冶炼时加入铜、磷、镍等合金元素来提高抗腐蚀能力。

任务2.4　钢材的选择

钢材选择既要使结构安全可靠满足使用要求，又要最大可能地节约钢材以降低造价。因此，钢材的选择不仅是一个经济问题，而且也关系到结构的安全使用和寿命。

2.4.1　影响钢材选择的因素

1.结构的类型及重要性

根据《建筑结构可靠设计统一标准》（GB 50068—2001）的规定，结构和构件按其用途、部位和破坏后果的严重性等方面的不同，可分为重要、一般和次要三类，相应的安全等级则为一级、二级和三级。不同类型的结构和构件应选用不同的钢材，对于重型工业建筑结构、大跨度结构、高层或超高层的民用建筑结构和重级工作制吊车梁或构筑物等重要结构，应选用质量好的钢材；对一般工业与民用建筑结构等一般结构，可按工作性质选用普通质量的钢材；梯子、栏杆等则属次要的三类结构，可选用质量较差的钢材。

2.荷载情况

根据荷载的性质，可分为静态荷载和动态荷载两种。直接承受动力荷载的结构，如重级工作制吊车梁，应选用冲击韧性和疲劳性能较好的钢材，如Q345钢，并提出合适的附加保证项目；而一般承受静力荷载或间接动力荷载作用的结构构件，如普通焊接屋架及柱，在常温条件下就可以选用价格较低的Q235钢。

3.连接方法

钢结构按连接方法的不同分为有焊接和非焊接两种。焊接的钢材在焊接过程中，会产生焊接变形、焊接应力以及其他焊接缺陷（如咬肉、气孔、裂纹、夹渣等），容易导致结构产生裂纹，甚至发生脆性断裂。因此，焊接结构对材质有较高的要求。例如，在化学成分方面，焊接结构必须严格控制碳、硫、磷的极限含量，而非焊接结构对碳含量可降低要求。

4.结构的工作温度

结构所处的环境和工作条件，如温度变化、腐蚀介质情况等，对钢材力学性能影响很大。处于低温下的结构构件，特别是焊接结构和受拉构件，极易发生冷脆断裂破坏，因此，应选用质量较好的钢材，选材时必须慎重考虑。

5.钢材厚度

薄钢材辊轧次数多，轧制的压缩比大；厚度大的钢材压缩比小。所以，厚度大的钢材不但强度低，而且塑性、冲击韧性和焊接性能也较差。因此，厚度大的焊接构件应采用较好的钢材。

2.4.2 钢材的选用对钢材质量的要求

钢材的选用应符合规范要求，其主要任务是确定钢材的牌号（包括钢种、冶炼方法、脱氧方法和质量等级）以及提出应有的力学性能和化学成分的保证项目。

(1)承重结构的钢材应具有抗拉强度、伸长率、屈服强度和硫、磷含量的合格保证；对焊接结构还需具有碳含量的合格保证，宜选用 Q235、Q345、Q390、Q420 钢（由于 Q235A 钢的碳含量不作为交货条件，故一般不用于焊接结构）。

(2)焊接承重结构（如吊车梁、吊车桁架，有振动设备或有大吨位吊车厂房的屋架、托架、大跨度重型桁架等）以及重要的非焊接承重结构和需要弯曲成型的构件采用的钢材需具有冷弯试验的合格保证。

(3)对于需要验算疲劳的以及主要受拉或受弯的焊接结构（如重级工作制和起重量等于或大于 50 t 的中级工作制焊接吊车梁、吊车桁架等）的钢材，应具有常温冲击韧性的合格保证；当结构工作温度等于或低于 0℃ 但高于 -20℃ 时，对于 Q235 钢和 Q345 钢应具有 0℃ 冲击韧性的合格保证，对于 Q390 钢和 Q420 钢应具有 -20℃ 冲击韧性的合格保证；当结构工作温度等于或低于 -20℃ 时，对于 Q235 钢和 Q345 钢应具有 -20℃ 冲击韧性的合格保证，对于 Q390 钢和 Q420 钢应具有 -40℃ 冲击韧性的合格保证。

(4)民用房屋承重钢结构（梁、柱、钢架、桁架）的钢材牌号，一般应在设计规范推荐的、不同级别的 Q235 钢和 Q345 钢种之间选用。当有合理依据时，也可选用 Q390 钢和 Q420 钢，地震区的多层重要房屋，也可采用高层建筑结构用钢板。Q235-A、Q235-B 级钢宜优先选用镇静钢，焊接承重结构不应选用 Q235-A 钢。

(5)在室外侵蚀环境中的承重结构，可以按《耐候结构钢》（GB/T 4172—2008）的规定选择耐候钢。选用耐候钢时，构件表面仍需进行除锈和涂装处理。

(6)当有充分的技术经济依据，承重钢结构需按抗火设计方法设计时，其钢材宜选用耐火钢，有关的材质、钢号、性能及技术要求可按相应的企业标准（如武钢、包钢、马钢等）妥善确定。同时，高温下耐火钢的材料特性应经试验确定。

任务 2.5　建筑常用钢材

钢材的品种繁多，性能各不相同，在钢结构中常用的钢材有碳素结构钢和低合金高强度结构钢两类。低合金结构钢中因含有锰、钒等合金元素而具有较高的强度。

2.5.1 碳素结构钢

根据现行的国家标准《碳素钢结构》（GB/T 700—2006）的规定，碳素结构钢牌号的表示方法是由代表屈服的字母、屈服强度的数值、质量等级符号、脱氧方法符号四个部分顺序组成。

其中按屈服强度的大小将碳素钢结构分为四种，即 Q195、Q215、Q235、Q275。其中 Q 代表钢材的屈服点，后面的阿拉伯数字表示屈服强度的大小，单位是 N/mm²。屈服强度越大，含碳量越高，强度和硬度越高，塑性越低。其中 Q195 和 Q215 的强度较低，Q275 的含碳量超过了低碳钢的范围，而 Q235 在使用、加工和焊接方面的性能都比较好，是钢结构常用的钢材品种之一。

碳素结构钢按质量等级由低到高，可分为 A、B、C、D 四级。A 级钢只保证抗拉强度、屈服强度、伸长率，在必要时还可附加冷弯试验要求，在化学成分中对钛、锰可以不作为交货条件。B、C、D 级钢筋均保证抗拉强度、屈服强度、伸长率和冲击韧性（分别为 +20、0、-20），同时 B、C、D 级还要求提供冷弯试验合格证书。化学成分对碳、硫、磷的极限含量要求更严。

根据脱氧程度不同，钢材可以分为沸腾钢（F）、镇静钢（Z）、特殊镇静钢（TZ）。对于Q235，A、B 两级钢的脱氧方法可以是 F，也可以是 Z，C 级钢只能是 Z，D 级钢只能是 TZ。用Z 和 TZ 表示牌号可以不标。例如 Q235-A 表示 A 级镇静钢，Q235-AF 表示 A 级沸腾钢。

碳素结构钢按现行的标准规定的化学成分见表 2-7。其力学性能拉伸、冲击试验和冷弯试验应分别符合表 2-11 和表 2-12 规定。

表 2-11　钢材的拉伸试验

钢号	屈服强度 σ_b/(N·mm^{-2})，不小于						抗拉强度 σ_m (N/mm^2)	伸长率 δ/%，不小于				
	钢材厚度（直径）/mm							钢材厚度（直径）/mm				
	≤16	>16 ~40	>40 ~60	>60 ~100	>100 ~150	>150 ~200		≤40	>40 ~ 60	>60 ~ 100	>100 ~150	>150
	不小于							不小于				
Q195	(195)	(185)	—	—	—	—	315 ~ 430	33	—	—	—	—
Q215	215	205	195	185	175	165	335 ~ 450	31	30	29	27	26
Q235	235	225	215	205	195	185	375 ~ 500	26	25	24	22	21
Q275	275	265	255	245	225	215	490 ~ 630	22	21	20	18	17

表 2-12　钢材的冲击和冷弯试验

牌号	冲击试验			冷弯试验 180°（试样宽度 B=2a）		
	等级	温度/℃	V 形冲击功（横向）/J≥	试样方向	钢材厚度（或直径）/mm	
					≤60	>60 ~ 100
					弯心直径 d	
Q195	—	—	—	纵横	0 0.5a	—
Q215	A	—	—	纵横	0.5a 0	1.5a 2a
	B	20	27			

	冲击试验			冷弯试验180°（试样宽度 $B=2a$）		
Q235	A	—	—	纵横	a	2a
	B	20	27		1.5a	2.5a
	C	0				
	D	−20				
Q275	A	—	—	纵横	1.5a	2.5a
	B	20	27		2a	3a
	C	0				
	D	−20				

注：B 为试样宽度，a 为试样钢材厚度（或直径）；钢材厚度（或直径）大于 100 mm 时，弯曲试验由双方协商确定。

2.5.2 低合金结构钢

根据《低合金高强度结构钢》（GB/T 1591—2008）的规定，低合金结构钢牌号的表示方法与碳素钢一致，由代表屈服的汉语拼音"Q"+屈服强度数值+质量等级符号（A、B、C、D、E）+脱氧方法（Z、TZ）四部分按顺序排列组成。例如：Q390A、Q420E。

低合金高强度结构钢的脱氧方法分为镇静钢和特殊镇静钢，A、B 级属于镇静钢，C、D 级属于特殊镇静钢。它们应以热轧、冷轧、正火及回火状态交货。其中 Z 和 TZ 表示牌号可以省略。例如 Q345-B 表示 B 级镇静钢，Q390D 表示 D 级特殊镇静钢。

对专用低合金高强度钢，应在钢号最后标明。专用低合金高强度结构钢的牌号通常也可以采用阿拉伯数字（用两位阿拉伯数字表示平均碳含量，以万分之几计）、化学元素符号以及产品用途符号表示。例如，16 Mn 钢，用于桥梁的专用钢种"16 MnQ"，汽车大梁的专用钢种为"16 MnL"，压力容器的专用钢种为"16 MnR"。

低合金高强度钢按现行标准规定的化学成分见表2-8，力学性能指标见表2-13。

表 2-13 低合金高强度钢的力学性能指标

牌号	屈服强度 $\sigma_b/(N \cdot mm^{-2})$									抗拉强度 $\sigma_m/(N \cdot mm^{-2})$			
	钢材厚度（或直径）/mm												
	≤16	>16 ~40	>40 ~63	>63 ~80	>80 ~100	>100 ~150	>150 ~200	>200 ~250	>250 ~400	≤40	>40 ~80	>80 ~100	>100
Q345	≥345	≥335	≥325	≥315	≥305	≥285	≥275	≥265	≥265	470 ~630			450 ~600
Q390	≥390	≥370	≥350	≥330	≥330	≥310	—	—	—	490 ~650			470 ~620
Q420	≥420	≥400	≥380	≥360	≥360	≥340	—	—	—	520 ~680			

续表2-13

牌号	屈服强度 σ_b/(N·mm^{-2}) 钢材厚度（或直径）/mm									抗拉强度 σ_m/(N·mm^{-2})			
	≤16	>16 ~40	>40 ~63	>63 ~80	>80 ~100	>100 ~150	>150 ~200	>200 ~250	>250 ~400	≤40	>40 ~80	>80 ~100	>100
Q460	≥460	≥440	≥420	≥400	≥400	≥380	—	—	—	550 ~720			530 ~700
Q500	≥500	≥480	≥470	≥450	≥440					610 ~770			
Q550	≥550	≥530	≥520	≥500	≥490					670 ~830			
Q620	≥620	≥600	≥590	≥570	—	—	—	—	—	710 ~880		—	—
Q690	≥690	≥670	≥660	≥640	—	—	—	—	—	770 ~940		—	—

牌号	质量级别	伸长率 δ_5/%						冲击吸收能量(A_{KV2})（纵向）/J				180°弯曲试验 弯心直径 d 试样厚度 a	
		≤40 mm	>40 ~63 mm	>63 ~100 mm	>100 ~150 mm	>150 ~200 mm	>250 ~400 mm	试验温度/℃	>12 ~150 mm	>150 ~250 mm	>250 ~400 mm	≤16 mm	>16 ~100mm
Q345	A	≥20	≥19	≥19	≥18	≥17	—		20		—	2a	3a
	B							20					
	C	≥21	≥20	≥20	≥19	≥18		0	≥34	≥27			
	DE	≥21	≥20	≥20	≥19	≥18	＞17	−20 −40			27		
Q390	A						—	20				2a	3a
	BC DE	≥20	≥19	≥19	≥18	—		0 −20 −40	≥34	—	—		
Q420	A						—	20				2a	3a
	BC DE	≥19	≥18	≥18	≥18	—		0 −20 −40	≥34	—	—		
Q460		≥17	≥16	≥16	≥16	—	—		≥34	—	—	2a	3a
Q500		≥17		—	—	—		0 −20 −40	≥55	—	—		
Q550	CDE	≥16		—	—	—			≥47	—	—		
Q620		≥15		—	—	—			≥31	—	—		
Q690		≥14		—	—	—				—	—		

任务 2.6　常用型材

各种钢种供应的钢材规格分为热轧成型的钢板、型钢和圆钢，以及冷弯成型的薄壁型钢，还有热轧成型钢管和冷弯成型焊接钢管。

2.6.1　常用型钢

钢结构采用的型材有热轧成型的钢板和型钢。热轧型钢有角钢、工字钢、槽钢、H 型钢、圆(方)钢、钢管等，如图 2-5 所示。

(a)等边角钢　(b)不等边角钢　(c)工字钢　　(d)槽钢　　(e)H 型钢　　　　(f)T 型钢　　(g)圆钢

图 2-5　热轧型钢截面

1. 角钢

角钢分等边和不等边两种，可以用来组成独立的受力杆件，或作为受力构件之间的连接零部件。等边角钢(也叫等肢角钢)规格以角钢符号"∟"和边(肢)宽×厚度表示，如∟120×8 为肢宽 120 mm，厚度为 8 mm 的等边角钢。不等边角钢以两肢的宽度和肢厚表示，如∟120×80×8 为长肢宽 120 mm、短肢宽 80 mm、厚度为 8 mm 的不等边角钢。

2. 工字钢

工字钢有普通工字钢和轻型工字钢之分，常单独用作梁、柱、桁架弦杆，或用作格构柱的肢件。分别用符号"I"和号数表示，I20 和 I32 以上的普通工字钢，同一号数有三种腹板厚度，分别为 a、b、c 三类，其中 a 类腹板最薄，翼缘最窄，用作受弯构件较为经济，如 I32a。我国生产的最大普通工字钢为 I63 号，轻型工字钢用"QI"表示，最大的轻型工字钢为 QI70号。轻型工字钢的腹板和翼缘均较普通工字钢薄，因而在相同重量下其截面模量和回转半径均较大。

3. 槽钢

槽钢有普通槽钢和轻型槽钢两种，以腹板厚度区分之，通常作格钩式柱的肢件和檩条等。型号用符号"["和"Q["以及截面高度的厘米数表示。[14 和[25 以上的普通槽钢同一号数中又分 a、b 和 a、b、c 类型，其腹板厚度和翼缘宽度均分别递增 2 mm，如[30a 表示截面高度为 300 mm、腹板厚度为 a 类的普通槽钢。号码相同的轻型槽钢，其翼缘较普通槽钢宽而薄，腹板也比较薄，回转半径较大，重量较轻，表示方法为符号"Q["加上截面高度厘米数，我国目前生产的最大槽钢为[40c，长度一般为 5～19 m。

4. 热轧 H 型钢和 T 型钢

H 型钢是使用很广泛的热轧型钢，其截面形状经济合理，力学性能好，轧制时截面上各点延伸较均匀，内应力小，与普通工字钢比较，具有截面模数大、重量轻、节省金属的优点，可使建筑结构减轻 30% ~40% ；又因其腿内外侧平行、脚端是直角，拼装组合成构件，可节约焊接、铆接工作量达 25% 。常用于要求承载能力大、截面稳定性好的大型建筑（如厂房、高层建筑等），以及桥梁、船舶、起重运输机械、设备基础、支架、基础桩等。我国生产的 H 型钢分为宽翼缘（HW）、中翼缘（HM）和窄翼缘（HN）H 型钢。

H 型钢的尺寸表示方法可采用高度×宽度×腹板厚度×翼缘厚度的毫米数表示。宽翼缘 H 型钢（HW，W 是英文 Wide 的字头）是 H 型钢高度 H 和翼缘宽度 B 基本相等；具有良好的受压承载力，截面规格为：100 mm×100 mm ~ 400 mm×400 mm，在钢结构中主要用于柱，在钢筋混凝土框架结构柱中主要用于钢芯柱，也称劲性钢柱。中翼缘 H 型钢（HM，M 是英文 Middle 的字头）是 H 型钢高度和翼缘宽度比例大致为 1.33 ~ 1.75 或 B =（1/2 ~2/3）H。截面规格为：150 mm×100 mm ~ 600 mm×300 mm。主要作钢框架柱，在承受动力荷载的框架结构中用作框架梁。窄翼缘 H 型钢（HN，N 是英文 Narrow 的字头）是 H 型钢翼缘宽度和高度比为（1:3）~（1:2），具有良好的受弯承载力，截面宽度为 100 ~900 mm，主要用于梁。

T 型钢由 H 型钢剖分而成，可分为宽翼缘剖分 T 型钢（TW）、中翼缘剖分 T 型钢（TM）和窄翼缘剖分 T 型钢（TN）等三类。T 型钢的尺寸表示方法与 H 型钢一致，如 T248×199×9×14，表示高度为 248 mm，宽度为 199 mm，腹板厚度为 9 mm，翼缘厚度为 14 mm，它为窄翼缘 T 型钢。

5. 常用钢管

钢管是一种具有中空截面的管状钢材，与实心钢材相比，在抗弯抗扭强度相同时，重量较轻，是一种经济截面的钢材，广泛用于制造结构构件和各种机械零件。

钢管有无缝钢管和焊接钢管两种。无缝圆钢管用符号"ϕ"后面加"外径×厚度"表示，如 ϕ400×6 为外径 400 mm，厚度 6 mm 的钢管。

2.6.2　常用钢板

建筑钢结构使用的钢板（钢带）根据轧制方法分为冷轧板和热轧板，其中，热轧钢板是建筑钢结构应用最多的钢材之一。钢板和钢带的不同，主要体现在其成品形状上。钢板是指平板状、矩形的，可直接轧制或由宽钢带剪切而成的钢材。一般情况下，钢板是指一种宽厚比和表面积都很大的扁平钢材。钢带一般是指成卷交货。

根据钢板的薄厚程度，钢板大致可分为薄钢板（厚度 ≤4 mm）和厚钢板（厚度 >4 mm）两种。在实际工作中，常将厚度 4 ~20 mm 的钢板称为中板；将厚度 20 ~60 mm 的钢板称为厚板；将厚度 >60 mm 的钢板称为特厚板。成张钢板的规格以符号"-"加"宽度×厚度×长度"或"宽度×厚度"的毫米数表示，如-450×10×300，-450×10。

钢带也分为两种，当宽度大于或等于 600 mm 时为宽钢带；当宽度小于 600 mm 时，称为窄钢带。钢带的规格以"厚度×宽度"的毫米数表示。

2.6.3　冷弯型钢

冷弯型钢也称为钢制冷弯型材或冷弯型材，是以热轧或冷轧钢带为坯料经弯曲成型制成的各种截面形状尺寸的型钢。建筑工程常用的厚度为 1.5 ~12 mm 薄钢板或钢带（一般采用 Q235 或 Q345 钢）经冷轧（弯）或模压而成的，故也称为冷弯薄壁型钢，是一种经济的截面轻型薄壁钢材，广泛用于矿山、建筑、农业机械、交通运输、桥梁、轻工、电子等工业。

薄壁型钢的表示方法为：字母 B 或 BC 加"截面形状符号"加"长边宽度×短边宽度×卷边宽度×壁厚"，单位为 mm。常用的截面形式如图 2-6 所示。

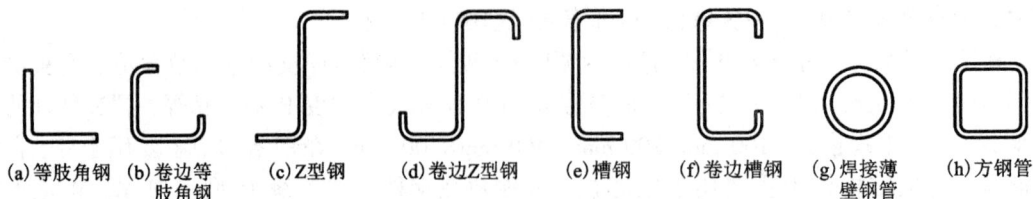

| (a)等肢角钢 | (b)卷边等肢角钢 | (c)Z型钢 | (d)卷边Z型钢 | (e)槽钢 | (f)卷边槽钢 | (g)焊接薄壁钢管 | (h)方钢管 |

图 2-6 冷弯薄壁型钢截面

冷弯型钢具有以下特点：

(1)截面经济合理，节省材料。冷弯型钢的截面形状可根据需要设计，结构合理，单位重量的截面系数高于热轧型钢。在同样负荷下，可减轻构件重量，节约材料。冷弯型钢用于建筑结构比热轧型钢节约金属38%～50%，施工方便，降低综合费用，在轻钢结构中得到广泛应用。

(2)品种繁多，可以生产同一般热轧方法难以生产的壁厚均匀、截面形状复杂的各种型材和品种不同材质的冷弯型钢。产品表面光洁，外观好，尺寸精确，而且长度也可以根据需要灵活调整，全部按定尺或倍尺供应，提高材料的利用率。从截面形状分，有开口的、半闭口和闭口的，通常生产的冷弯型钢，厚度在 6 mm 以下，宽度在 500 mm 以下。

(3)生产中还可与冲孔等工序相配合，以满足不同的需要。

能力训练题

1. 钢材是如何分类的？影响钢材强度的因素有哪些？

2. 在钢材的化学成分中，应严格控制哪些有害成分的含量？为什么？

3. 钢材有哪些性能？选择钢材时应考虑哪些主要因素？

4. 钢材有几种规格？钢材中热轧钢材、热轧型钢种类有哪些？型钢用什么符号表示？

5. 解释下列名词：(1)韧性；(2)可焊性；(3)交货状态。

6. 试述碳、硫、磷对钢材性能的影响。

7. 阐述温度对钢材性能的影响？

8. 指出下列符号的意义：(1)Q235-BF；(2)Q235-C；(3)Q345-D。

9. 下列钢材出厂时，哪些钢材的化学成分和力学性能要有合格保证？

(1)Q235-BF；(2)Q390-B；(3)Q420-E。

10. 钢材的可焊性能是否仅与碳含量有关？其他哪些因素对焊接的难易程度有影响？

11. 低合金高强度结构钢牌号中的符号分别代表什么含义？

实训项目二　钢结构材料

钢结构材料的职业活动实习内容、教学设计实训项目详见表2-14。

表2-14　钢结构材料的职业活动实训教学设计项目卡

项目 钢结构材料	实训场所：校内外实训基地 计划学时：2学时		学期：　　　日期： 班级：		
教学目标	能力目标	能分析钢材性能的影响因素；会选择钢材；能报验钢结构原材料			
	知识目标	钢材性能的影响因素及其分析；钢材的选择原则及方法；钢结构材料的报验			
教学重点难点	分析钢材性能的影响因素；钢材的选择原则及方法；钢结构材料的报验				
设计思路	在教师的引导下，让学生现场观看钢结构材料，引出钢结构施工材料的选用、施工前的材料准备，在讲解施工前材料的基本要点、质量验收的有关知识				
序号	工作任务	教学设计与实施			参考学时
		课程内容和要求	活动设计		
1	钢材性能	钢材及焊接接头机械性能试验	活动1：钢材的拉伸、弯曲、冲击试验 活动2：焊接接头机械性能试验		2
2	原材料报验	型材原材料出厂合格证的报验，进场构件的报验	活动1：到校企合作实习基地参观，识别常用钢材、型材及其他材料，并进行材料现场质量验收 活动2：填写原材料质量评定表		
3	学时总计				2
课前回顾	钢结构的典型工程应用案例				
教学引入	先观看钢结构的应用的录像、图片，引入钢结构材料的内容				
实训小结	写一份钢结构材料的检验报验				
课外训练	到建筑钢结构加工厂、钢材市场等有针对性地对钢结构材料进行参观认知，采用分散进行，安排在课余时间、周六日或节假日进行。				

项目三　钢结构构件制作与预拼装

【知识目标】

1. 钢结构制作过程和构件放样下料过程；

2. 钢结构矫正成型以及边缘加工和制孔过程；

3. 钢结构构件预拼装施工过程。

【能力目标】

1. 会钢结构构件放样和下料；

2. 能进行钢结构构件矫正成型和边缘加工；

3. 会进行钢结构构件预拼装施工。

【素质目标】

1. 培养学生的职业道德；

2. 培养学生的严谨科学态度；

3. 培养学生的团队协作能力。

任务 3.1　钢结构的制作

3.1.1　钢结构制作的特点

钢结构制作的特点是条件优、标准严、精度好、效率高。钢结构一般在工厂制作，因为工厂有较为恒定的工作环境、刚度大和平整度高的钢平台、精度较高的工装夹具及高效能的设备，施工条件比现场优越，易于保证质量，提高效率。

钢结构制作有严格的工艺标准，每道工序应该怎么做，允许有多大的误差，都有详细规定。特殊构件的加工，还要通过工艺试验来确定相应的工艺标准，每道工序都必须严格按图纸和工艺标准进行。因此，钢结构加工的质量和精度与一般土建结构相比大为提高，而与其相连的土建结构部分也要有相匹配的精度或有可调节措施来保证两者的兼容。

3.1.2　钢结构制作的依据

钢结构制作的依据是设计图和国家规范。国家规范主要有《钢结构工程施工质量验收标准》（GB50205—2020）、《钢结构焊接规范》（GB50661—2011）及原冶金部、原机械部关于钢结构材料、辅助材料的有关标准等。

3.1.3　钢结构制作的流程

钢结构制作的基本流程如图 3-1 所示。

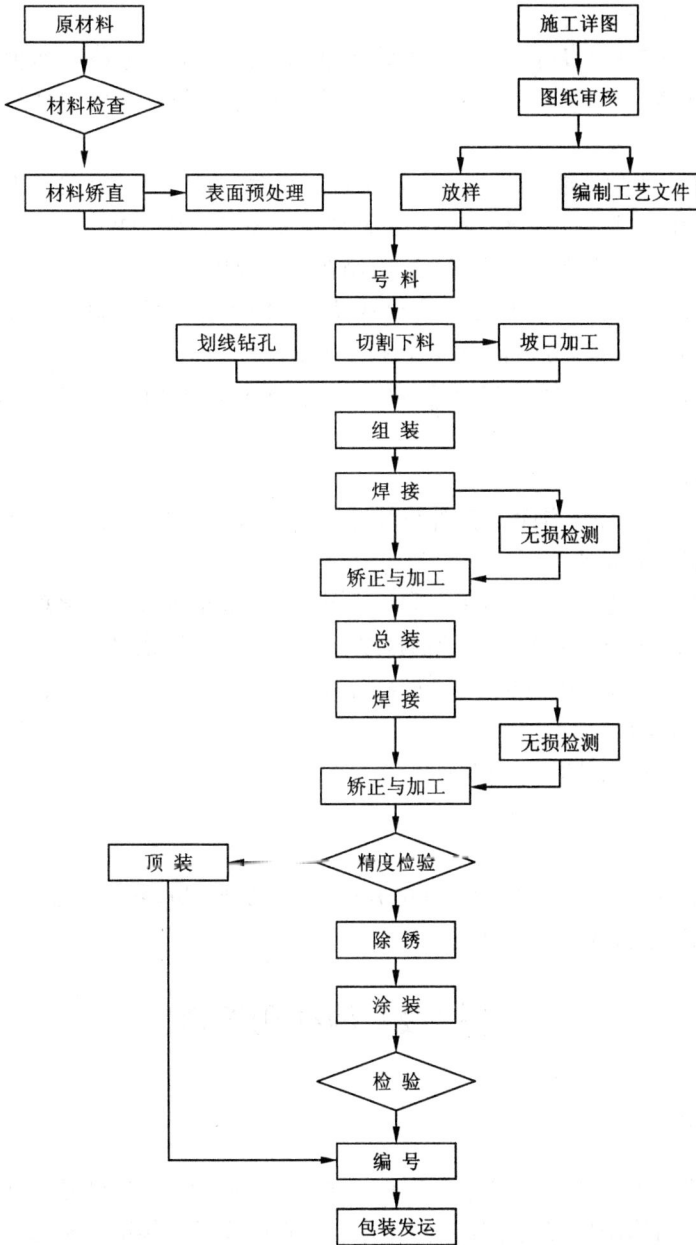

图 3-1 钢结构制作工艺流程图

3.1.4 钢材的准备

1. 钢材材质的检验

钢材的材质必须有质量保证书(简称"质保单")。质保单内记载着本批钢材的钢号、规格、数量(长度和根数)、生产单位、日期等。质保单内还记载着本批钢材的化学成分和力学性能。

对于结构用钢,化学性能与钢材的可加工性、韧性、耐久性等有关。因此,应该保证符合规范要求。其中碳含量与可焊性及热加工性能关系密切;硫、磷等杂质含量与钢材的低温冲击韧性、热脆、冷脆等性能关系密切,应限制在标准以内。

结构用钢的力学性能中屈服强度、抗拉强度、延伸率、冷弯试验、低温冲击韧性试验值(在低温情况下才必须具备)等指标应符合规范的要求。

除了质保单的审查,当对钢材的质量有疑义时,应按国家现行有关标准的规定进行抽样检验。

2. 钢材外形的检验

对于钢板、型钢、圆钢、钢管,其外形尺寸与理论尺寸的偏差必须在允许范围内。允许偏差值可参考国家有关标准。

钢材表面不得有气泡、结疤、拉裂、裂纹、褶皱、夹杂和压入的氧化铁皮。这些缺陷必须清除,清除后该处的凹陷深度不得大于钢材厚度负偏差值。当钢材表面有锈蚀、麻点或划痕等缺陷时,其深度不得大于该钢材厚度负偏差值的1/2。

3. 辅助材料的检验

钢结构的辅助材料包括螺栓、电焊条、焊剂、焊丝等,均应对其化学成分、力学性能及外观进行检验,并应符合国家有关标准。

4. 堆放

检验合格的钢材应按品种、牌号、规格分类堆放,其底部应垫平、垫高,防止积水,钢材堆放不得造成地基下陷和钢材永久变形。

任务3.2 放样和下料

3.2.1 放样

放样是指按施工图上的几何尺寸,以1:1的比例在放样台上利用几何作图方法弹出的大样图。放样是钢结构制作工艺中第一道工序,只有放样尺寸精准,才能避免以后各道加工工序的积累误差,从而保证工程质量。

1. 放样的内容

放样工作包括如下内容:核对图纸的安装尺寸和孔距;以1:1的大样放出节点;核对各部分的尺寸;制作样板和样杆作为下料、弯制、铣、刨、制孔等加工的依据。

2. 放样工具与放样台

1)放样工具

放样常用的工具有:划针、冲子、手锤、粉线、弯尺、钢直尺、钢卷尺、大钢卷尺、剪子、

（7）质量要求。样板、样杆制作时，应做到按图施工，从画线到样板制作，应做到尺寸精确，尽可能减少误差。对于号料样板，其尺寸一般应小于设计尺寸 0.5~1 mm，因画线工具沿样板边缘画线时增加距离，这样正负值相抵，可减少误差。样板、样杆制作尺寸允许偏差见表 3-2。

表 3-2 样板、样杆制作尺寸的允许偏差

项目		允许偏差/mm
样板	长度	±0.5
	宽度	±0.5
	两对角线长度差	1.0
样杆	长度	±1.0
	两最外排孔中心线距离	±1.0
同组内相邻两孔中心线距离		±0.5
相邻两组端孔间中心线距离		±1.0
加工样板的角度		±20′

3.2.2 下料

下料也称为号料，是根据施工图样的几何尺寸、形状来制成样板，再利用样板（或计算出的下料尺寸），直接在钢材的表面上画出零构件形状的加工界限，最后通过采用锯切、剪切、冲裁、气割等手段而获取所需钢零构件的工序。

1. 下料的内容

下料的一般工作内容包括：检查核对材料；在材料上画出切割、铣、刨、弯曲、钻孔等的加工位置；打冲孔；标注出零件的编号等。

2. 下料的准备工作

（1）准备好下料的各种工具。如各种量尺、手锤、中心冲、划规、划针、錾子及剪、冲、锯、割等工具。

（2）检查对照样板及计算好的尺寸是否符合图样的要求。若按图样的几何尺寸直接在板料上或型钢上下料时，应细心检查计算下料尺寸是否正确，以防止错误并避免由于错误产生的废品。

（3）发现材料上有疤痕、裂纹、夹层及厚度不足等缺陷时，应及时与有关部门联系，研究决定后再进行下料。

（4）钢材有弯曲和凹凸不平时，应先矫正，以减小下料误差。

材料的摆放、两型钢或板材边缘之间至少有 50 mm 的距离以便画线。规格较大的型钢和钢板放、摆料要有吊车配合进行，可提高工效保证安全。

3. 下料的方法

下料时，为了提高材料的利用率，首先要进行排料。采用不同的下料方法进行排料会有

不同的材料利用率。下料的方法主要有：集中下料法、套料法、统计计算法、余料统一下料法，具体操作见表3-3。

表3-3　常用的下料方法

序号	方法	内容说明
1	集中下料法	由于钢材的规格多种多样，为减少原材料的浪费，提高生产效率，应把同厚度的钢板零件和相同规格的型钢零件，集中在一起进行下料，这种方法称为集中下料法
2	套料法	在下料时，精心安排板料零件的形状位置，把同厚度的各种不同形状的零件和同一形状的零件进行套料，这种方法称为套料法
3	统计计算法	下料时将所有同规格型钢零件的长度归纳在一起，先把较长的排出来，再算出余料的长度，然后把和余料长度相同或略短的零件排上，直至整根料被充分利用为止。这种先进行统计安排再下料的方法，称为统计计算法
4	余料统一下料法	将下料后剩下的余料按厚度、规格和形状基本相同的集中在一起，把较小的零件放在预料上进行下料，这种方法称为余料统一下料法

为了表示材料的利用程度，将零件的总面积与板料总面积之比称为材料的利用率，用百分数表示。即：

$$\eta = \frac{\sum A_i}{A}$$

式中：η——材料的利用率；

A_i——板料上某个零件的面积；

A——板料的面积。

4.下料的允许偏差和加工符号

下料的允许偏差应符合表3-4的规定。

表3-4　下料允许偏差　　　　　　　　（单位：mm）

项目	零件外形尺寸	孔距
允许偏差	±1.0	±0.5

下料工作完成后，在零件的加工线、拼接缝及孔中心位置，应打上鉴印或冲印，且根据板上的加工符号、孔位等，在零件上标注清楚，以利于下道工序的进行。下料常用符号如表3-5所示。

表3-5 常用下料符号

序号	名称	符号	序号	名称	符号
1	板缝线		5	余料切线	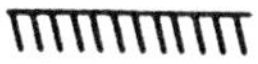
2	中心线	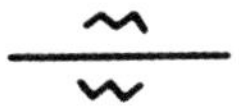	6	弯曲线	
3	R曲线	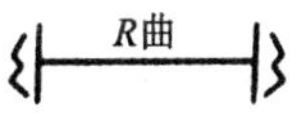	7	结构线	
4	切断线	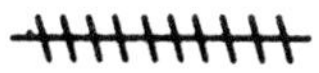	8	刨边符号	

3.2.3 钢材下料的质量问题与防治

钢材下料质量通病外在表现及防治技巧见表3-6。

表3-6 钢材下料质量通病外在表现及防治技巧

质量通病	外在表现及原因	防治技巧
下料偏差	钢材下料尺寸与实际尺寸有偏差	①检查对照样板及计算好的尺寸是否符合图纸的要求;②发现材料上有疤痕、裂纹、夹层及厚度不足等缺陷时,应及时与有关部门联系,研究确定后再进行下料;③钢材有弯曲和凹凸不平时,应先矫正,以减小下料误差;④材料的摆放,两型钢或板材边缘之间应至少有50 mm的距离,以方便画线。规格较大的型钢和钢板放、摆料要有吊车配合进行,可提高工效保证安全;⑤角钢及槽钢弯折料长计算,角钢、槽钢内直角切口计算,焊接零件的收缩量预留计算等必须严格,不得出现误差

任务3.3 切割

3.3.1 切割方法及要求

1.切割方法

钢材的切割可以通过冲剪、切削、气体切割、锯切、摩擦切割和高温热源来实现,应根据钢材的截面形状、厚度及切割边缘的质量要求而采用不同的切割方法。

目前，常用的切割方法有机械切割、气割、等离子切割三种，其使用设备、特点及适用范围见表3-7。

表3-7　各类切割方法分类比较

类别	使用设备	特点	适用范围
机械切割	剪板机 型钢冲剪机	切割速度快、切口整齐、效率高	适用板厚<12 mm的零件钢板、压型钢板、冷弯型钢
	砂轮锯	切口光滑、生刺较薄易清除，噪声大，粉尘多	适用于切割厚度<4 mm的薄壁型钢及小型钢管
	无齿锯	切割速度快、切口不光洁、噪声大	可切割不同形状的各类型钢、钢管、钢板，可切割精度较低的构件或下料留有余量、最后尚需精加工的构件
	锯床	切割精度高	适用于切割各类型钢及梁柱等构件
气割	自动切割	切割精度高，速度快，在其数控气割时可省去放样、画线等工序而直接切割	适用于中厚钢板
	手工切割	设备简单、操作方便、费用低、切口精度较差	小零件板及修正下料，或机械操作不便时
等离子切割	等离子切割机	切割温度高、冲刷力大，切割边质量好，变形小	适用于薄钢板、钢条及不锈钢

2. 切割要求

(1)钢材的切割余量应依据设计进行确定。如无明确规定时，可参见表3-8选取。

表3-8　切割余量　　　　　　　　　　　　　（单位：mm）

加工余量	锯切	剪切	手工切割	半自动切割	精密切割
切割缝	—	1	4~5	3~4	2~3
刨边	2~3	2~3	3~4	1	1
铣平	3~4	2~3	4~5	2~3	2~3

(2)钢材切割后，不得有分层，断面上不得有裂纹，还应清除切口处的毛刺、熔渣和飞溅物。

(3)钢材的切割面应符合下列各项要求：

①切割面平面度 u，如图3-4所示，即在所测部位切割面上的最高点和最低点，按切割面倾角方向所作两条平行线的间距，应符合 $u \leq 0.05\,t$（t 为切割面厚度），且不大于 $2.0\,mm$。

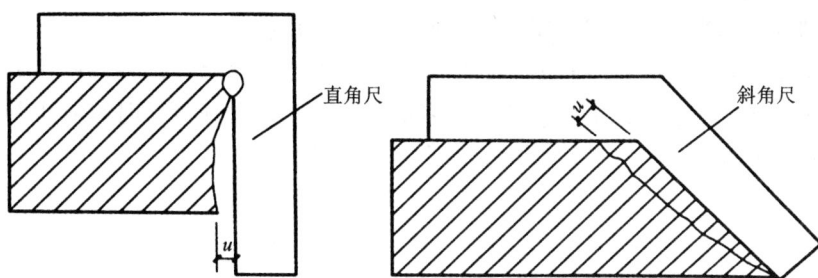

图3-4　切割面平面度示意图

②切割面割纹深度(表面粗糙度)h，如图3-5所示，即在沿着切割方向20 mm长的切割面上，以理论切割线为基准的轮廓峰顶线与轮廓峰底线之间的距离，$h \leqslant 0.2$ mm。

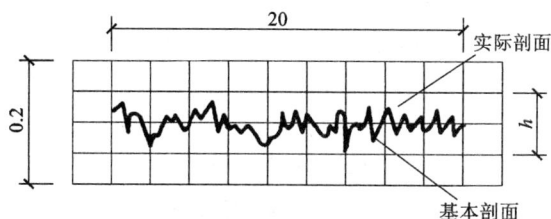

图3-5　切割面割纹深度示意图

③局部缺口深度，即在切割面上形成的宽度、深度及形状不规则的缺陷，它使均匀的切割面产生中断。其深度应小于等于1.0 mm。

④钢材切割面应无裂纹、夹渣、分层和大于1.0 mm的缺棱，如图3-6所示。

⑤剪切面的垂直度，如图3-7所示，应小于等于2.0 mm。

图3-6　机械剪切面边缘缺棱示意图

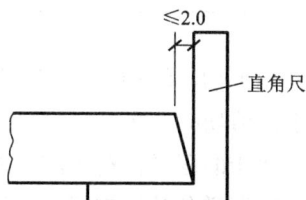

图3-7　剪切面的垂直度示意图

⑥切割面出现裂纹、夹渣、分层等缺陷，一般是钢材本身的质量问题，特别是厚度大于10 mm的沸腾钢材容易出现这类问题，故需特别注意。

3.3.2　剪切

剪切是一种高效率切割金属的方法，切口较光洁平整。

1. 剪切施工操作方法

剪切一般在斜口剪床、龙门剪床、圆盘剪床等专用机床上进行。

(1)在斜口剪床上剪切。为了使剪切刀片具有足够的剪切能力，其上剪切刀片沿长度方向的斜度一般为10°~15°，截面的角度为75°~80°。这样可避免在剪切时剪刀和钢板材料之间产生摩擦，如图3-8所示，上、下剪刀刃也有5°~7°的刃刀口。

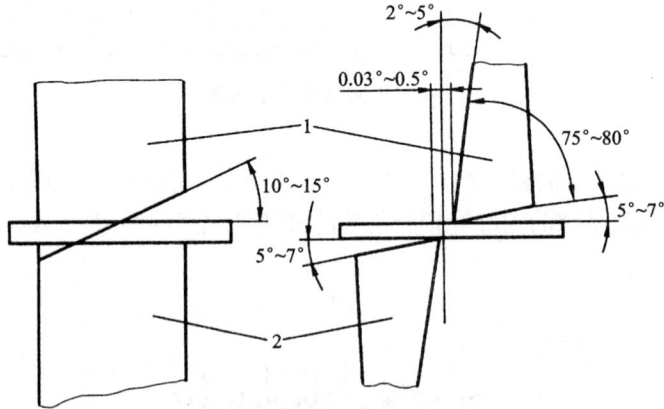

1—上剪刀片；2—下剪刀片。

图3-8　剪切刀的角度

上、下剪刀片之间的间隙，根据剪切钢板厚度不同，可以进行调整。其间隙见表3-9，厚度越厚，间隙应越大。一般斜口剪床适用于剪切厚度在25 mm以下的钢板。

表3-9 斜口剪床上、下剪刀片之间的间隙　　　　　（单位：mm）

钢板厚度	<5	6~14	15~30	30~40
刀片间隙	0.08~0.09	0.10~0.3	0.4~0.5	0.5~0.6

(2)在龙门剪床上剪切。剪切前，将钢板表面清理干净，并画出剪切线，然后将钢板放在工作台上。剪切时，首先将剪切线的两端对准下刀口。多人操作时，选定一人指挥，控制操纵机构。剪床的压紧机构先将钢板压牢后，再进行剪切，这样一次就完成全长的剪切，而不像斜口剪床那样分几段进行，因此，在龙门剪床上进行剪切操作要比在斜口剪床上进行剪切操作容易掌握。龙门剪床上的剪切长度不能超过下刀口长度。

(3)在圆盘剪切机上剪切。圆盘剪切机是剪切曲线的专用设备。圆盘剪切机的剪刀由上、下两个呈锥形的圆盘组成。上、下圆盘的位置大多数是倾斜的，并可以调节，如图3-9所示上圆盘是主动盘，由齿轮传动，下圆盘是从动盘，固定在机座上，钢板放在两盘之间，可以剪切任意曲线形。在圆盘剪切机上进行剪切之前，首先要根据被剪切钢板厚度调整上、下两只圆盘剪刀的距离。

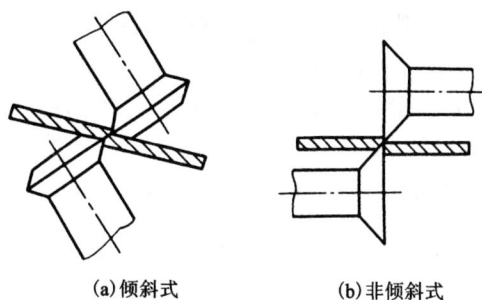

(a)倾斜式　　　　　　(b)非倾斜式

图 3-9　两种不同圆盘剪切的装置

2. 剪切允许偏差

机械剪切的允许偏差应符合表 3-10 的规定。

表 3-10　机械剪切的允许偏差　（单位：mm）

项目	零件宽度、长度	边缘缺棱	型钢端部垂直度
允许偏差	±3.0	1.0	2.0

3.3.3　气割

气割是以氧气与燃料燃烧时产生的高温来熔化钢材，并借喷射压力将熔渣吹去，造成割缝达到切割金属的目的。但熔点高于火焰温度或难以氧化的材料，则不宜采用气割。氧与各种燃料燃烧时的火焰温度在 2000～3200℃。

1. 气割准备

(1)场地准备。首先检查工作场地是否符合安全要求，然后将工件垫平。工件下面应留有一定的空隙，以利于氧化铁渣的吹出。工件下面的空间不能密封，否则会在气割时引起爆炸。工件表面的油污和铁锈要加以清除。

(2)检查切割氧气流线(风线)方法是点燃割炬，并将预热火焰调整适当，然后打开切割氧阀门，观察切割氧流线的形状。切割氧流线应为笔直而清晰的圆柱体，并有适当的长度，这样才能使工件切口表面光滑干净，宽窄一致。如果风线形状不规则，应关闭所有的阀门，用透针或其他工具修整割嘴的内表面，使之光滑。

2. 手工气割操作方法

气割时，应该选择正确的工艺参数(如割嘴型号、氧气压力、气割速度和预热火焰的能率等)，工艺参数的选择主要是根据气割机械的类型和可切割的钢板厚度。工艺参数对气割的质量影响很大。

(1)气割操作时，首先点燃割炬，随时调整火焰。火焰的大小，应根据工件的厚薄调整适当，然后进行切割。

（2）开始切割时，若预热钢板的边缘至略呈红色时，将火焰局部移出边缘线以外，同时慢慢打开切割氧气阀门。如果预热的红点在氧流中被吹掉，此时应开大切割氧气阀门。当有氧化铁渣随氧流一起飞出时，证明已割透，这时即可进行正常切割。

（3）若遇到切割必须从钢板中间开始，要在钢板上先割出孔，再按切割线进行切割。割孔时，首先预热要割孔的地方，如图3-10（a）所示，然后将割嘴提起离钢板约15 mm，如图3-10（b）所示，再慢慢开启切割氧阀门，并将割嘴稍侧倾并旁移，使熔渣吹出，如图3-10（c）所示，直至将钢板割穿，再沿切割线切割，如图3-10（d）所示。

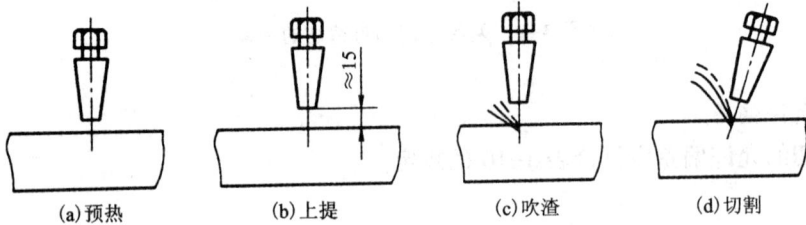

| (a)预热 | (b)上提 | (c)吹渣 | (d)切割 |

图3-10 手工气割

（4）在切割过程中，有时因嘴头过热或氧化铁渣的飞溅，使割炬嘴头堵住或乙炔供应不及时，嘴头产生鸣爆并发生回火现象。这时应迅速关闭预热氧气和切割炬，若仍然发出"嘶、嘶"声，说明割炬内回火尚未熄灭，这时应再次迅速将乙炔阀门关闭或者迅速拔下割炬上的乙炔气管，使回火的火焰气体排出。处理完毕，应先检查割炬的射吸能力，然后方可重新点燃割炬。

（5）切割临近终点时，嘴头应略向切割前进的反方向倾斜，以利于钢板的下部提前割透，使收尾时割缝整齐。当到达终点时，应迅速关闭切割氧气阀门，并将割炬抬起，再关闭乙炔阀门，最后关闭预热氧阀门。

3.气割断面缺陷

施工中，常见气割断面缺陷及产生原因见表3-11。

表3-11 常见气割断面缺陷及产生原因

缺陷名称	图示	产生原因
粗糙		切割氧压力过高，割嘴选用不当，切割速度太快，预热火焰过大
缺口		切割过程中断，重新起割衔接不好，钢板表面有厚的氧化皮、锈铁等，切割坡口时预热火焰能率不足，半自动气割机导轨上有脏物
内凹		切割氧压力过高，切割速度过快

52

续表3-11

缺陷名称	图示	产生原因
倾斜	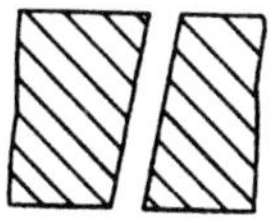	割炬与板面不垂直,风线歪斜,切割氧压力低或嘴号偏小
上缘熔化	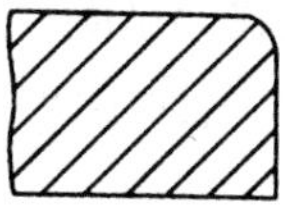	预热火焰太强,切割速度太慢,割嘴离割件太近
上缘呈珠链状	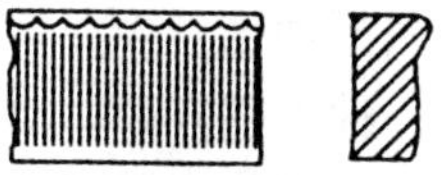	钢板表面有氧化皮,铁锈,割嘴到钢板的距离太近,火焰太强
下缘粘渣	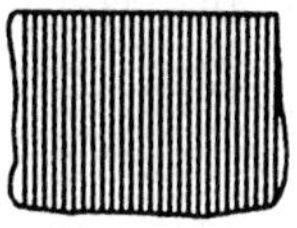	切割速度太快或太慢,割嘴号太小,切割氧压力太低

4. 气割允许偏差

气割的允许偏差应符合表3-12的规定。

表 3-12 气割的允许偏差 （单位：mm）

项目	零件宽度、长度	切割面平面度	割纹深度	局部缺口深度
允许偏差	±3.0	0.05 t,且不大于2.0	0.3	1.0

注：t 为切割面厚度。

3.3.4 切割的验收要求和质量控制

切割主控项目和一般项目检查标准应符合表3-13。

表 3-13 切割主控项目、一般项目检查标准

项目		质量验收标准	检查数量	检验方法
主控项目		钢材切割面或剪切面应无裂纹、夹渣、分层和大于1 mm的缺棱	全数检查	观察或用放大镜及百分尺检查,有疑义时作渗透、磁粉或超声波探伤检查
一般项目	气割精度	气割的允许偏差应符合表3-12的规定	按切割面数量抽查10%,且不应少于3个	观察或用钢尺、塞尺检查
	机械剪切精度	机械剪切的允许偏差应符合表3-10的规定	按切割面数量抽查10%,且不应少于3个	观察或用钢尺、塞尺检查

任务3.4 矫正与成型

3.4.1 矫正

在钢结构制作过程中，由于材料、设备、工艺、运输等影响，会引起钢材原材料变形、气割缺陷、剪切变形、焊接变形、运输变形等。为保证钢结构制作及安装质量，必须对不符合技术标准的材料、构件进行矫正。

矫正就是通过外力或加热作用制造新的变形，去抵消已经发生的变形，使材料或构件平直或达到一定几何形状要求，从而符合技术标准的一种工艺方法。

矫正的方法很多，根据矫正时钢材的温度分冷矫正和热矫正两种。冷矫正是在常温下进行的矫正，冷矫正时会产生冷硬现象，适用于矫正塑性较好的钢材。对变形十分严重或脆性很大的钢材，如合金钢及长时间放在露天生锈的钢材等，因塑性较差则不能采用冷矫正。热矫正是将钢材加热至700～1000℃的高温内进行的，当钢材弯曲变性大，钢材塑性差，或在缺少足够动力设备的情况下才应用热矫正。

此外，根据矫正时作用外力的来源和性质来分，矫正可分为手工矫正、机械矫正、加热矫正、加热与机械联合矫正等方法。

1. 弯曲点确定

型钢在矫正前，先要确定弯曲点的位置（又称找弯），这是矫正工作不可缺少的步骤。在现场确定型钢变形位置时常用平尺考量，拉直粉线来检验，但多数使用目测，如图3-11所示。确定型钢的弯曲点时，应注意型钢自重下沉而产生的弯曲，影响准确查看弯曲度。因此对较长型的型钢测弯要放在水平面上或矫架上测量。

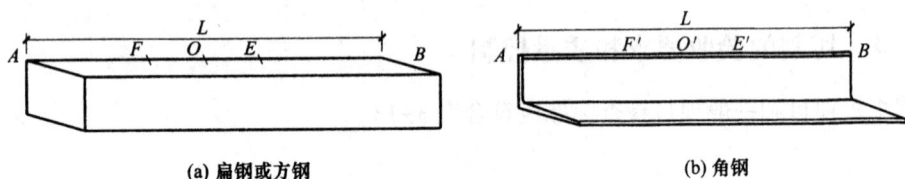

(a) 扁钢或方钢   (b) 角钢

图3-11 型钢目测弯曲点

目测型钢弯曲点时，应以全长（L）中间O点为界，A、B两人分别站在型钢的各端，并翻转各面找出所测的界面弯曲点（A视E段长度、B视F段长度），然后用粉笔标注。目测方法适于有经验的工人，缺少经验者的误差就较大，因此对长度较短的型钢测弯点时，应采用直尺量，较长的应用拉线法测量。

2. 手工矫正

型钢用人力大锤矫正，多数是用在小规格的各种型钢上，依点锤击进行矫正，锤击矫正的操作原则为见凸就打。

1）角钢手工矫正

角钢的矫正首先要矫正角度变形，将其角度校正后再矫直弯曲变形。

（1）角钢角度变形的矫正

角钢角度变形批量矫正时，可制成90°角形凹凸模具用机械压、顶法矫正。少量的角钢角度局部变形，可与矫直一并进行。当其角度大于90°时，将一肢边立在平面上，直接用大锤击打另一肢边，使角度达到90°为止，如图3-12（a）所示。角度小于90°时，将内角向上垂直放一平面上，将适合的角度锤或手锤放于内角，用大锤击打，扩开角度而达到90°，如图3-12（b）所示。

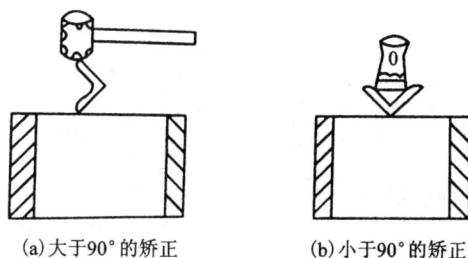

(a)大于90°的矫正　　　(b)小于90°的矫正

图3-12　手工矫正角钢角度变形

（2）角钢弯曲手工矫正

用大锤矫正角钢方法如图3-13所示。将角钢放在矫架上，根据角钢的长度，一人或两人握紧角钢的端部，另一人用大锤击中角钢的立边面和角筋位置面，要求打准且稳。

根据角钢各面弯曲和翻转变化以及打锤者所站的位置，大锤击打角钢各面时，其锤把如图3-13所示，箭头方向略有抬高或放低。锤面与角钢面的高、低夹角为3°～10°，这样大锤对角钢具有推、拉作用力，以维持角钢受力时的重心平衡，才不会把角钢打翻和避免发生震手的现象。

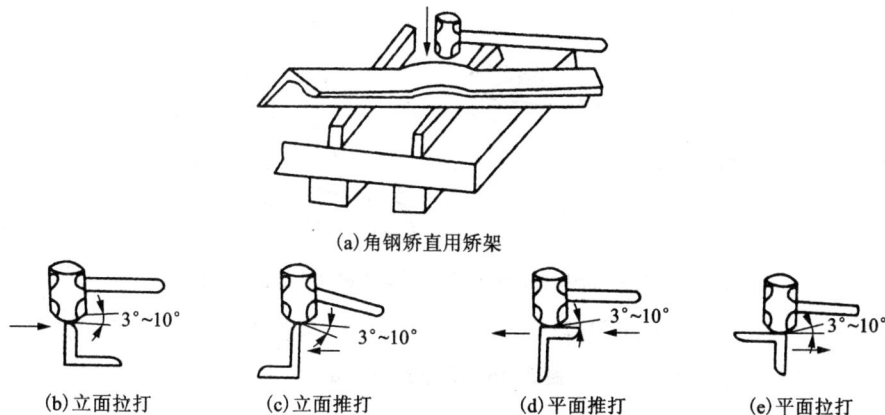

(a)角钢矫直用矫架

(b)立面拉打　　　(c)立面推打　　　(d)平面推打　　　(e)平面拉打

图3-13　用大锤矫直角钢示意图

2）槽钢手工矫正

槽钢大小面方向变形、变曲的大锤矫正与角钢各面弯曲矫正方法相同。翼缘面局部内外凸、凹变形的手工矫正方法如下：

（1）槽钢翼缘面内凸矫正

槽钢翼缘向内凸起矫正时，将槽钢立起并使凹面向下与平台悬空，矫正方法应视变形程度而定。当凹面变形小时，可用大锤由内向外直接打击，严重时，可用火焰加热其凸处，并用平锤垫衬，大锤击打即可矫正，如图3-14(a)所示。

（2）槽钢翼缘面外凸矫正

将槽钢翼缘面仰放在平面上，一人用大锤顶紧凹面，另一人用大锤由外凸处向内击打，直到打平为止，如图3-14(b)所示。

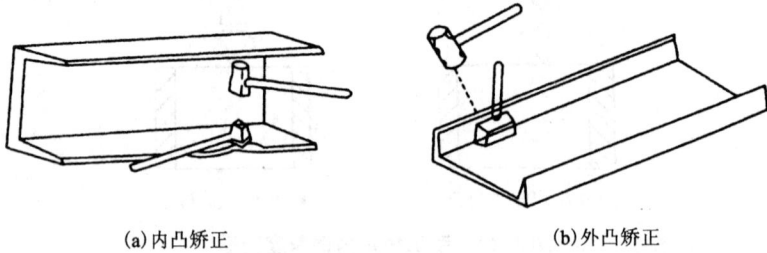

(a)内凸矫正　　　　　　　　　　(b)外凸矫正

图3-14　槽钢翼缘面凸变形的手工矫正

3）扁钢的矫正

矫直扁钢侧向变形弯曲时，将扁钢凸面朝上、凹面朝下放置于矫架上，用大锤由凸处最高点依次击打，即可矫正。

扁钢的扭曲矫正如图3-15所示。小规格的扁钢扭曲矫正，先将靠近扭曲处的直段用虎钳夹紧，用扳制的开口扳手插在另一端靠近扭曲处的直线，向扭曲的反方向加力扳曲，最后放在平台上用大锤修整而矫正扁钢。扁钢扭曲的另一种矫正方法是将扁钢的扭曲点放在平台边缘上，用大锤按扭曲反方向进行两面逐段来回移动循环打击即可矫正。

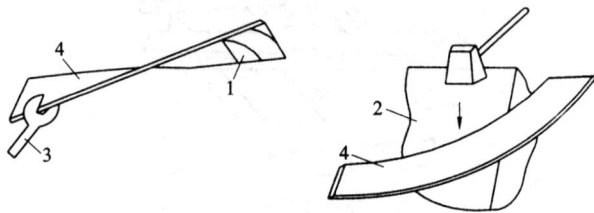

(a)小规格扁钢用虎钳夹紧法矫正　　(b)扁钢放置平台边缘击打矫正

1—虎钳；2—平台；3—开口扳具；4—扭曲扁钢。

图3-15　扁钢扭曲矫正

4）圆钢弯曲的矫正

手工矫正方法如图3-16所示。当圆钢制品件质量要求较严时，应将弯曲凸面向上放在平台上，用摔子锤压住凸处，用大锤击打便可矫正。

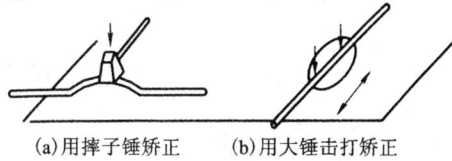

(a)用撑子锤矫正　　(b)用大锤击打矫正

图 3-16　圆钢弯曲手工矫正

一般圆钢的弯曲矫正时，可两人进行。一人将圆钢的弯处凸面向上放在平台一固定处，来回转动圆钢，另一人用大锤击打凸处，当圆钢矫正一半时，从圆钢另一端进行矫正，直到整根圆钢全部与平台面相接触即可。

另外，对于较细的成盘圆钢的矫正也可用拉力机进行拉伸矫正。在没有拉力机的情况下，还可用适当吨位的卷扬机进行拉伸矫正。

3. 机械矫正

1) 型钢机械矫正

型钢机械矫正是在型钢矫直机上进行的，如图 3-17 所示。

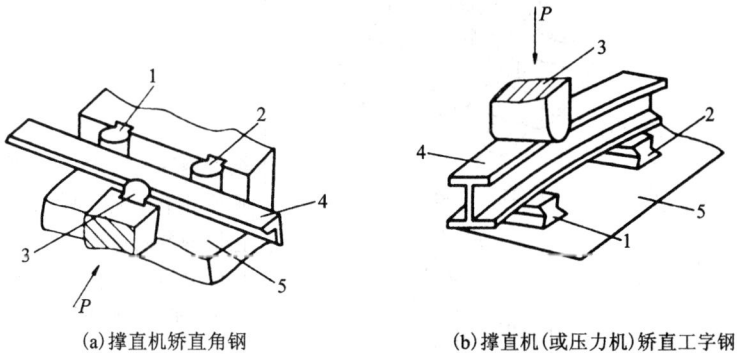

(a)撑直机矫直角钢　　　　　　　(b)撑直机(或压力机)矫直工字钢

1、2—支承；3—推撑；4—型钢；5—平台；P—作用力。

图 3-17　型钢的机械矫正

型钢矫直机的工作力有侧向水平的推力和垂直向下的压力两种。两种型钢矫直机的工作部分是由两个支撑和一个推撑构成，推撑可做伸缩运动，伸缩距离可根据需要进行控制；两个支承固定在机座上，可按型钢的弯曲程度来调整两支承点之间的距离，一般矫正的弯曲程度大则距离就大，矫正的弯曲程度小则距离小。

在矫直机的支撑、推撑之间的下平面至两端，一般安设数个带轴承的转动轴或滚筒支架设施，便于矫正较长的型钢时，来回移动省力。

2) 型钢半自动机械矫正

型钢半自动机械矫正的方法和具体操作见表 3-14。

表 3-14　型钢半自动机械矫正的方法和具体操作

序号	形式	图示	具体操作
1	扳弯器矫正	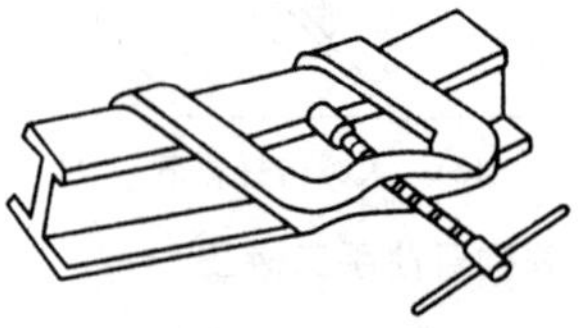 扳弯器矫正工字钢	将型钢弯曲的凸面朝向扳弯器的顶点，两钩钩在型钢凹面两端，手扳主轴转杆加力即可矫正 为了防止回弹，可加力略多扳些。卸除扳弯器前用锤击打或用烤把加热顶进区域消除应力后即可
2	手扳压力机矫正	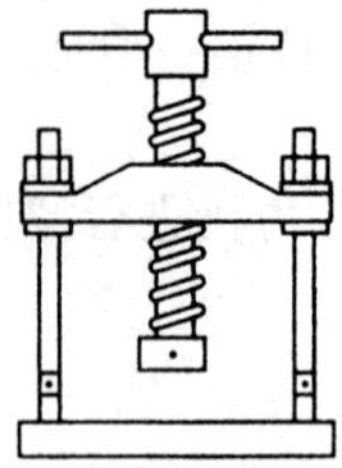 手扳压力机矫正型钢	将变形型钢的凸面朝上，凹面向下，放在压力机顶轴下，使凸面最高点对准轴头，扳转主轴把柄，弯处通过顶轴力作用，即把型钢矫正。如果各面多处变形，应翻动型钢，按面依次矫正
3	千斤顶矫正	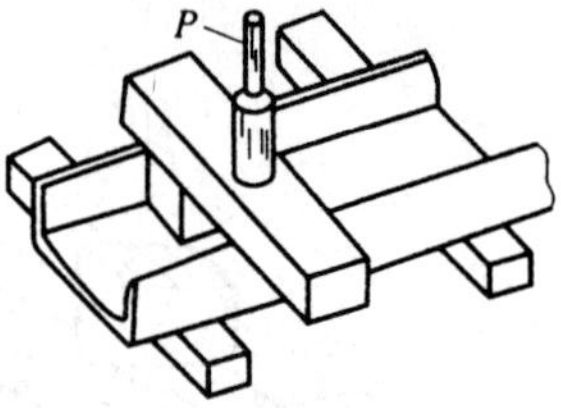 a) 大小面上下弯曲的矫正 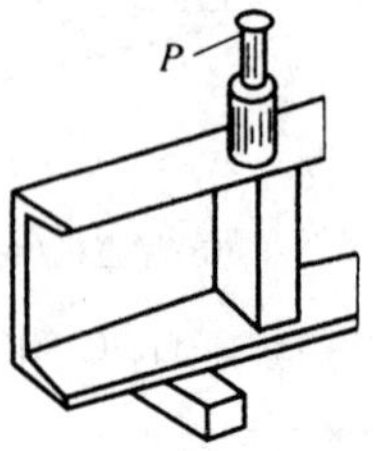 b) 大小面侧向弯曲的矫正 千斤顶矫正槽钢 P—作用力	视型钢种类、规格及变形程度，选择适应吨位的千斤顶。如左图所示为千斤顶矫正槽钢各面弯曲变形，为使大小面同时均匀受力及防止其翼缘面局部产生异常变形，应在槽钢受力处加设垫块进行矫正

4. 加热矫正

1) 火焰加热矫正

用氧-乙炔焰或其他气体的火焰对部件或构件变形部位进行局部加热，利用金属热胀冷缩的物理性能，钢材受热冷却时产生很大的冷缩应力来矫正。

(1) 加热方式

火焰加热矫正的方式有点状加热、线状加热和三角形加热三种，见表 3-15。

表 3-15 加热方式

序号	加热方式	适用范围	内容说明
1	点状加热	适用矫正板料局部弯曲或凹凸不平	点状加热的加热点呈小圆形,如图 3-18 所示,直径一般为 10～30 mm,点距为 50～100 mm,呈梅花状布局,加热后"点"的周围向中心收缩,使变形得到矫正
2	线状加热	多用于较厚板(10 mm 以上)的角变形和局部圆弧、弯曲变形的矫正	线状加热即带状加热,如图 3-19 所示,加热带的宽度不大于工件厚度的 0.5～2.0 倍。由于加热后上下两面存在较大的温差,加热带长度方向产生的收缩量较小,横方向收缩量较大,因而产生不同收缩使钢板变直,但加热红色区的厚度不应超过钢板厚度的一半,常用于 H 型钢构件翼板角变形的纠正,如图 3-19(c)、图 3-19(d)所示
3	三角形加热	适于型钢、钢板及构件(如屋架、吊车梁等成品)纵向弯曲及局部弯曲变形的矫正	三角形加热如图 3-20 所示,加热面呈等腰三角形。加热面的高度与底边宽度一般控制在型材高度的 1/5～2/3 范围内,加热面应在工作变形凸出的一侧(三角顶在内侧,底在工件外侧边缘处)。一般对工件凸起处加热数处,加热后收缩量从三角形顶点沿等腰边逐渐增大,冷却后凸起部分收缩使工件得到矫正,常用于 H 型钢构件的拱变形和旁弯曲的矫正,如图 3-20(b)所示

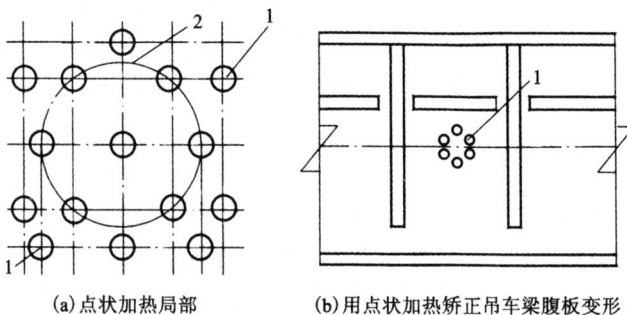

(a)点状加热局部　　　　(b)用点状加热矫正吊车梁腹板变形

1—点状加热点;2—梅花形布局。

图 3-18 火焰加热的点状加热方式

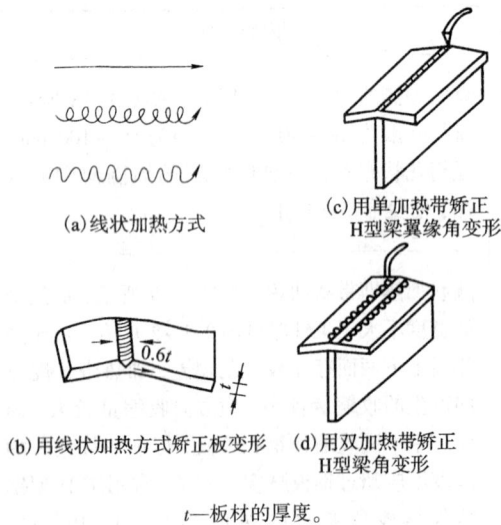

(a)线状加热方式

(c)用单加热带矫正
H型梁翼缘角变形

(b)用线状加热方式矫正板变形

(d)用双加热带矫正
H型梁角变形

t—板材的厚度。

图3-19　火焰加热的线状加热方式

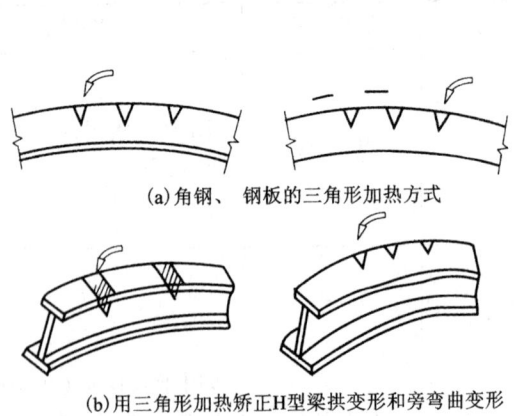

(a)角钢、钢板的三角形加热方式

(b)用三角形加热矫正H型梁拱变形和旁弯曲变形

图3-20　火焰加热的三角形加热方式

（2）加热控制

火焰矫正时应将工件垫平，分析变形原因，正确选择加热点、加热温度和加热面积等，同一加热点的加热次数不宜超过3次。火焰加热温度一般为700℃左右，不应超过900℃，加热应均匀，不得有过热、过烧现象。火焰矫正厚度较大的钢材时，加热后不得用冷水冷却。对低合金钢必须缓慢冷却，因冷水会使钢材表面与内部温差过大，易产生裂纹。

2）高频热点矫正

高频热点矫正是在火焰矫正的基础上发展起来的一种新工艺，采用高频热点矫正的方式可以矫正任何钢材的变形，尤其是对一些尺寸较大、形状复杂的工件矫正效果更显著。

高频热点矫正法的原理与火焰校正法相同，所不同的是热源不用火焰而是用高频感应加热。当用交流电通入高频感应圈后，感应圈随即产生交变磁场。当感应圈靠近钢材时，由于交变磁场的作用，使钢材内部产生感应电流，由于钢材电阻的热效应而发热，使温度立即升高，从而进行加热矫正。因此，用高频热点矫正时，加热位置的选择与火焰矫正相同。

5. 加热与机械联合矫正

加热与机械联合矫正法是将零部件或构件两端垫以支承件，用压力压（或顶）其凸出变形部位，使其矫正。常用机械有撑直机、压力机等，如图3-21（a）所示。或用小型千斤顶加横梁配合热烤，对构件成品进行顶压矫正，如图3-21（b）、图3-21（c）示。对小型钢材弯曲可用弯轨器，将两个弯钩钩住钢材，用转动丝杆顶压凸弯部位矫正，如图3-21（d）所示。

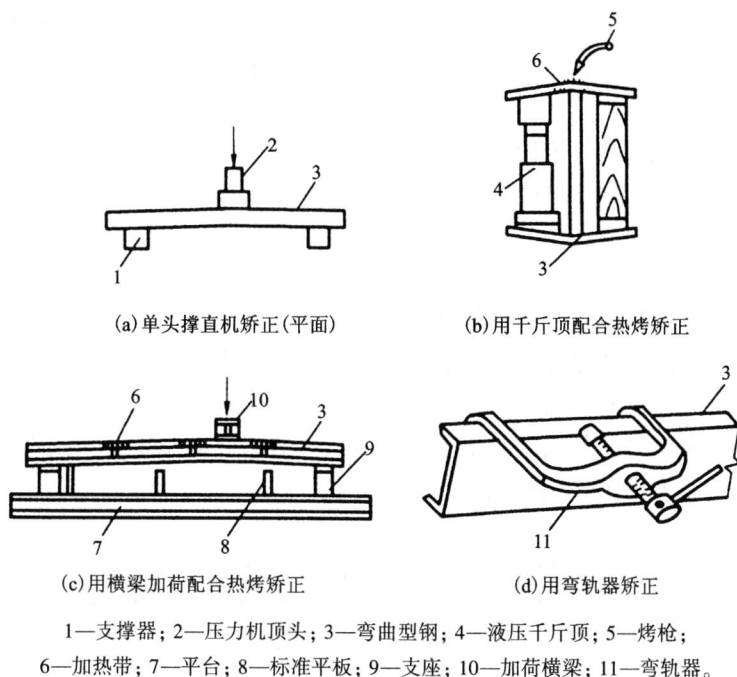

(a)单头撑直机矫正(平面)　　　　(b)用千斤顶配合热烤矫正

(c)用横梁加荷配合热烤矫正　　　　(d)用弯轨器矫正

1—支撑器；2—压力机顶头；3—弯曲型钢；4—液压千斤顶；5—烤枪；
6—加热带；7—平台；8—标准平板；9—支座；10—加荷横梁；11—弯轨器。

图3-21　联合矫正法

较大的工件可采用螺旋千斤顶代替螺旋杆顶正。对成批型材可采取在现场制作支架，以千斤顶作动力进行矫正。加热与机械联合矫正适用于型材、钢构件、工字梁、吊车梁、构架或结构进行局部或整体变形矫正。

6.矫正的验收要求和质量控制

根据《钢结构工程施工质量验收标准》(GB 50205—2020)的规定，矫正的质量控制应符合以下规定。

1)主控项目

(1)碳素结构钢在环境温度低于-16℃、低合金结构钢在环境温度低于-12℃时，不应进行冷矫正和冷弯曲。碳素结构钢和低合金结构钢在加热矫正时，加热温度不应超过900℃。低合金结构钢在加热矫正后应自然冷却。

检查数量：全数检查。

检验方法：检查制作工艺报告和施工记录。

说明：对冷矫正和冷弯曲的最低环境进行限制，是为了保证钢材在低温情况下受到外力时不致产生冷脆断裂。在低温下钢材受外力而脆断要比冲孔和剪切加工而断裂更敏感，故环境温度限制较严。

(2)当零件采用热加工成型时，加热温度应控制在900～1000℃；碳素结构钢和低合金结构钢在温度分别下降到700℃和800℃之前，应结束加工；低合金结构钢应自然冷却。

检查数量：全数检查。

检验方法：检查制作工艺报告和施工记录。

2）一般项目

（1）矫正后的钢材表面，不应有明显的凹面或损伤，划痕深度不得大于 0.5 mm，且不应大于该钢材厚度负允许偏差的 1/2。

检查数量：全数检查。

检验方法：观察检查和实测检查。

说明：钢材和零件在矫正过程中，矫正设备和吊运都有可能对表面产生影响。按照钢材表面缺陷的标准规定了划痕深度不得大于 0.5 mm，且深度不得大于该钢材厚度负偏差值的 1/2，以保证表面质量。

（2）冷矫正和冷弯曲的最小曲率半径和最大弯曲矢高应符合表 3-16 的规定。

检查数量：按冷矫正和冷弯曲的件数抽查 10%，且不少于 3 个。

检验方法：观察检查和实测检查。

说明：冷矫正和冷弯曲的最小曲率半径和最大弯曲矢高的规定是根据钢材的特性，工艺的可行性以及成形后外观质量的限制而做出的。

表 3-16　冷矫正和冷弯曲的最小曲率半径和最大弯曲矢高　（单位：mm）

钢材类别	图例	对应轴	冷矫正		冷弯曲	
			r	f	r	f
钢板扁钢		$x-x$	$50t$	$l^2/400t$	$25t$	$l^2/200t$
		$y-y$（仅对扁钢轴线）	$100b$	$l^2/800b$	$50b$	$l^2/400b$
角钢		$x-x$	$90b$	$l^2/720b$	$45b$	$l^2/360b$
槽钢		$x-x$	$50h$	$l^2/400h$	$25h$	$l^2/200h$
		$y-y$	$90b$	$l^2/720b$	$45b$	$l^2/360b$
工字钢		$x-x$	$50h$	$l^2/400h$	$25h$	$l^2/200h$
		$y-y$	$50b$	$l^2/400b$	$25b$	$l^2/200b$

注：r 为曲率半径；f 为弯曲矢高；l 为弯曲弦长；t 为钢板厚度。

（3）钢材矫正后的允许偏差，应符合表 3-17 的规定。

检查数量：按矫正件数抽查 10%，且不应少于 3 件。

检验方法：观察检查和实测检查。

表 3-17　钢材矫正后的允许偏差
(单位：mm)

项目		允许偏差	图例
钢板的局部平面度	$t \leq 14$	1.5	
	$t > 14$	1.0	
型钢弯曲矢高		$l/1000$ 且不应大于 5.0	
角钢肢的垂直度		$b/100$ 双肢栓接角钢的角度不得大于 90°	
槽钢翼缘对腹板的垂直度		$b/80$	
工字钢、H 型钢翼缘对腹板的垂直度		$b/100$ 且不大于 2.0	

3.4.2　成型

钢材成型加工是指在钢结构制作中，需要对钢材—钢板、钢管、型钢进行加工，得到所需要的形状的工序。

钢材成型按钢材在加工时是否需要进行加热来分，可分为热加工和冷加工。按其加工方法来分，可分为六种：弯曲、卷板、边缘加工、制孔、折边、模具压制。

1. 钢材的热加工

由于钢材与温度之间具有一定的关系，钢材温度改变，其力学性能也随之改变。

钢材在常温中有较高的抗拉强度，但加热到 500℃ 以上时，随着温度的增加，钢材的抗拉强度急剧下降，见表 3-18 所示，其塑性、延展性大大增加。

表 3-18　高温时钢材抗拉强度的变化

抗拉强度 σ_m/MPa	加热温度/℃							
	600	700	800	900	1000	1100	1200	1300
常温时 $\sigma_m=400$ 的钢材	120	85	65	45	30	25	20	15
常温时 $\sigma_m=600$ 的钢材	250	150	110	75	55	35	25	20

了解钢材的性能与温度之间的关系后,可根据不同的施工要求选择不同的成型方法。

1)加热方法

常用的加热方式有两种:一种是利用氧-乙炔焰火焰进行局部加热,这种方法简便,但是加热面积较小;另一种是放在工业炉内加热,它虽然没有前一种方法简便,但是加热面积大,并且可以根据结构构件的大小来砌筑工业炉。

2)加热温度

钢材热加工多是通过工业炉、地炉以及氧-乙炔焰等把钢材加热。对于低碳钢,其加热温度一般在1000~1100℃,且其终止温度不应低于700℃,加热温度过高,加热时间过长,都会引起钢材内部组织的变化,破坏原材料材质的力学性能。加热温度在200~300℃时,钢材具有蓝脆性,在这个温度范围内,严禁捶打和弯曲,否则容易使钢材断裂。

钢材加热的温度可从加热时所呈现的颜色来判断,见表3-19。

表 3-19　钢材不同加热温度时呈现的颜色

颜色	温度/℃	颜色	温度/℃
黑色	470℃以下	亮樱红色	800~830
暗褐色	520~580	亮红色	830~880
赤褐色	580~650	黄赤色	880~1050
暗樱红色	650~750	暗黄色	1050~1150
深樱红色	750~780	亮黄色	1150~1250
樱红色	780~800	黄白色	1250~1300

3)型钢加热

手工热弯型钢的变形与机械冷弯型钢的变形一样,都是通过外力的作用使型钢沿中性层内侧发生压缩的塑性变形和沿中性层外侧发生拉伸的塑性变形,这样便产生了钢材的弯曲变形。

对不对称的型钢构件,加热后在自由冷却过程中,由于截面不对称,使表面散热速度不同,散热快的部分先冷却,散热慢的部分在冷却收缩的过程中受到先冷却钢材的阻力,收缩的数值也就不同。

4)钢板热加工

在钢结构的构件中,具有复杂形状的弯板,完全用冷加工的方法很难加工成型,一般都是先冷加工出一定的形状,再采用热加工的方法弯曲成型。将一张只有单向曲度的弯板加工成双重曲度弯板，也就是使钢板的纤维重新排列的过程。如果板边的纤维收缩，便成为同向双曲线板；如果板的中间部分的纤维收缩，就成为异向双曲板；如果使其一边的纤维收缩，另一边的纤维伸长，变成为"喇叭口"式的弯板。

2. 钢材的冷加工

钢材在常温下进行加工制作，通称冷加工。在钢结构制作中，冷加工的项目很多，有剪、切、刨、辊、压、冲、钻、撑、敲等工序。这些工序大多数都是利用机械设备和专用工具进行的。

1）冷加工的种类

冷加工有两种基本情况：第一种是作用于钢材单位面积上的外力超过材料的屈服强度而小于其极限强度，不破坏材料的连续性，但使其产生永久变形，如加工中的辊、压、折、轧、矫正等；第二种是作用于钢材单位面积上的外力超过材料的极限强度，促使钢材发生断裂，如冷加工中的剪、冲、刨、铣、钻等。

2）冷加工原理

根据冷加工的要求使钢材达到弯曲和断裂的目的。从微观角度观察钢材所产生的永久变形，是以其内部晶格的滑移来进行的。当外力作用后，晶格沿着结合力最差的晶结部位滑移，使晶粒与晶面产生弯曲或歪曲，即得弯曲永久变形。

3）冷加工温度

低温中的钢材，其韧性和延伸性均相应减小，极限强度和脆性相应增加，若此时进行冷加工受力易使钢材产生裂纹，因此，应注意低温时不宜进行冷加工。对于普通碳素结构钢，当工作地点温度低于-20℃时，低合金结构钢工作温度低于-15℃时，都不得进行剪切和冲孔；当普通碳素结构钢工作地点低于-16℃时，低合金结构钢工作地点温度低于-12℃时，都不得进行冷矫正和冷弯曲加工。

3.4.3 矫正和成型中质量问题与防治

弯曲过程是从材料弹性变形到塑性变形的过程。当产生塑性变形时，外层受拉伸，内层受压缩，拉伸和压缩使材料内部产生内应力，应力的产生造成材料变形过程存在一定的弹性变形。当失去外力作用时，材料就产生一定程度的回弹。

矫正和弯曲后经常出现断裂、裂纹等现象，这可能是由于以下原因造成的：

(1)冷矫正和冷弯曲时的环境温度过低；

(2)低热加工成型时结束加工温度偏低；

(3)低合金结构钢零件、部件加热后冷却速度过快；

(4)冷矫正、冷弯曲的最小曲率半径和最大弯曲矢高超过规定的范围。

弯曲加工中常见质量缺陷及处理方法见表3-20。

表 3-20　弯曲加工中常见质量缺陷及处理方法

序号	名称	图例	产生的原因	处理方法
1	弯裂		弯曲半径过小、板材的塑性变形能力较低，下料时毛坯硬化层较大	适当增大弯曲半径，采用塑性较好的材料或者进行退火
2	下部不平		压弯上模时板料与上模底部没有紧靠坯料	采用带有压料顶板的模具，对毛坯施加足够的压力
3	翘曲		由变形区应变状态引起横向应变，在外侧体现为压应变，内侧为拉应变，使横向变形形成翘曲	采用矫正弯曲方法，根据预订的弹性变形量，修整上下模
4	擦伤		坯料表面未擦刷清理干净，下模的圆角半径过小或间隙过小	适当增大下模圆角半径，采用合理间隙值，消除坯料表面脏物
5	弹性变形		由于模具设计或材质的关系等原因产生变形	以矫正弯曲代替自由弯曲，以预订的弹性回复来修正上下模的角度
6	偏移		坯料受压时因两边摩擦阻力不相等而导致尺寸偏移，对于不对称形状工件的压弯尤为显著	采用压料顶板的模具，坯料定位要精准，尽可能采用对称弯曲

任务 3.5　边缘加工和制孔

3.5.1　边缘加工

在钢结构制造中，为了保证焊缝质量和工艺性焊透以及装配的准确性，不仅需将钢板边缘刨成或铲成坡口，还需将边缘刨直或铣平。

钢构件中需要做边缘加工的部位主要有：钢吊车梁翼缘板、支座支承面等具有工艺性要求的加工面；尺寸要求严格的加劲板、隔板、腹板和有孔眼的节点板等；由于切割下料产生硬化的边缘或采用气割、等离子切割下料产生的有害组织的热影响区；设计图样中有技术要求的焊接坡口。

1. 边缘加工方法

常用的边缘加工方法有：铲边、刨边、铣洗、碳弧气刨等。

1) 铲边

对加工质量要求不高，并且工作量不大的边缘加工，可以采用铲边加工。铲边有手工铲边和机械铲边两种，手工铲边的工具有手锤和手铲等，机械铲边的工具有风动铲锤和铲头等。

一般手工铲边和机械铲边的构件，其铲线尺寸与施工图纸尺寸要求不得相差 1 mm。铲边后的棱角垂直误差不得超过弦长的 1/3000，且不得大于 2 mm。

2) 刨边

刨边主要是在刨边机上进行。先将需切削的板材固定在作业台上，然后由安装在移动刀架上的刨刀来切削板材的边缘。刀架上可以同时固定两把刨刀，以同方向进刀切削，也可在刀架往返行程时正反相切削。

刨边加工有刨直边和刨斜边两种。刨边加工的加工余量随钢材的厚度、钢板的切割方法的不同而不同，一般的刨边加工余量为 2～4 mm，刨边机的刨边长度一般为 3～15 m。当构件长度大于刨削长度时，可用移动构件的方法进行刨边；构件较薄时，则可采用多块钢板同时刨边的方法加工。对于侧弯曲较大的条形构件，刨边前先要矫直。气割加工的构件边缘必须把残渣除净，以便减少切削量和提高刀具寿命。对于条形构件刨边加工后，松开夹紧装置可能会出现弯曲变形，需在以后的拼装或组装中利用夹具进行处理。

3) 铣洗

对于有些构件的端部、可采用铣边（端面加工）的方法代替刨边，铣边是为了保持构件的精度。如起重机梁、桥梁等接头部分，钢柱或塔架等金属抵承部位。能使其力承压面直接传至底板支座，以减少连接焊缝的焊脚尺寸，其加工质量优于刨边的加工质量。

此种铣前加工，一般是在端面铣床或铣边机上进行的。端面铣削亦可在铣边机上进行加工。铣边机的结构与刨边机相似，但加工时用盘形铣刀代替刨边机走刀箱上的刀架和刨刀，提高生产效率。

4) 碳弧气刨

碳弧气刨就是把碳棒作为电极，与被刨削的金属间产生电弧。此电弧具有 6000℃ 左右高温，足以把金属加热到熔化状态，然后用压缩空气的气流把熔化的金属吹掉，达到刨削或切削金属的目的。

碳弧气刨的应用范围：用碳弧气刨清焊根，比采用风凿生产率高，特别适用于仰位和立位的刨切，噪声比风凿小，并能减轻劳动强度；采用碳弧气刨翻修有焊接缺陷的焊缝时，容易发现焊缝中各种细小的缺陷；碳弧气刨还可以用来开坡口、清除铸件上的毛边和浇冒口，以及铸件中的缺陷等，同时还可以切割金属如铸铁、不锈钢、铜、铝等。

2. 边缘加工质量要求

根据《钢结构工程施工质量验收标准》（GB 50205—2020）的规定，边缘加工的质量控制应符合以下规定。

1) 主控项目

切割或者机械剪切的零件，需要进行边缘加工时，其刨削量不应少于 2.0 mm。

检查数量：全数检查。

检验方法：检查工艺报告和施工记录。

2）一般项目

边缘加工的允许偏差应符合表 3-21 的规定。

检查数量：按加工面数抽查 10%，且不应少于 3 件。

检验方法：观察检查和实测检查。

表 3-21　边缘加工的精度

项目	允许偏差
零件的长度、宽度	±1.0 mm
加工边直线度	$l/3000$，且≤2.0 mm
相邻两边夹角	±6′
加工面垂直度	$0.025\,t$ 且不大于 0.5 mm
加工面表面粗糙程度	R_a≤50 μm

注：l 为构件长度；t 为构件厚度。

3）边缘加工中质量问题与防治

当用气割方法切割碳素钢和低合金钢焊接坡口时，对屈服强度大于 400 N/mm^2 的钢材，应将坡口表面及热影响区用砂轮打磨去除淬硬层；对屈服强度小于 400 N/mm^2 的钢材，应将坡口熔渣、氧化层等消除干净，并将影响焊接质量的凹凸不平处打磨平整。

当用碳弧气刨方法加工坡口或清焊根时，刨槽内的氧化层、淬硬层、夹碳或铜斑必须进行彻底打磨。

3.5.2　制孔

在钢结构工程中，由于螺栓和铆钉的使用，特别是高强度螺栓的广泛采用，不仅使制孔的数量有所增加，而且对加工精度也提出了更高的要求。钢结构制作中，常用的制孔方法有：钻孔、冲孔、扩孔、铰孔等，施工时也可以根据不同的技术要求合理选用。

1. 钻孔

1）钻孔的方式

钻孔又分为风钻钻孔、机床钻孔和电锯钻孔三种。

（1）风钻钻孔

用风钻钻孔时，将链条下端的钩子钩在工件上，链条上端套在压杆端部的螺栓钩子上，并由三人操作，其中一人除了握住手柄外，还要控制开关，一人握住手柄，另一人把住压杠下压进钻。如图 3-22 所示。

（2）机床钻孔

通常零件上的孔眼可用普通立式钻床钻孔。它由变速机、钻杆、主轴、手动进钻轮和卡盘等组成。钻孔前应先装上钻头并将工件固定在卡盘上，然后按下电钮使钻床运转，并根据孔的大小调整好钻杆的转速，孔小转速要快，孔大转速则要慢。调好转速后，即可将钻头对正孔的中心，扳动进钻把钻孔。

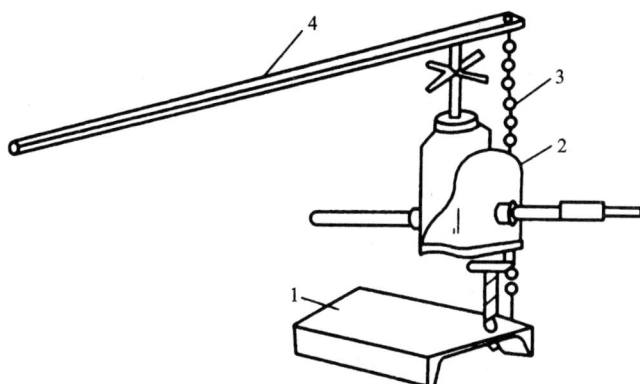

1—工件；2—电钻；3—链条；4—压杠。

图 3-22　风钻钻孔示意图

（3）电钻钻孔

重大构件上的孔眼，还可以用电钻钻孔。钻孔的方法与风钻钻孔的方法基本相同，工作时接通电源即可进行钻孔。

2）钻孔方法

钻孔加工的方法有两种：画线钻孔和钻模钻孔，这两种钻孔方法的施工操作技巧如下。

（1）画线钻孔

钻孔前先在构件上画出孔的中心和直径，在孔的圆周上（90°位置）打四个冲眼，可作钻孔后检查用。孔中心的冲眼应大而深，在钻孔时作为钻头定心用。画线工具一般用画针和钢直尺。

为提高钻孔效率，可将数块钢板重叠起来一齐钻孔，但一般重叠板厚度不应超过 50 mm，重叠板边必须用夹具夹紧或点焊固定。厚板和重叠板钻孔时，要检查平台的水平度，以防止孔的中心倾斜。

（2）钻模钻孔

当批量大、孔距精度要求较高时，应采用钻模钻孔。钻模有通用型、组合式和专用钻模。通用型钻模，可在当地模具出租站订租。组合式和专用钻模则由本单位自行设计制造。

3）钻孔施工要点

（1）构件钻孔前应进行试钻，经检查认可后可正式钻孔。

（2）用划针和钢尺在构件上划出孔的中心和直径，并在孔的圆周上（90°位置）打四个冲眼，可作钻孔后检查用。孔中心的冲眼应大而深，在钻孔时作为钻头定心用。

（3）钻制精度要求高的精制螺栓孔或板叠层数多、长排连接、多排连接的群孔，可借助钻模卡在工件上制孔。使用钻模厚度一般为 15 mm 左右，钻套内孔直径比设计孔径大 0.3 mm。

（4）为提高工效，亦可将同种规格的板件叠合在一起钻孔，但必须卡牢或点焊固定。然而，重叠板厚度不应超过 50 mm。

对于成对或成副的构件，宜成对或成副的钻孔，以便构件组装。

2. 冲孔

冲孔是在冲孔机(冲床)上进行的,通常只能在较薄的钢板或型钢上冲孔。孔径通常不应小于钢材的厚度,多用于不重要的节点板、垫板、加强板、角钢拉撑等小件的孔加工,其制孔效率较高。但由于孔的周围产生冷作硬化,孔壁质量差,孔口下塌,故而在钢结构制作中已较少直接采用。

1)冲孔施工要点

(1)冲孔的直径应大于板厚,否则易损坏冲头。冲孔下模上平面的孔应比上模的冲头直径大0.8 ~ 1.5 mm。

(2)构件冲孔时,应装好冲模,检查冲模之间间隙是否均匀一致,并用与构件相同的材料试冲,经检查质量符合要求后,再正式冲孔。

(3)大批量冲孔时,应按批抽查孔的尺寸及孔的中心距,以便及时发现问题,及时纠正。

(4)当环境温度低于-20℃时,应禁止冲孔。

2)冲孔尺寸

(1)冲孔时,冲孔尺寸为:

凸模外径为:[孔公称直径+(0.4 ~ 0.8)孔径公差]-凸模制造公差

凹模内径为:(凸模外径+2×合理间隙)+凹模制造公差

(2)落料时,冲孔尺寸为:

凹槽内径为:[孔公称外径-(0.4 ~ 0.8)孔径公差]+凹模制造公差

凸模外径为:(凹模外径-2×合理间隙)-凸模制造公差

3)冲孔范围

批量小时,长孔可用两端钻孔中间氧割的办法加工,然而,孔的长度必须大于2 d,如图3-23所示。

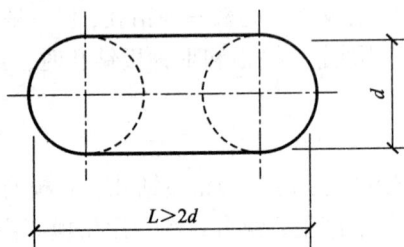

图3-23 冲模

3. 铰孔

铰孔是用铰刀对已经粗加工的孔进行精加工,可提高孔的光洁度和精度。铰孔时必须选择好铰削用量和冷却润滑液。铰削用量包括铰孔余量、切削(机铰时)和进给量,这些对铰孔的精度和光洁度都有很大影响。

1)铰孔余量

铰孔余量要恰当,太小则对上道工序所留下的刀痕和变形难以纠正和除掉,质量达不到要求;太大将增大铰孔次数和增加吃刀深度,会损坏刀齿。表3-22列出的铰削余量的范围,适用于机铰和手铰。

表 3-22　铰削余量　　　　　　　　　　　　　　　　　　　　　　（单位：mm）

铰孔直径	<5	5~20	21~32	33~50	51~70
铰削余量	0.1~0.2	0.2~0.3	0.3	0.5	0.8

2）切削速度和进给量

要选择适当的切削速度和进给量。通常，当加工材料为铸铁时，使用普通铰刀铰孔，其切削速度不应超过 10 m/min，进给量在 0.8 mm/r 左右；当加工材料为钢料时，切削速度不应超过 8 m/min，进给量在 0.4 mm/r 左右。

3）铰孔操作要点

铰孔时，工件要夹正，铰刀的中心线必须与孔的中心保持一致；手铰时用力要均匀，转速约为 20~30r/min，进刀量大小要适当，并且要均匀，可将铰削余量分为二、三次铰完，铰削过程中要加适当的冷却润滑液，铰孔退刀时仍然要顺转；铰刀用后要擦干净，涂上机油，刀刃勿与硬物磕碰。

4. 扩孔

扩孔是用麻花钻或扩孔钻将工件上原有的孔进行全部或局部扩大，主要用于构件的拼装和安装，如叠层连接板孔，常先把零件孔钻成比设计小 3 mm 的孔，待整体组装后再行扩孔，以保证孔眼一致，孔壁光滑，或用于钻直径 30 mm 以上的孔，先钻成小孔，后扩成大孔，以减小钻端阻力，提高工效。

用麻花钻扩孔时，由于钻头进刀阻力很小，极易切入金属，引起进刀量自动增大，从而导致孔面粗糙并产生波纹。所以用时须将其后角修小，由于切削刃外缘吃刀，避免了横刃引起的不良影响，从而切屑少且易排除，可提高孔的表面光洁度。

使用扩孔钻是扩孔的理想刀具。扩孔钻具有切屑少的特点，容屑槽做得比较小而浅，增多刀齿(3~4 齿)，加粗钻心，从而提高扩孔钻的刚度。这样扩孔时导向性好，切削平稳，可增大切削用量并改善加工质量。扩孔钻的切削速度可为钻孔的 0.5 倍，进给量约为钻孔的 1.5~2 倍。扩孔前，可先用 0.9 倍孔径的钻头钻孔，再用等于孔径的扩孔钻头进行扩孔。

5. 制孔的质量检验

螺栓孔分为精制螺栓孔(A、B 级螺栓孔—Ⅰ类孔)和普通螺栓孔(C 级螺栓孔—Ⅱ类孔)。精制螺栓孔的螺栓直径与孔等径，其孔的精度与孔壁表面粗糙度要求较高，一般先钻小孔，板叠组装后铰孔才能达到质量标准；普通螺栓孔包括高强度螺栓孔、普通螺栓孔、半圆头铆钉孔等，孔径应符合设计要求。其精度与孔粗糙度比 A、B 级螺栓孔要求略低。

根据《钢结构工程施工质量验收标准》(GB 50205—2020)的规定，制孔的质量控制应符合以下规定。

1）主控项目

A、B 级螺栓孔(Ⅰ类孔)应具有 H12 的精度，孔壁表面粗糙度 R_a 不应该大于 12.5 μm。其允许偏差应符合表 3-23 的规定。

C 级螺栓孔(Ⅱ类孔)，孔壁表面粗糙度 Ra 不应大于 25 μm，其允许偏差应符合表 3-24 的规定。

检查数量：按钢构件数量抽查 10%，且不应少于 3 件。

检验方法：用游标卡尺或孔径量规检查。

表3-23　A、B 级螺栓孔径的允许偏差　　　　（单位：mm）

序号	螺栓公称直径、螺栓孔直径	螺栓公称直径允许偏差	螺栓孔直径允许偏差
1	10 ~ 18	0.00 ~ 0.18	+0.18；0.00
2	18 ~ 30	0.00 ~ 0.21	+0.21；0.00
3	30 ~ 50	0.00 ~ 0.25	+0.25；0.00

表3-24　C 级螺栓孔的允许偏差　　　　（单位：mm）

项目	允许偏差
直径	+1.0；0.0
圆度	2.0
垂直度	0.03 t，且不应大于2.0

2）一般项目

螺栓孔孔距的允许偏差应符合表3-25 的规定。

检查数量：按钢构件数量抽查10%，且不应少于3件。

检验方法：用钢尺检查。

表3-25　螺栓孔孔距允许偏差　　　　（单位：mm）

螺栓孔孔距范围	≤500	501 ~ 1200	1201 ~ 3000	>3000
同一组内任意两孔间距离	±1.0	±1.5	—	—
相邻两组的端孔间距离	±1.5	±2.0	±2.5	±3.0

注：①在节点中连接板与一根杆件相连的所有螺栓孔为一组；②对接接头在拼接板一侧的螺栓孔为一组；③在两相邻节点或接头间的螺栓孔为一组，但不包括上述两款所规定的螺栓孔；④受弯构件翼缘上的连接螺栓孔，每米长度范围内的螺栓孔为一组。

检查数量：全数检查。

检验方法：观察检查。

说明：螺栓孔孔距的允许偏差超过表3-25 规定的允许偏差时，应采用与母材材质相匹配的焊条补焊后重新制孔，注意补焊后孔部位应修磨平整。

6. 制孔质量问题与防治

当出现制孔方式选择不恰当；孔径的偏差过大；螺栓孔孔距偏差大等问题，可以采用以下防治措施：

（1）选择合理恰当的制孔方式；

（2）构件钻孔前应进行试钻，经检查合格后再进行正式钻孔；

（3）通常情况下，扩孔时把零件孔钻成比设计小3 mm 的孔，待整体组装后再行扩孔，以保证孔眼一致，孔壁光滑，或用于钻直径 30 mm 以上的孔，先钻成小孔，后扩成大孔，以减小钻端阻力，进而提高工效；

（4）锥形埋头孔应用专用锥形锪钻制孔，或用麻花钻改制，将顶角磨成所需要的大小角度；圆柱形埋头孔应用柱形锪钻，用其端面刀切削，锪钻前端设导柱导向，从而确保位置正确。

任务3.6 钢构件预拼装

由于现代工业建筑大中型、重型、多层的增加和民用建筑中高层的兴建，很多构件由于运输、起吊等条件限制，不可能整体制作，而要进行分段制作，为了检验其制作的整体性及准确性，应根据设计要求或合同协议规定，在构件出厂前进行预拼装。

预拼装工艺流程为：施工准备→测量放线→构件拼装→拼装检查→标记和拆除构件。

3.6.1 钢构件预拼装的要求

（1）钢构件预拼装的比例应符合施工合同和设计要求，一般按实际平面情况预装 10% ~20%。

（2）拼装构件一般应设拼装工作台，若在现场拼装，则应放在较坚硬的场地上，并用水平仪抄平。拼装时构件全长应拉通线，并在构件有代表性的点上用水平尺找平，符合设计尺寸后电焊点固焊牢。刚性较差的构件，翻身前要进行加固，构件翻身后也应进行找平，否则构件焊接后无法矫正。

（3）构件在制作、拼装、吊装中所用的钢尺应一致，且必须经计量检验，并相互核对，测量时间宜在早晨日出前，下午日落后最好。

（4）各支承点的水平度应符合以下规定：

①当拼装总面积在 300 ~1000 m² 时，允许偏差≤2 mm；

②当拼装总面积在 1000 ~5000 m² 时，允许偏差<3 mm。

（5）单构件支承点不论柱、梁、支撑，应不少于两个支承点。

（6）钢构件预拼装地面应坚实，胎架强度、刚度必须经设计计算而定，各支承点的水平精度可用已计量检验的各种仪器逐点测定调整。

（7）在胎架上预拼装过程中，不允许对构件动用火焰、锤击等，各杆件的重心线应交汇于节点中心，并应完全处于自由状态。

（8）预拼装钢构件控制基准线与胎架基线必须保持一致。

（9）高强度螺栓连接预拼装时，使用冲钉直径必须与孔径一致，每个节点要多于三只，临时普通螺栓数量一般为螺栓孔的 1/3。对孔径检测，试孔器必须垂直自由穿落。

（10）当多层板叠采用高强度螺栓或普通螺栓连接时，宜先使用不少于螺栓孔总数 10%的冲钉定位，再采用临时螺栓紧固。临时螺栓在一组孔内不得少于螺栓孔数量的 20%，且不应少于 2 个；预拼装时应使板层密贴。螺栓孔应采用试孔器进行检查，并应符合下列规定：

①当采用比孔公称直径小 1.0 mm 的试孔器检查时，每组孔的通过率不应小于 85%。

②当采用比螺栓公称直径大 0.3 mm 的试孔器检查时，通过率应为 100%。

（11）预拼装检查合格后，宜在构件上标注中心线、控制基准线等标记，必要时可设置定位器。

（12）所有需要进行预拼装的构件制作完毕后，必须经专检员验收，并应符合质量标准的要求。相同的单个构件可以互换，也不会影响到整体几何尺寸。

（13）大型框架露天预拼装的检测时间，建议在日出前、日落后定时进行，所用卷尺精度应与安装单位相一致。

3.6.2 钢构件预拼装方法

钢构件预拼装的方法有三种：平装法、立拼拼装法、利用模具拼装法。

1. 平装法

平装法操作方便，不需稳定加固措施，不需搭设脚手架，焊缝焊接大多数为平焊缝，焊接操作简易，不需技术很高的焊接工人，焊缝质量易于保证，矫正及起拱方便、准确。

平装法适于拼装跨度较小，构件相对刚度较大的钢结构，如长 18 m 以内钢柱、跨度 6 m 以内天窗架及跨度 21 m 以内的钢屋架的拼装。

2. 立拼拼装法

立拼拼装法可一次拼装多块，块体占地面积小，不用铺设或搭设专用拼装操作平台或枕木墩，节省材料和工时。省去翻身工序，质量易于保证，不用增设专供块体翻身、倒运、就位、堆放的起重设备，缩短工期。块体拼装连接件或节点的拼接焊缝可两边对称施焊，可防止预制构件连接件或钢构件因节点焊接变形而使整个块体产生侧弯。

缺点是需搭设一定数量的稳定支架，块体矫正、起拱较难，钢构件的连接节点及预制构件的连接件的焊接立缝较多，增加焊接操作的难度。

适用于跨度较大、侧向刚度较差的钢结构，如 18 m 以上钢柱，跨度 9 m 及 12 m 窗架，24 m 以上钢屋架以及屋架上的天窗架。

3. 利用模具拼装法

模具是指符合工件几何形状或轮廓的模型（内模或外模）。用模具来拼装组焊钢结构，具有产品质量好、生产效率高等优点。对成批的板材结构、型钢结构，应当考虑采用模具拼装。

桁架结构的装配模，往往是以两点连直线的方法制成，其结构简单，使用效果好。图 3-24 为构架装配模示意图。

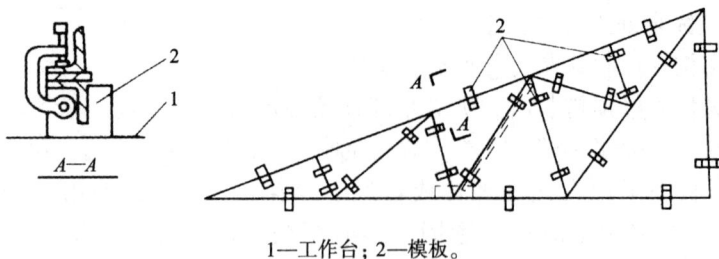

1—工作台；2—模板。

图 3-24　构架装配模

3.6.3　梁拼装

1. 梁的拼装

梁的拼装有工厂拼接和工地拼接两种形式。由于钢材尺寸的限制，梁的翼缘或腹板的接长或拼大在工厂中进行，这种拼接称工厂拼接；由于运输或安装条件的限制，梁需分段制作和运输，然后在工地拼装，这种拼接称工地拼接。工厂拼接多为焊接拼接，由钢材尺寸确定其拼接位置。拼接时，翼缘拼接与腹板拼接最好不要在同一个剖面上，以防止焊缝密集与交叉，如图 3-25 所示。

拼接焊缝可用直缝或斜缝，腹板的拼接焊缝与平行于它的加劲肋间至少应相距 $10 t_w$。

腹板和翼缘通常都采用对接焊缝拼接，如图 3-25 所示。用直焊缝拼接比较省料，但如果焊缝的抗拉强度低于钢板的强度，则可将拼接位置布置在应力较小的区域，或采用斜焊缝。斜焊缝可布置在任何区域，但较费料，尤其是在腹板中。此外也可以用拼接板拼接，如图 3-26 所示。这种拼接与对接焊缝拼接相比，虽然具有加工精度要求较低的优点，但用料较多，焊接工作量增加，而且会产生较大的应力集中。

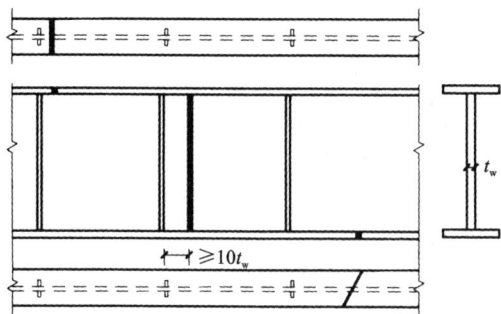

图 3-25　梁用对接焊缝的拼接

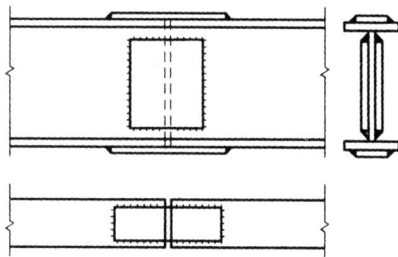

图 3-26　梁用拼接板的拼装

为了使拼接处的应力分布接近于梁截面中的应力分布，并防止拼接处的翼缘受超额应力，腹板拼接板的高度应尽量接近腹板的高度。

工地拼接的位置主要由运输和安装条件确定，一般布置在弯曲应力较低处。翼缘和腹板应基本上在同一截面处断开，以便于分段运输。拼接构造端部应平齐，如图 3-27（a）所示，可防止运输时碰损，但其缺点是上、下翼缘及腹板在同一截面拼接会形成薄弱部位。翼缘和腹板的拼接位置可略微错开一些，如图 3-27（b）所示，这样受力情况较好，但运输时端部突出部分应加以保护，以免碰损。

2. T 形梁拼装

T 形梁的结构多是用相同厚度的钢板，以设计图样标注的尺寸而制成的 T 形梁，如图 3-28 所示。拼装时，先定出面板中心线，再按腹板厚度画线定位，该位置就是腹板和面板结构接触的连接点（基准线）。如果是垂直的 T 形梁，可用 90°角尺找正，并在腹板两侧按 200 ~ 300 mm 距离交错点焊；如果属于倾斜一定角度的 T 形梁，就用同样角度的样板进行定位，按设计规定进行点焊。

T 形梁两侧经点焊完成后，为了防止焊接变形，可在腹板两侧临时用增强板将腹板和面

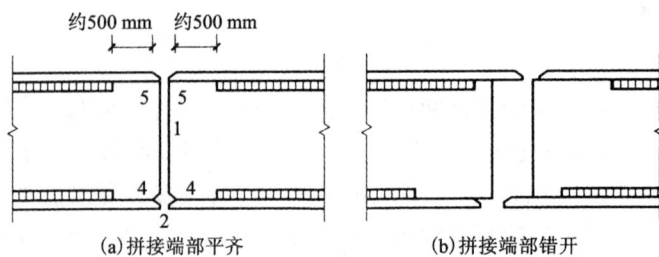

(a)拼接端部平齐   (b)拼接端部错开

图 3-27　焊接梁的工地连接

板点焊固定,以增加刚性,减小变形。在焊接时,采用对称分段退步焊接的方法焊接角焊缝,这是防止焊接变形的一种有效措施。

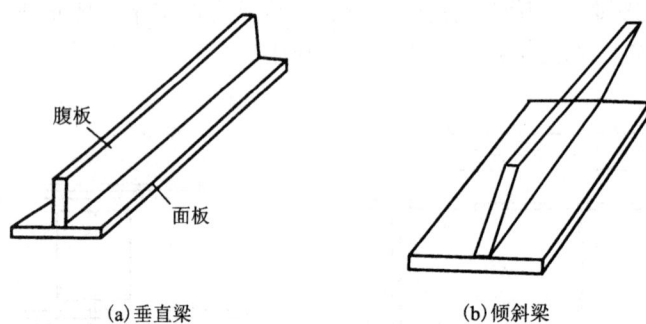

(a)垂直梁   (b)倾斜梁

图 3-28　T 形梁拼装图

3.工字钢梁、槽钢梁拼装

工字钢梁和槽钢梁都是由钢板组合的工程结构梁,它们的组合连接形式基本相同,仅是型钢的种类和组合成型的形状不同,如图 3-29 所示。

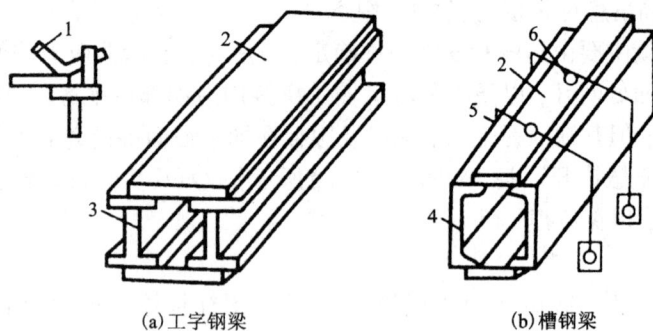

(a)工字钢梁   (b)槽钢梁

1—撬杠;2—面板;3—工字钢;4—槽钢;5—龙门架;6—压紧工具。

图 3-29　工字钢梁、槽钢梁组合拼装

在拼装组合时,首先按图样标注的尺寸、位置在面板和型钢连接位置处进行画线定位。

如果面板宽度较窄，为使面板与型钢垂直和稳定，避免型钢向两侧倾斜，可用与面板厚度相同的垫板临时垫在底面板(下翼缘)两侧来增加面板与型钢的接触面。用90°角尺或水平尺检验侧面与平面的垂直、几何尺寸，正确后方可按一定距离进行点焊。

拼装上面板时以下底面板为基准，为保证上、下面板与型钢严密结合，如果接触面间隙大，可用撬杠或卡具压严靠紧，然后进行点焊和焊接，如图3-29中的1、5、6所示。

4. 箱形梁拼装

箱形梁的结构由钢板组成的，也有由型钢与钢板混合组成的，但大多箱形梁的结构是采用钢板结构成型的。箱形梁是由上下面板、中间隔板及左右侧板组成。

箱型梁的拼装过程是先在底面板画线定位，如图3-30(a)所示，再按位置拼装中间定向隔板，如图3-30(b)所示。

为防止移动和倾斜，应将两端和中间隔板与面板用型钢条临时固定，然后以各隔板的上平面和两侧面为基准，同时拼装箱形梁左右立板，如图3-30(c)所示。两侧立板的长度，要以底面板的长度为准靠齐并点焊。如两侧板与隔板侧面接触间隙过大时，可用活动型卡具夹紧，再进行点焊。最后拼装梁的上面板，如果上面板与隔板上平面接触间隙大、误差多时，可用手砂轮将隔板上端找平，并用[型卡具压紧进行点焊和焊接，如图3-30(d)所示。

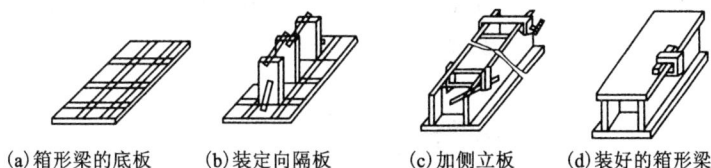

| (a)箱形梁的底板 | (b)装定向隔板 | (c)加侧立板 | (d)装好的箱形梁 |

图3-30　箱形梁拼装

3.6.4　柱拼装

1. 钢柱拼装方法

1) 平拼拼装

先在柱的适当位置用枕木搭设3~4个支点，如图3-31(a)所示。各支承点高度应拉通线，使柱轴线中心线成一水平线，先吊下节柱找平，再吊上节柱，使两端头对准，然后找中心线，并把安装螺栓或夹具上紧，最后进行接头焊接，采取对称施焊，焊完一面再翻身焊另一面。

2) 立拼拼装

在下节柱适当位置设2~3个支点，节柱设1~2个支点，如图3-31(b)所示，各支点用水平仪测平垫平。拼装时先吊下节，使牛腿向下，并找平中心，再吊上节，使两节的节头端相互对准，然后找正中心线，并将安装螺栓拧紧，最后进行接头焊接。

2. 柱底座板和柱身组合拼装技巧

钢柱的底座板和柱身组合拼装工作一般分为两步进行：

(1) 先将柱身按设计尺寸拼装焊接，使柱身横平竖直，符合设计和验收标准的要求。如果不符合质量要求，可通过矫正来达到质量要求。

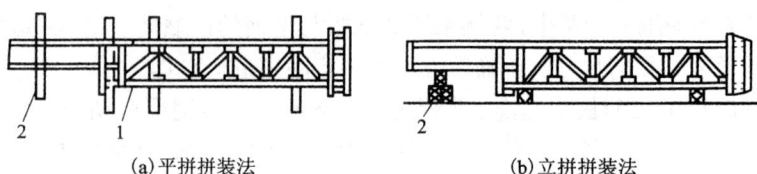

| (a)平拼拼装法 | (b)立拼拼装法 |

图 3-31　钢柱的拼装图

（2）将事先准备好的柱底板按设计规定尺寸画结构线（分清内外方向），并焊挡铁定位，以防在拼装时位移。

柱底板与柱身拼装之前，必须先将柱身与柱底板接触的端面用刨床或砂轮加工平整。同时将柱身分几点垫平，如图 3-32 所示，使柱身垂直柱底板，安装后受力均衡，避免产生偏心压力，以达到质量要求。

拼装时，将柱底座板用角钢头或平面型钢按位置点固，作为定位倒吊挂在柱身平面，并用 90°角尺检查垂直度及间隙大小，待合格后进行四周全面点固。为防止焊接变形，应采用对角或对称的方法进行焊接。

如果柱底板左右有梯形板时，可先将底板与柱端接触焊缝焊完后，再组对梯形板，并同时焊接，这样可避免梯形板妨碍底板缝的焊接。

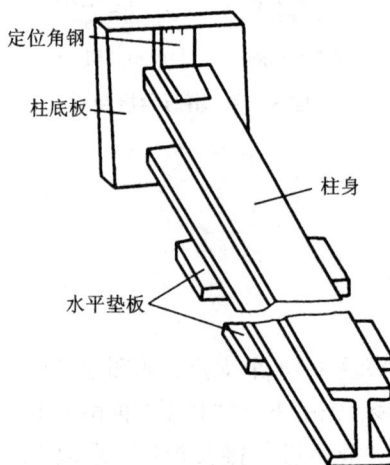

图 3-32　钢柱拼装示意图

3.6.5　钢屋架拼装

1. 拼装准备

钢屋架多数用底样采用仿效的方法进行拼装，其过程如下：

（1）按设计尺寸，并按长、高尺寸，以其 1/1000 预留焊接的收缩量，在拼装平台上放出拼装底样，如图 3-33、图 3-34 所示。因为屋架在设计图样的上、下弦处不标注起拱量，所以才放底样，按跨度比例画出起拱。

（2）在底样上按图画好角钢面宽度、立面厚度，作为拼装时的依据。如果在拼装时，角钢的位置和方向能记牢，其立面的厚度可省略不画，只画出角钢面的宽度即可。

拼装时，应给下一步的运输和安装工序创造有利条件。除按设计规定的技术说明外，还应结合屋架的跨度（长度）来做整体或按节点分段进行拼装。

（3）屋架拼装一定要注意平台的水平度，如果平台不平，可在拼装前先用仪器或拉粉线调整垫平，否则，拼装成的屋架会在上、下弦及中间位置产生侧向弯曲。

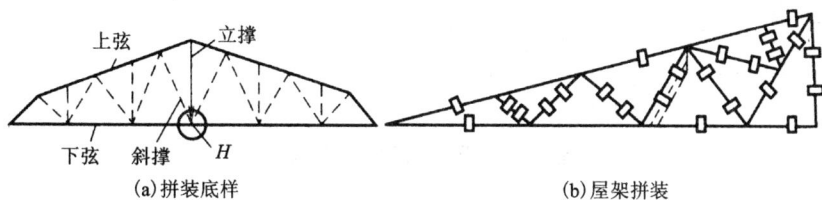

（a）拼装底样　　　　　　　　（b）屋架拼装

H—起拱抬高位置。

图 3-33　屋架拼装示意图

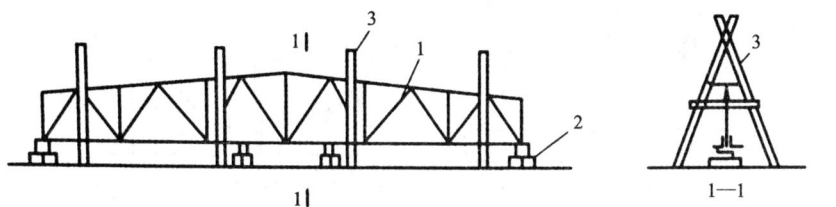

（a）36 m 钢屋架立拼装

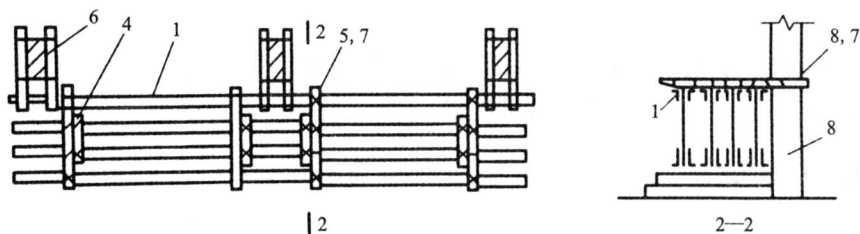

（b）多榀钢屋架立拼装

1—36 m 钢屋架块体；2—枕木或砖碹；3—木制人字架；4—横挡木钢丝绑牢；
5—铁丝固定上弦；6—斜撑木；7—木方；8—柱。

图 3-34　屋架的立拼图

2. 拼装作业

放好底样后，将底样上各位置上的连接板用电焊点牢，并用挡铁定位，以此作为第一次单片屋架拼装基准的底模。接着就可将大小连接板按位置放在底模上。屋架的上、下弦，所有的立、斜撑及限位板都放到连接板上面，进行找正对齐，用卡具夹紧点焊。待全部点焊牢固后，可用起重机作 180°翻身，这样就可用该扇单片屋架为基准进行仿效组合拼装，如图 3-35（a）和图 3-35（b）所示。

对特殊动力厂房屋架，为适应生产性质的强度要求，一般不用焊接而用铆接，如图3-36（b）所示。

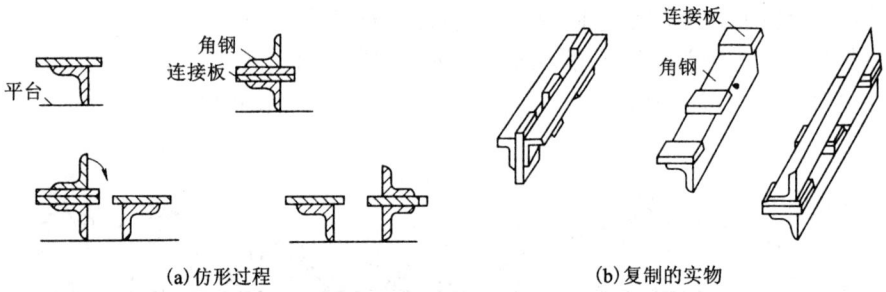

(a)仿形过程　　　　　　　　(b)复制的实物

图3-35　屋架仿效拼装示意图

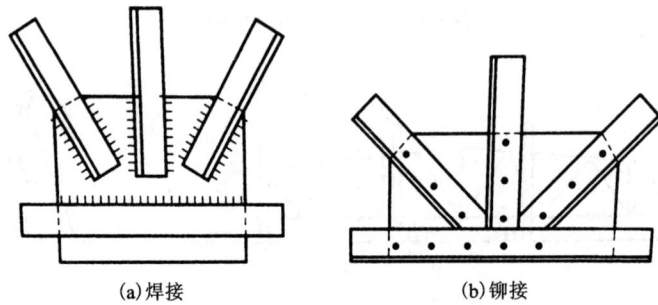

(a)焊接　　　　　　　　(b)铆接

图3-36　屋架连接示意图

以上的仿效复制拼装法具有效率高、质量好、便于组织流水作业等优点。因此，对于截面对称的钢结构，如梁、柱和框架等都可应用。

3.6.6　托架拼装

1.平装

搭设简易钢平台或枕木支墩平台，如图3-37所示。进行找平放线，在托架四周设定位角钢或钢挡板，将两半榀托架吊到平台上。拼缝处装上安装螺栓，检查并找正托架的跨距和起拱值，安上拼接处连接角钢。用卡具将托架和定位钢板卡紧，拧紧螺栓并对拼装连接缝进行施焊。施焊要求对称进行，焊完一面，检查并纠正变形，用木杆二道加固，而后将托架吊起翻身，再用相同方法焊另一面焊缝。待符合设计和规范要求后，方可加固、扶直和起吊就位。

2.立拼

拼装采用人字架稳住托架进行合缝，矫正调整好跨距、垂直度、侧向弯曲和拱度后，安装节点拼接角钢，并用卡具和钢楔使其与上下弦角钢卡紧，复查后，用电焊进行定位焊，并按先后顺序进行对称焊接，直至达到要求为止。当托架平行并紧靠柱列排放时，可以以3~4榀为一组进行立拼装，用方木将托架与柱子连接稳定。

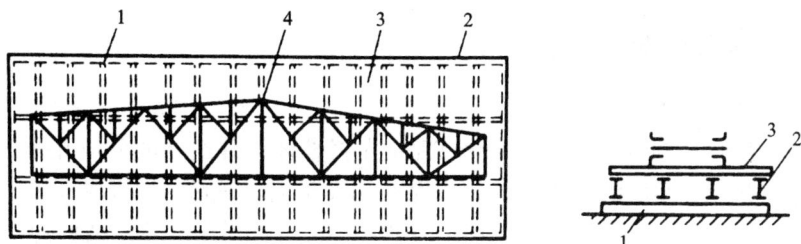

(a)简易钢平台拼装

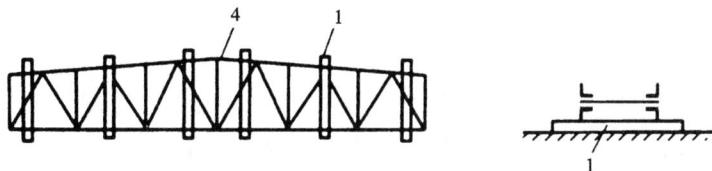

(b)枕木平台拼装

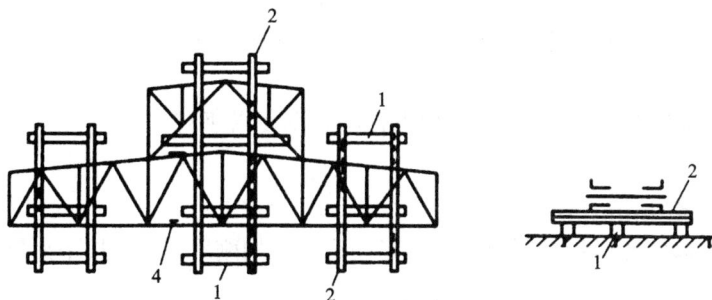

(c)钢木混合平台拼装

1—枕木；2—工字钢；3—钢板；4—拼装点。

图 3-37　天窗架平拼装

焊接梁的工地对接缝拼接处的上、下翼缘的拼接边缘均宜做成向上的 V 形坡口，以便熔焊。为了使焊缝收缩比较自由，减小焊接残余应力，应留一段(长度 500 mm 左右)翼缘焊缝在工地焊接，并采用合适的施焊程序。

对于较重要的或受动力荷载作用的大型组合梁，考虑到现场施焊条件较差，焊缝质量难以保证，其工地拼接宜用高强度螺栓摩擦型连接，如图 3-38 所示。

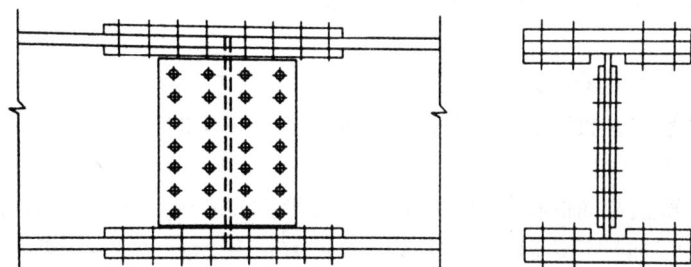

图 3-38　采用拼接板的螺栓连接

3.6.7 预拼装的变形和矫正

1.拼装变形预防

拼装时应选择合理的装配顺序,一般原则是先将整体构件适当的分成几个部件,分别进行小单元部件的拼装,然后将这些拼装和焊完的部件予以矫正后,再拼成大单元整体。这样某些不对称或收缩大的构件焊缝能自由收缩和进行矫正,而不影响整体结构的变形。

拼装时,应注意下列事项:

(1)拼装前,应按设计图的规定尺寸,认真检查拼装零件的尺寸是否正确。

(2)拼装底样的尺寸一定要符合拼装半成品构件的尺寸要求,构件焊接点的收缩量应接近焊后实际变化尺寸要求。

(3)拼装时,为避免构件在拼装过程中产生过大的应力变形,应使零件的规格或形状均符合规定的尺寸和样板要求。同时在拼装时不应采用较大的外力强制组对,避免构件焊后产生过大的装配应力而发生变形。

(4)构件组装时,为使焊接接头均匀受热以消除应力和减少变形,应做到对接间隙、坡口角度、搭接长度和T形贴角连接的尺寸正确,其形状和尺寸的要求应按设计及确保质量的经验做法进行。

(5)坡口加工的形式、角度、尺寸应按设计施工图要求进行。

2.变形矫正

1)变形校正顺序

当零件组成的构件变形较为复杂,并具有一定的结构刚度时,可按下列顺序进行矫正:

(1)先矫正总体变形,后矫正局部变形;

(2)先矫正主要变形,后矫正次要变形;

(3)先矫正下部变形,后矫正上部变形;

(4)先矫正主体构件,后矫正副件。

2)变形校正的方法

当钢构件发生弯曲或扭曲变形超过设计规定的范围时,必须进行矫正。常用的矫正方法有机械矫正法、火焰矫正法或混合矫正法等。

(1)机械矫正

机械矫正法主要采用顶弯机、压力机矫正弯曲构件,亦可利用固定的反力架、液压式或螺旋式千斤顶等小型机械工具顶压矫正构件的变形。矫正时,将构件变形部位放在两支撑的空间处,对准凸出处加压,即可调直变形的构件。

(2)火焰矫正

条形钢结构变形主要采用火焰矫正。其特点是时间短,收缩量大,其水平收缩方向是沿着弯曲的一面按水平对应收缩后产生新的变形来矫正已发生的变形,如图3-39所示。

一般常采用加热三角形法。

①加热三角形矫正弯曲的构件时,应根据其变形方向来确定加热三角形的位置,如图3-39所示。上下弯曲,加热三角形在立面,如图3-39(a)所示;左右方向弯曲,加热三角形在平面,如图3-39(b)所示;加热三角形的顶点位置应在弯曲构件的凹面一侧,三角形的底边应在弯曲的凸面一侧。

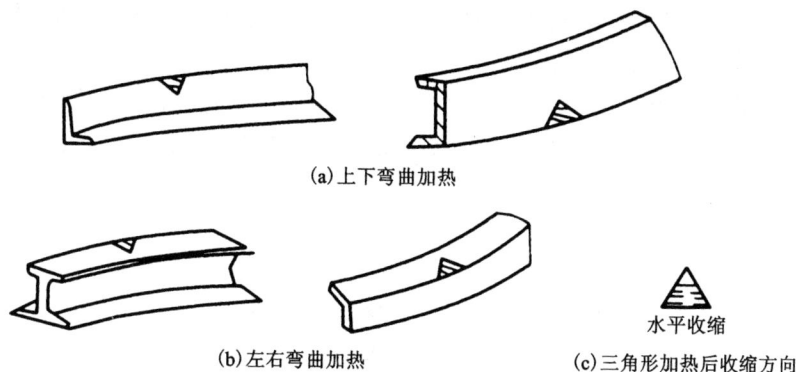

(a)上下弯曲加热

(b)左右弯曲加热　　　　(c)三角形加热后收缩方向

图3-39　型钢火焰矫正加热方向

②加热三角形的数量多少应按构件变形的程度来确定:构件变形的弯矩大,则加热三角形的数量要多,间距要近;构件变形的弯矩小,则加热三角形的数量要少,间距要远。

③一般对 5 m 以上长度的截面 $100 \sim 300$ mm^2 的型钢件用火焰(三角形)矫正时,加热三角形的相邻中心距为 $500 \sim 800$ mm,每个三角形的底边宽由变形程度来确定,一般应在 $80 \sim 150$ mm 范围内,如图 3-40 所示。

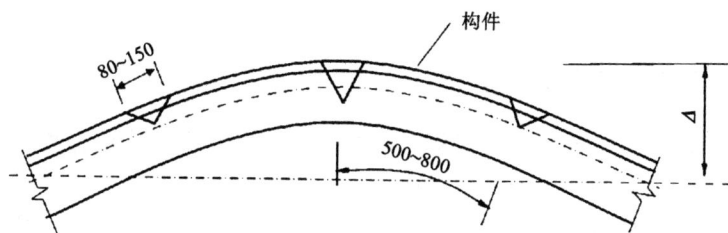

Δ-构件弯曲度。

图3-40　火焰矫正构件加热三角形的尺寸和距离

④加热三角形的高度和底边宽度一般是型钢高度的 $1/5 \sim 2/3$,加热温度在构件 $700 \sim 800℃$,不得以超过 $900℃$ 的正火温度。矫正的构件材料若是低合金钢结构钢时,矫正后必须缓慢冷却,必要时可用绝热材料加以覆盖保护,以免增加硬化组织,发生脆裂等缺陷。

(3)构件混合矫正

钢结构混合矫正法是依靠综合作用矫正构件的变形。

①当变形构件符合下列情况之一者,应采用混合矫正法:

构件变形的程度较严重,并兼有死弯;

变形构件截面尺寸较大,矫正设备能力不足;

构件变形形状复杂;

构件变形方向具有两个及两个以上的不同方向;

用单一矫正方法不能矫正变形构件,均采用混合矫正法进行。

②箱形梁构件扭曲矫正方法:矫正箱形梁扭曲时,应将其底面固定在平台上,因其刚性较大,需在梁中间位置的两个侧面及上平面,用 $2 \sim 3$ 只大型烤把同时进行火焰加热,加热宽

度约 30~40 mm，并用牵拉工具逆着扭曲方向的对角方向施加外力 P，在加热与牵引综合作用下，能将扭曲矫正，如图 3-41 所示。

箱形梁的扭曲被矫正后，可能会产生上拱或侧弯的新变形。对上拱变形的矫正，可在上拱处由最高点向两端用加热三角形方法矫正。侧弯矫正时除用加热三角形法单一矫正外，还可边加热边用千斤顶进行矫正。

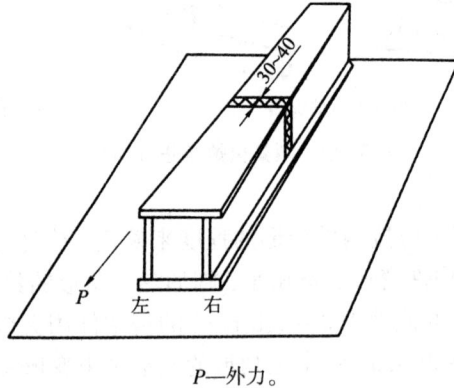

P—外力。

图 3-41　箱形梁的扭曲变形矫正

3.6.8　预拼装施工质量要求

此部分内容适用于钢构件预拼装工程的质量验收。钢构件预拼装工程可按钢结构制作工程检验批的划分原则划分为一个或若干个检验批。

预拼装所用的支承凳或平台应测量找平，检查时应拆除全部临时固定和拉紧装置，预拼装的钢构件其质量应符合设计要求和《钢结构工程施工质量验收标准》(GB/T 50205—2020)的规定。

1. 主控项目

高强度螺栓和普通螺栓连接的多层板叠，应采用试孔器进行检查，并应符合下列规定：

①当采用比孔公称直径小 1.0 mm 的试孔器检查时，每组孔的通过率不应小于 85%；

②当采用比螺栓公称直径大 0.3 mm 的试孔器检查时，通过率应为 100%。

检查数量：按预拼装单元全数检查。

检验方法：采用试孔器检查。

2. 一般项目

除壳体结构为立体预拼装，并可设卡、夹具外，其他结构一般均为平面预拼装，预拼装的构件应处于自由状态，不得强行固定；预拼装尺寸可按设计或合同要求执行。预拼装的允许偏差应符合表 3-26 的规定。

检查数量：按预拼装单元全数检查。

检验方法：见表 3-26。

表 3-26　钢构件预拼装的允许偏差　(单位：mm)

构件类型	项目		允许偏差	检验方法
多节柱	预拼装单元总长		±5.0	用钢尺检查
	预拼装单元弯曲矢高		$l/1500$，且不应大于 10.0	用拉线和钢尺检查
	接口错边		2.0	用焊缝量规检查
	预拼装单元柱身扭曲		$h/200$，且不应大于 5.0	用拉线、吊线和钢尺检查
	顶紧面至任一牛脚距离		±2.0	
梁、桁架	跨度最外两端安装孔或两端支承面最外侧距离		+5.0，-10.0	用钢尺检查
	接口截面错位		2.0	用焊缝量规检查
	拱度	设计要求起拱	$±l/5000$	用拉线和钢尺检查
		设计未要求起拱	$l/2000$，0	
	节点处杆件轴线错位		4.0	划节后用钢尺检查
管构件	预拼装单元总长		±5.0	用钢尺检查
	预拼装单弯曲矢高		$l/1500$，且不应大于 10.0	用拉线和钢尺检查
	对口错边		$t/10$，且不应大于 3.0	用焊缝量规检查
	坡口间隙		+2.0，-1.0	
构件平面总体预拼装	各楼层柱距		±4.0	用钢尺检查
	相邻楼层梁与梁之间距离		±3.0	
	各层间框架两对角线之差		$H/2000.$，且不应大于 5.0	
	任意两对角线之差		$\sum H/2000$，且不应大于 8.0	

能力训练题

1. 简述钢结构构件制作流程和制作依据。

2. 什么是钢结构构件的放样？放样的主要内容有哪些？

3. 钢结构构件下料的方法有哪些？

4. 切割有哪些方法，各自的特点和适用范围是什么？

5. 什么是矫正？矫正的方法有哪些？

6. 成型加工的分类有哪些？

7. 为什么钢结构要进行预拼装？构件的预拼装的检验标准是什么？

实训项目三　钢结构加工

钢结构 H 型钢柱的加工制作职业活动实习内容、教学设计实训项目详见表 3-27。

表 3-27　钢结构 H 型钢柱的加工制作职业活动实训教学设计项目卡

项目 H 型钢柱加工	实训场所：校内外实训基地 计划学时：2 学时			学期：　　日期： 班级：	
教学目标	能力目标	能进行构件加工制作			
	知识目标	加工制作方法、加工制作流程，掌握加工制作质量要求及质量保证			
教学重点难点	加工制作方法和加工制作流程，施工图纸的正确性及放样				
设计思路	在教师的引导下，让学生观看 H 型钢柱加工制作工艺录像及识读钢结构施工图，总结或复述加工制作流程，加工过程中如何控制质量保证、质量检验等有关知识				
序号	工作任务	教学设计与实施			参考学时
		课程内容和要求	活动设计		
1	加工制作准备	熟悉识别常用加工制作工具、设备	活动：施工准备①每组准备有施工图纸、空白工艺卡、空白零件流水卡、划针、粉线、弯尺、直尺、钢卷尺、剪子、塑料板、铁皮等工具，②所需钢板提前进场		
2	识读加工图	识读钢结构加工图	活动 1：图纸审核和备料计算 活动 2：进场材料检验		2
3	加工制作	掌握钢结构构件常用加工方法，熟悉钢结构构件加工制作流程	活动 1：相关试验与工艺规程的编制 活动 2：构件放样与号料演练 活动 3：构件的加工制作 活动 4：构件的表面处理		
4	学时总计				2
课前回顾	钢结构的典型过程应用特点				
教学引入	先识读钢结构图纸，通过观看钢结构的应用录像、图片，引入钢结构构件加工制作的内容				
实训小结	编制钢结构构件加工制作方案				
课外训练	到钢结构加工厂等参观，并参与钢结构加工制作				

项目四　钢结构连接

【知识目标】

1. 熟悉钢结构主要连接方式的特点；

2. 了解普通螺栓和高强度螺栓的强度验算和施工工艺要求；

3. 了解焊缝的强度验算和施工工艺要求。

【能力目标】

1. 能进行普通螺栓和高强度螺栓的强度验算；

2. 能进行焊缝的强度验算；

3. 能进行各种连接的质量检验。

【素质目标】

1. 培养学生的职业道德；

2. 培养学生的严谨科学态度；

3. 培养学生团队协作精神。

钢结构的构件是由型钢、钢板等通过连接构成的基本构件(如梁、柱等)，各构件再通过安装连接构成整个结构。因此连接在钢结构中占有很重要的地位，连接设计是钢结构设计重要环节。在进行连接设计时，必须遵循安全可靠、传力明确、构造简单、制造方便和节约钢材的原则。钢结构的连接方法有：焊缝连接、铆钉连接和螺栓连接，如图4-1所示。

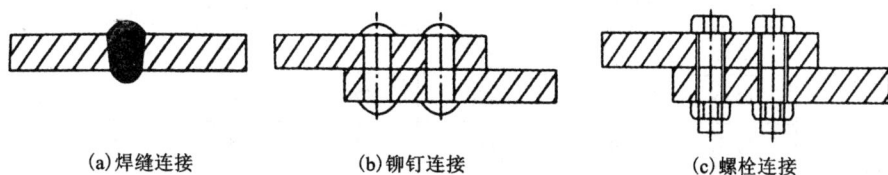

(a)焊缝连接　　　　(b)铆钉连接　　　　(c)螺栓连接

图4-1　钢结构的连接方法

任务4.1　普通螺栓连接

螺栓连接分普通螺栓连接和高强度螺栓连接两种。螺栓连接的优点是易于安装、施工进度和质量容易保证、方便拆装维护等；其缺点是因开孔对构件截面有一定削弱，有时在构造上还须增设辅助连接件，故增加用料，构造较为烦琐；构件需制孔，拼装和安装时需要对孔，增加工作量，且对制造的精度要求较高。

4.1.1 普通螺栓连接材料

钢结构普通螺栓连接由螺栓、螺母和垫圈三部分组成。

1.普通螺栓

普通螺栓分 A、B、C 三级。其中，A、B 级螺栓为精制螺栓，C 级为粗制螺栓。A、B 级螺栓材料性能等级分别为 5.6 级或 8.8 级，C 级螺栓材料性能等级分别为 4.6 级或 4.8 级。螺栓材料性能等级为 m.n 级，小数点前的数字表示螺栓成品的抗拉强度不小于 m 乘以 100 N/mm²，小数点及小数点后的数字表示螺栓材料的屈强比。

A、B 级精制螺栓是由毛坯在车床上经过切削加工精制而成。表面光滑，尺寸准确，对成孔质量要求较高。由于有较高的精度，受剪性能好。但制作和安装复杂，价格较高，已很少在钢结构中采用。

C 级螺栓由未经加工的圆钢压制而成。由于螺栓表面粗糙，一般采用在单个零件上一次冲成或不用钻模钻成的孔。螺栓孔的直径比螺栓杆的直径大 1.5 ~ 3 mm。对于采用 C 级螺栓的连接，由于螺杆与栓孔之间有较大的间隙，受剪力作用时，将会产生较大的剪切滑移，连接的变形大。但安装方便，且能有效传递拉力，故一般可用于沿螺栓杆轴受拉的连接中，以及次要结构的抗剪连接或安装时的临时固定。

钢结构中常用普通螺栓的性能等级、化学成分及力学性能见表 4-1。

表 4-1　常用普通螺栓的性能等级、化学成分及力学性能

性能等级		3.6	4.6	4.8	5.6	5.8	6.8
材料		低碳钢	低碳钢或中碳钢				
化学成分	$w(C)$	≤0.20	≤0.55				
	$w(P)$	≤0.05	≤0.05				
	$w(S)$	≤0.06	≤0.06				
抗拉强度/MPa	公称	300	400	400	500	500	600
	最小	330	400	420	500	520	600
维氏硬度	最小	95	115	121	148	154	178
	最大	206	206	206	206	206	227

2.螺母

选用螺母要与螺栓的性能等级相匹配，当拧紧螺母时，不允许发生螺纹脱扣现象。螺母性能等级分 4、5、6、8、9、10、12 等级，其中 8 级（含 8 级）以上螺母与高强度螺栓匹配，8 级以下螺母与普通螺栓匹配，螺母与螺栓性能等级相匹配的参照表见表 4-2。

表4-2 螺母与螺栓性能等级相匹配的参照表

螺母性能等级	相匹配的螺栓性能等级		螺母性能等级	相匹配的螺栓性能等级	
	性能等级	直径范围/mm		性能等级	直径范围/mm
4	3.6、4.6、4.8	>16	9	8.8	16<直径≤39
5	3.6、4.6、4.8	≤16		8.9	≤16
	5.6、5.8	所有的直径	10	10.9	所有的直径
6	6.8	所有的直径	12	12.9	≤39
8	8.8	所有的直径			

螺母的螺纹应与螺栓螺纹一致,一般为粗牙螺纹(特殊注明用细牙螺纹除外),螺母的机械性能主要是保证应力和硬度,其值应符合《紧固件机械性能 螺母 粗牙螺纹》(GB 3098.2—2015)的规定。

3.垫圈

常用钢结构螺栓连接的垫圈按其形状及使用功能可分为四类。

①圆平垫圈。一般放置于紧固螺栓头及螺母的支承面下面,用以增加螺栓头及螺母的支承面,同时防止被连接件表面损伤。

②方型垫圈。一般放置于地脚螺栓头及螺母的支承面下面,用以增加支承面及遮盖较大的螺栓孔眼。

③斜垫圈。主要用于工字钢、槽钢翼缘倾斜面的垫平,使螺母支承面垂直于螺杆,避免紧固时造成螺母支承面和被连接件的倾斜面局部接触,确保连接安全。

④弹簧垫圈。为防止螺栓拧紧后在动荷载作用下产生振动和松动,依靠垫圈的弹性功能及斜口摩擦面来防止螺栓松动,一般用于有动荷载(振动)或经常拆卸的结构连接处。

4.1.2 普通螺栓的排列和构造

1.螺栓的排列

螺栓在构件上排列应简单、统一、整齐而紧凑,通常分为并列和错列两种形式。如图4-2所示,并列比较简单整齐,所用连接板尺寸小,但由于螺栓孔的存在,对构件截面削弱较大。错列可以减小螺栓孔对截面的削弱,但螺栓孔排列不如并列紧凑,连接板尺寸较大。

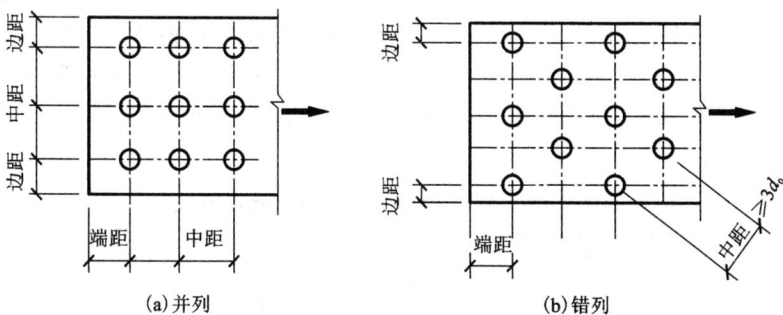

图4-2 钢板上的螺栓排列

螺栓在构件上的排列应满足受力、构造和施工要求：

①受力要求：在受力方向螺栓的端距过小时，钢材有剪断或撕裂的可能。各排螺栓距太小时，构件有沿折线或直线破坏的可能。对受压构件：当沿作用方向螺栓距过大时，被连接的板件间易发生鼓曲和张口现象。

②构造要求：螺栓的中距及边距不宜过大，否则钢板间不能紧密贴合，潮气进入缝隙而产生腐蚀现象。

③施工要求：螺栓在构件排列上应符合最小距离要求，以便用扳手拧紧螺帽时有一定空间。

根据《钢结构设计规范》（GB 50017—2017）的规定，螺栓的最大、最小容许距离见表4-3。

表4-3 螺栓的最大、最小容许距离

名称	位置和方向			最大容许距离（取两者的较小值）	最小容许距离
中心间距	外排（垂直内力方向或顺内力方向）			$8d_0$ 或 $12t$	$3d_0$
	中间排	垂直内力方向		$16d_0$ 或 $24t$	
		顺内力方向	构件受压力	$12d_0$ 或 $18t$	
			构件受拉力	$16d_0$ 或 $24t$	
	沿对角线方向			—	
中心至构件边缘距离	顺内力方向			$4d_0$ 或 $8t$	$2d_0$
	垂直内力方向	剪切边或手工气割边			$1.5d_0$
		轧制边、自动气割或锯割边	高强度螺栓		
			其他螺栓或铆钉		$1.2d_0$

注：①d_0为螺栓或铆钉的孔径，t为外层较薄板件的厚度。②钢板边缘与刚性构件（如角钢、槽钢等）相连的螺栓或铆钉的最大距离，可按中间排的数值采用。

2.普通螺栓的选用

1）螺栓直径的确定

螺栓直径的确定应由设计人员按等强度原则，参照《钢结构设计规范》（GB 50017—2017），及螺栓的破坏形式通过计算来确定（见4.1.3普通螺栓连接计算）。但在实际施工时，螺栓直径规格应尽可能少，有时还需适当归类，便于施工和管理。一般情况下，螺栓直径应与被连接件的厚度相匹配，不同的连接厚度所推荐选用的螺栓直径见表4-4。

表4-4 不同的连接厚度推荐螺栓直径 （单位：mm）

连接件厚度	4~6	5~8	7~11	10~14	13~20
推荐螺栓直径	12	16	20	24	27

2）螺栓长度的确定

螺栓长度是指螺栓头内侧到尾部的距离，应根据连接螺栓的直径和被连接件的厚度确定。一般为 5 mm 进制，按下列公式计算：

$$L=\delta+m+nh+C$$

式中：δ——被连接件的总厚度；

　　　m——螺母厚度，mm，一般取 $0.8D$（D 为螺母的公称直径）；

　　　n——垫圈个数；

　　　h——垫圈厚度，mm；

　　　C——螺纹外露部分长度（$2\sim3$ 丝扣为宜，$\leqslant5$ mm），mm。

3.普通螺栓连接的其他构造要求

（1）为了使连接可靠，每一杆件在节点上以及拼接接头的一端，永久性螺栓数不宜少于两个。对于组合构件的缀条，其端部连接可采用一个螺栓。

（2）对直接承受动力荷载的普通螺栓连接应采用双螺帽或其他防止螺栓松动的有效措施。

（3）C 级螺栓宜用于沿其杆轴方向受拉的连接，但在承受静力荷载或间接承受动力荷载结构中的次要连接、承受静力荷载的可拆卸结构的连接以及临时固定结构用的安装连接中，可用于受剪连接。

（4）沿杆轴方向受拉的螺栓连接中的端板，应适当增强其刚度（如加设加劲肋），以减少撬力对螺栓抗拉承载力的不利影响。

4.1.3　普通螺栓连接计算

普通螺栓连接按受力情况可分为三类：螺栓只承受剪力；螺栓只承受拉力；螺栓承受拉力和剪力的共同作用。

1.普通螺栓的抗剪连接

1）普通螺栓抗剪的破坏形式

剪力螺栓的破坏可能出现 4 种破坏形式，如图 4-3 所示：

（1）当螺栓杆直径较小，板件较厚时，螺栓杆可能先被剪断，如图 4-3（a）所示；

（2）当螺栓杆直径较大，板件较薄时，钢板孔壁被挤压破坏，如图 4-3（b）所示；

（3）由于钢板端部螺孔端距太小而被冲剪坏，如图 4-3（c）所示；

（4）板件本身可能由于截面开孔削弱过多而破坏，如图 4-3（d）所示。

上述第三种破坏形式由螺栓端距 $l_1\geqslant2d$ 来保证；第四种破坏由构件的强度验算保证。因此普通螺栓的受剪连接只考虑第一、二两种破坏形式。

2）单个普通螺栓的受剪计算

普通螺栓连接的抗剪承载力，应考虑螺栓杆受剪和孔壁承压两种情况。计算时有如下假定：①螺栓杆受剪计算时，假定螺栓受剪面上的剪应力是均匀分布的；②孔壁承压计算时，假定挤压力沿螺栓杆直径平面均匀分布。则单个螺栓的抗剪承载力设计值为：

受剪承载力设计值：

$$N_{\mathrm{v}}^{b}=n_{\mathrm{v}}\frac{\pi d^{2}}{4}f_{\mathrm{v}}^{b} \tag{4.1}$$

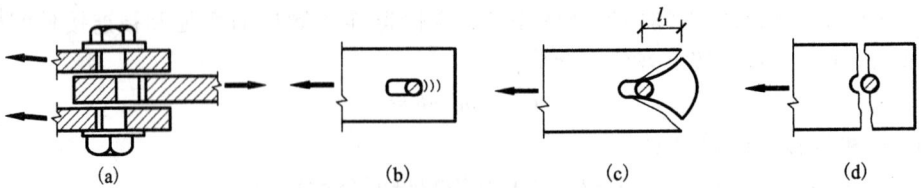

图 4-3 受剪螺栓连接的破坏形式

承压承载力设计值：

$$N_c^b = d \sum t f_c^b \tag{4.2}$$

取二者中最小值：

$$N_{min}^b = \min(N_v^b, N_c^b) \tag{4.3}$$

式中：n_v——受剪面数目，单剪 $n_v = 1$，双剪 $n_v = 2$；

d——螺栓杆直径；

$\sum t$——在同一受力方向承压的构件的较小总厚度；

f_c^b、f_v^b——螺栓的抗剪和承压强度设计值。

③普通螺栓群受剪连接计算（在轴向力作用下的计算）

试验证明，螺栓群的受剪连接承受轴心力时，在长度方向各螺栓受力是不均匀的，两端受力大，中间受力小，如图 4-4 所示。当连接长度 $l_1 \leqslant 15d_0$（d_0 为螺孔直径）时，螺栓群中各螺栓受力逐渐接近，故受剪轴心力 N 由每个螺栓平均分担，即所需螺栓数 n 为：

$$n = \frac{N}{N_{min}^b} \tag{4.4}$$

式中：N_{min}^b——一个螺栓受剪承载力设计值与承压承载力设计值的较小值。

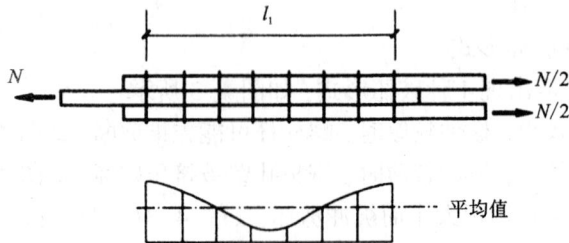

图 4-4 长接头螺栓的内力分布

当 $l_1 > 15d_0$ 时，各螺杆所受内力不均匀，端部螺栓首先达到极限强度而破坏，随后由外向里依次破坏，应将承载力设计值乘以折减系数：

$$\eta = 1.1 - \frac{l_1}{150d_0} \geqslant 0.7 \tag{4.5}$$

则对长连接构件，所需抗剪螺栓数为：

$$n = \frac{N}{\eta N_{min}^b} \tag{4.6}$$

由于螺栓孔削弱了构件的截面，因此在排列好所需的螺栓后，还需验算构件净截面强度，如图4-5所示，其表达式为：

$$\sigma = \frac{N}{A_n} \leqslant f \tag{4.7}$$

式中：A_n——构件净截面面积。根据螺栓排列形式取 I — I 或 II — II 截面进行计算，如图4-5所示。

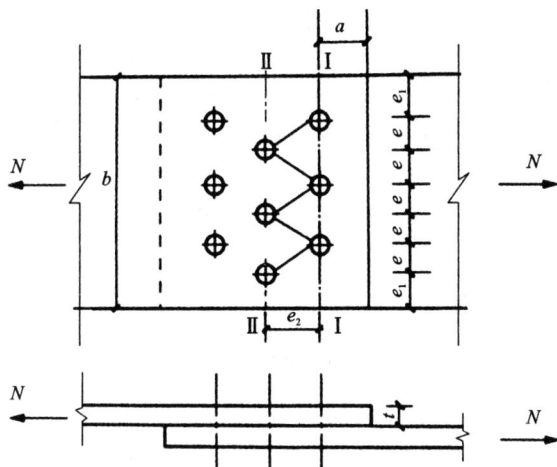

图4-5　轴向力作用下的剪力螺栓群

例题【4.1】　两截面为360 mm×8 mm的钢板，采用C级普通螺栓的双盖板拼接，试设计此连接。一侧轴心拉力设计值 $N = 325$ kN，钢材为Q235，螺栓为M20。

解：（1）螺栓连接的计算

查表得：$f_v^b = 140$ N/mm^2，$f_c^b = 305$ N/mm^2

单个螺栓抗剪承载力设计值：

$$N_V^b = n_v \frac{\pi d^2}{4} f_v^b = 2 \times \frac{3.14 \times 20^2}{4} \times 140 = 87.9(\text{kN})$$

单个螺栓承压承载力设计值：

$$N_c^b = d \sum t f_c^b = 20 \times 8 \times 305 = 48.8(\text{kN})$$

一侧所需螺栓数 n：

$$n = \frac{325}{48.8} = 6.7，取8个。$$

采用错列排列，每侧用8个螺栓，按表4-3规定排列，如图4-6所示。

（2）构件强度验算

查得钢材的抗拉强度设计值 $f = 215$ N/mm^2。取螺栓孔径 $d_0 = 2.15$ mm。由于是错列排列，构件强度验算应验算最小净截面。

直线截面 I — I 净截面面积：

$$N_{nI} = (360 \times 8 - 2 \times 21.5 \times 8)\text{mm}^2 = 2536 \text{ mm}^2$$

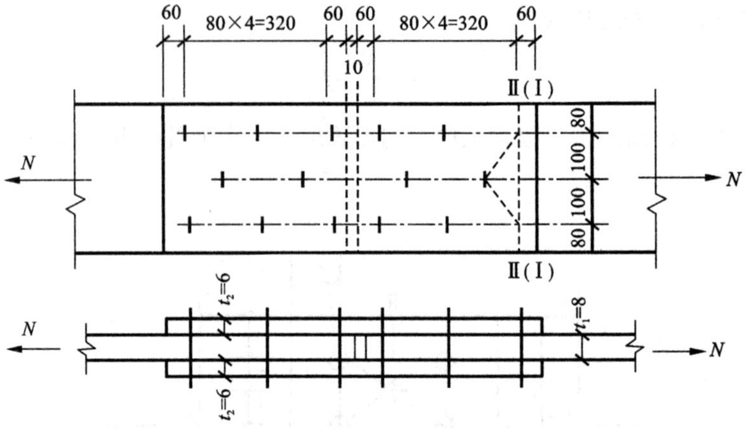

图4-6 例4.1图

锯齿状截面Ⅱ—Ⅱ净截面面积:

$$N_{nⅡ} = [(2 \times 80 \times 8 + 2\sqrt{100^2 + 80^2} \times 8 - 3 \times 21.5 \times 8)] \, mm^2 = 2813 \, mm^2$$

$$\sigma = \frac{N}{A_{n,\,min}} = \frac{325 \times 10^3}{2536} = 128.2 \, N/mm^2 \leqslant f = 215 \, N/mm^2$$

故构件强度满足要求。

2. 普通螺栓的受拉连接

1) 单个普通螺栓的受拉承载力

单个螺栓的受拉承载力设计值为:

$$N_t^b = A_e \cdot f_t^b = \frac{\pi d_e^2}{4} f_t^b \tag{4.8}$$

式中: A_e——螺栓的有效截面面积, 见表4-5;

d_e——螺纹处的有效直径, 见表4-5;

f_t^b——螺栓的抗拉强度设计值。

表4-5 螺栓的有效截面面积

螺栓直径 d/mm	螺距 t/mm	螺栓有效直径 d_0/mm	螺栓有效面积 A_e/mm^2	螺栓直径 d/mm	螺距 t/mm	螺栓有效直径 d_0/mm	螺栓有效面积 A_e/mm^2
16	2	14.1236	156.7	52	5	47.3090	1758
18	2.5	15.6545	192.5	56	5.5	50.8399	2030
20	2.5	17.6545	244.8	60	5.5	54.8399	2362
22	2.5	19.6545	303.4	64	6	58.3708	2676
24	3	21.1854	352.5	68	6	62.3708	3055
27	3	24.1854	459.4	72	6	66.3708	3460

续表4-5

螺栓直径 d/mm	螺距 t/mm	螺栓有效直径 d_0/mm	螺栓有效面积 A_e/mm²	螺栓直径 d/mm	螺距 t/mm	螺栓有效直径 d_0/mm	螺栓有效面积 A_e/mm²
30	3.5	26.7163	560.6	76	6	70.3708	3889
33	3.5	29.7163	693.6	80	6	74.3708	4344
36	4	32.2472	816.7	85	6	79.3708	4948
39	4	35.2472	975.8	90	6	84.3708	5591
42	4.5	37.7781	1121	95	6	89.3708	6273
45	4.5	40.7781	1306	100	6	94.3708	6995
48	5	43.3090	1473				

2）普通螺栓群受拉

如图4-7所示,螺栓群轴心受拉,通常假定各个螺栓平均受力,则连接所需的螺栓数为:

$$n = \frac{N}{N_t^b} \qquad (4.9)$$

式中:N_t^b——一个螺栓的抗拉承载力设计值。

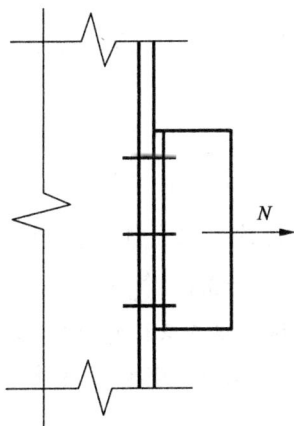

图4-7 螺栓群承受轴心拉力

（1）螺栓群承受弯矩作用

图4-8所示为螺栓群在弯矩作用下的抗拉连接(图中的剪力 V 通过托板传递)。按弹性设计法,在弯矩作用下,离中和轴越远的螺栓所受拉力越大,而压力则由部分受压的端板承受,设中和轴至端板受压边缘的距离为 c。这种连接的受力有如下特点:受拉螺栓截面只是孤立的几个螺栓点;而端板受压区则是宽度较大的实体矩形截面。当计算其形心位置作为中和轴时,所求得的端板受压区高度 c 总是很小,中和轴通常在受压一侧最外排螺栓附近的某个位置。因此,实际计算时可近似地取中和轴位于最下排螺栓 O 处,即认为连接变形为绕 O

处水平轴转动，螺栓拉力与 O 点算起的纵坐标 y 成正比。于是可对 O 点列弯矩平衡方程，且忽略力臂很小的端板受压区部分力矩。

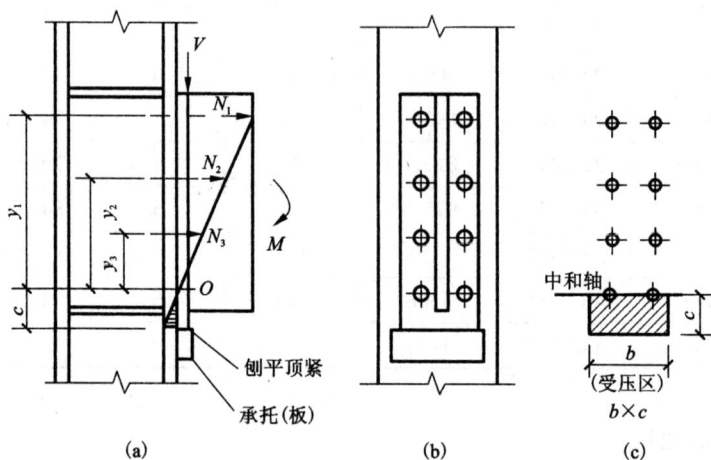

图4-8 普通螺栓弯矩受拉

考虑到：$\dfrac{N_1}{y_1} = \dfrac{N_2}{y_2} = \cdots = \dfrac{N_i}{y_i} = \cdots = \dfrac{N_n}{y_n}$

则：
$$
\begin{aligned}
M &= N_1 y_1 + N_2 y_2 + \cdots + N_i y_i + \cdots + N_n y_n \\
&= (N_1/y_1) y_1^2 + (N_2/y_2) y_2^2 + \cdots + (N_i/y_i) y_i^2 + \cdots + (N_n/y_n) y_n^2 \\
&= (N_i/y_i) \sum y_i^2
\end{aligned}
$$

螺栓 i 的拉力为：

$$N_i = M y_i / \sum y_i^2 \qquad\qquad (4.10)$$

设计时要求受力最大的最外排螺栓 1 的拉力不超过单个螺栓的抗拉承载力设计值，即：

$$N_1 = M y_1 / \sum y_i^2 \leqslant N_t^b \qquad\qquad (4.11)$$

例题【4.2】　牛腿用 C 级普通螺栓以及承托与柱连接，如图4-9所示，承受竖向荷载设计值 $F = 200$ kN，偏心距 $e = 200$ mm。试设计其螺栓连接。已知构件和螺栓均用 Q235 钢材，螺栓为 M20，孔径 21.5 mm。

解： 查表4-5，M20 螺栓的有效截面面积：$A_e = 245 \text{mm}^2$

承托传递全部剪力 V：$V = F = 220$ kN

弯矩由螺栓连接传递：$M = Ve = 220 \times 0.20 = 44$ kN·m

单个螺栓最大拉力：$N_1 = \dfrac{M y_1}{\sum y_i^2} = \dfrac{44 \times 0.32}{2 \times (0.08^2 + 0.16^2 + 0.24^2 + 0.32^2)} = 36.7$ kN

单个螺栓的抗拉承载力设计值为：$N_t^b = A_e \cdot f_t^b = 245 \times 170 = 41.7$ kN $> N_1 (36.7$ kN$)$

满足要求。

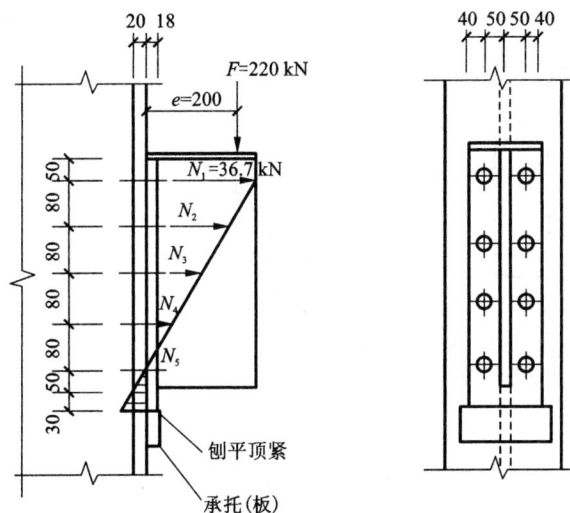

图 4-9　例题【4.2】图

（2）螺栓群偏心受拉

螺栓群偏心受拉相当于连接轴心拉力 N 和弯矩 $M=Ne$ 的共同作用。按弹性设计法，根据偏心矩的大小可能出现小偏心受拉和大偏心受拉两种情况。

① 小偏心受拉

当偏心矩较小时，所有螺栓均承受拉力作用，端板与柱翼缘有分离趋势，故在计算时轴心拉力 N 由各螺栓均匀承受；弯矩 M 则引起以螺栓群形心 O 为中和轴的三角形内力分布，如图 4-10（b）所示，使上部螺栓受拉，下部螺栓受压；叠加后全部螺栓均受拉。这样螺栓群的最大和最小螺栓受力为：

$$N_{max} = \frac{N}{n} + \frac{Ney_1}{\sum y_i^2} \leqslant N_t^b \tag{4.12}$$

$$N_{min} = \frac{N}{n} - \frac{Ney_1}{\sum y_i^2} \geqslant 0 \tag{4.13}$$

式（4.13）为公式使用条件，由此式可得 $N_{min} \geqslant 0$ 时的偏心矩 $e = \sum y_i^2/(ny_1)$。

② 大偏心受拉

当偏心矩 $e > \sum y_i^2/(ny_1)$ 时，则端板底部出现受压区，如图 4-10（c）所示，近似并偏安全地取中和轴位于最下排螺栓 O' 处，可列出对 O' 处水平轴的弯矩平衡方程，得：

$$\frac{N_1}{y_1'} = \frac{N_2}{y_2'} = \cdots = \frac{N_i}{y_i'} = \cdots = \frac{N_n}{y_n'}$$

$$
\begin{aligned}
Ne' &= N_1 y_1' + N_2 y_2' + \cdots + N_i y_i' + \cdots + N_n y_n' \\
&= (N_1/y_1')y_1'^2 + (N_2/y_2')y_2'^2 + \cdots + (N_i/y_i')y_i'^2 + \cdots + (N_n/y_n')y_i'^2 \\
&= (N_i/y_i') \sum y_i'^2
\end{aligned}
$$

$$N_i = Ne'y_i'/\sum y_i'^2$$

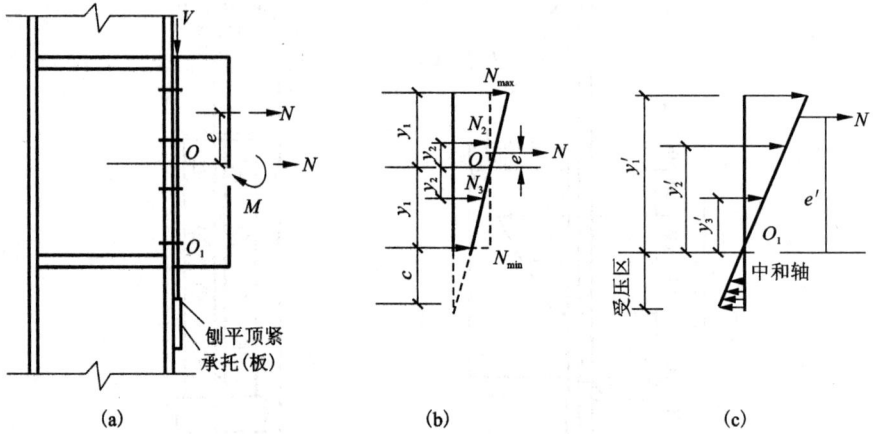

图4-10 螺栓群偏心受拉

$$N_1 = Ne'y_1' / \sum {y'}_i^2 \leqslant N_t^b \tag{4.14}$$

3.普通螺栓受剪力和拉力的共同作用

试验研究结果表明,同时承受剪力和拉力作用的普通螺栓,如图4-11所示,有两种可能破坏形式:一是螺栓杆受剪受拉破坏;二是孔壁承压破坏。

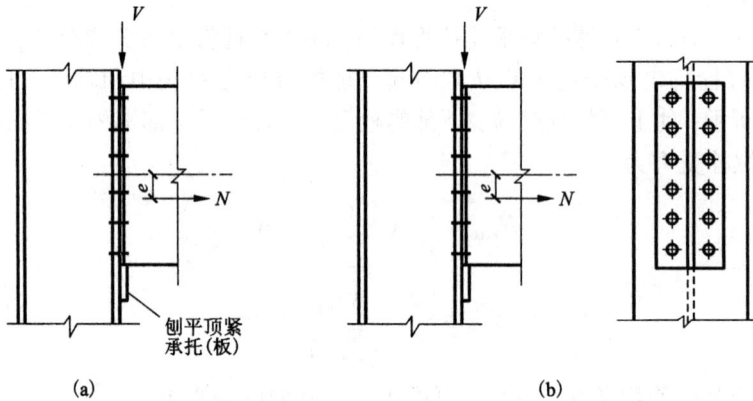

图4-11 螺栓受剪力和拉力共同作用

当剪-拉螺栓群下设支托,可认为剪力由支托承受,螺栓只承受弯矩和轴力引起的拉力。

当剪-拉螺栓群下不设支托,螺栓不仅受拉力,还承受由剪力 V 引起的剪力 N_v。可按下式计算:

$$\sqrt{\left(\frac{N_v}{N_v^b}\right)^2 + \left(\frac{N_t}{N_t^b}\right)^2} \leqslant 1 \tag{4.15}$$

$$N_v = \frac{V}{n} \leqslant N_c^b \tag{4.16}$$

式中：N_v^b、N_t^b——单个螺栓的螺杆抗剪和抗拉承载力设计值；

$\quad\quad\quad$ N_c^b——单个螺栓的孔壁承压承载力设计值；

$\quad\quad\quad$ N_v、N_t——单个螺栓所承受的剪力和拉力设计值。

4.1.4　普通螺栓连接施工

1. 普通螺栓施工作用条件

(1)构件已经安装调校完毕，连接件表面应清洁、干燥，不得有油(泥)污。

(2)高空进行普通紧固件连接施工时，应有可靠的操作平台或施工吊篮，需严格遵守《建筑施工高处作业安全技术规范》(JGJ80—1991)。

2. 螺栓孔加工

螺栓连接前，需要加工螺栓孔，可根据连接件选用的螺栓直径大小采用钻孔或冲孔。冲孔一般只用于较薄钢板和非圆孔的加工，且孔径一般不小于钢板厚度。

螺栓孔加工步骤：

(1)钻孔前，将构件按图样要求划线、定位，检查后打样冲眼。样眼应该打大些，便于钻头不偏离中心。

(2)当螺栓孔要求较高，叠板层数较多，同类孔距也较多时，可采用钻模钻孔或预钻小孔，再在组装时扩孔。预钻小孔直径的大小取决于叠板的层数，当叠板少于五层时，预钻小孔直径一般小于 3 mm，大于五层时，预钻小孔直径应小于 6 mm。

(3)当使用精制螺栓(A、B 级螺栓)时，尺寸精度不低于 IT13 ~ IT11 级，表面粗糙度 Ra 不大于 12.5 μm，或按基准孔(H12)加工；普通螺栓(C 级)的配合孔可钻削成形，但其内孔表面粗糙度 Ra 不大于 25 μm，其允许偏差应符合相关规定。

3. 普通螺栓的装配

普通螺栓的装配应符合下列各项要求。

(1)螺栓头和螺母下支承面应放置平垫圈，以增大承压面积。

(2)每个螺栓端不得垫两个及以上的垫圈，更不能采用大螺母来代替垫圈。螺母端的垫圈一般不应多于一个。螺栓拧紧后，外露丝扣不应小于两扣。

(3)对于设计有要求防松动的螺栓、锚固螺栓应采用有防松装置的螺母或弹性垫圈，或采取人工防松措施。

(4)对于承受动荷载或重要部位的螺栓连接，应按设计要求放置弹簧垫圈，且放在螺母端。

(5)对于工字钢、槽钢类型钢应尽量使用斜垫圈，使螺母和螺栓头部的支承面垂直于螺杆。

(6)双头螺栓的轴心线必须与构件垂直，通常用角尺进行检验。装配时，先将螺纹和螺孔的接触面清理干净，然后用手轻轻地把螺母拧到螺纹终止处，若遇到拧不进的情况，不能用扳手强行拧紧，以免损坏螺纹。

(7)螺母与螺钉装配时，应满足螺母或螺钉和接触的表面之间保持清洁，螺孔内的脏物要清干净。螺母或螺钉与零件贴合的表面要光洁、平整，贴合处的表面应经过加工，否则容易使连接件松动或使螺钉弯曲。

4. 螺栓紧固

为了使螺栓受力均匀，应尽量减少连接件变形对紧固轴力的影响，保证节点连接螺栓的质量。螺栓紧固必须从中心开始，对称施拧。

拧紧成组的螺母时，必须按照一定的顺序进行，并做到分次序逐步拧紧（一般分 3 次拧紧），否则会使零件或螺杆产生松紧不一致，甚至产生变形。

5. 紧固质量检验

对永久螺栓拧紧的质量检验常采用锤敲或力矩扳手检验，要求螺栓不颤头和偏移，拧紧的真实性用塞尺检查，表面高度差（不平度）不应超过 0.5 mm。

对接配件在平面上的差值超过 0.5 ~ 3 mm 时，应对较高的配件高出部分做成 1：10 的斜坡，斜坡不得用火焰切割。当高度超过 3 mm 时，必须设置和该结构相同钢号的钢板做成的垫板，并用连接配件相同的加工方法对垫板两侧进行加工。

6. 防止螺栓松动的措施

一般螺纹连接均具有自锁性，在受静载和工作温度变化不大时，不会自行松脱。但在冲击、振动或变荷载作用下，以及工作温度变化较大时，螺纹连接有可能发生松动，导致结构不能正常工作，甚至发生事故。为了保证这种连接安全可靠，必须采取有效的防松措施。常用的防松措施有以下三类：

（1）增大摩擦力的防松措施。主要有安装弹簧垫圈和使用双螺母等。

（2）机械防松。常用的有开口销与槽形螺母、止退垫圈与圆螺母、止动垫圈与螺母及串联钢丝等。

（3）不可拆防松措施。常采用点焊、点铆等方法把螺母固定在螺栓或工件上，或者把螺钉固定在工件上。

任务 4.2　高强度螺栓连接

高强度螺栓是用优质碳素钢或低合金钢材料制成的一种特殊螺栓。

4.2.1　高强度螺栓连接的分类及性能

1. 高强度螺栓分类

高强度螺栓根据受力特征分为摩擦型连接、承压型连接两种高强度螺栓，一般采用 45 号钢、40B 钢和 20 MnTiB 钢加工制作，经热处理后，螺栓抗拉强度应分别不低于 800 N/mm^2 和 1000 N/mm^2，且屈强比分别为 0.8 和 0.9，因此，其性能等级分别称为 8.8 级和 10.9 级。摩擦型连接的螺栓孔径 d_0 比螺栓公称直径 d 大 1.5 ~ 2.0 mm，承压型连接的螺栓孔径 d_0 比螺栓公称直径 d 大 1.0 ~ 1.5 mm。

根据螺栓构造及施工方法分为大六角头高强度螺栓和扭剪型高强度螺栓两类，如图 4-12 所示。

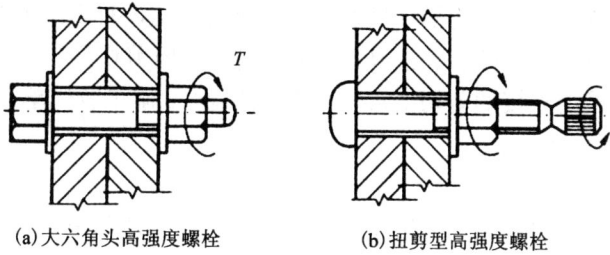

(a)大六角头高强度螺栓　　　　(b)扭剪型高强度螺栓

图 4-12　高强度螺栓

2.高强度螺栓性能

高强度螺栓和与之配套的螺母及垫圈合称连接副,必须经热处理(淬火或回火)后方可使用。大六角头高强度螺栓连接副包括一个螺栓、一个螺母和两个垫圈;扭剪型高强度螺栓连接副包括一个螺栓、一个螺母和一个垫圈。

高强度螺栓的材料要求:

(1)高强度螺栓规格共有 M12、M16、M18、M20、M22、M24、M27、M30 八种。螺栓、螺母、垫圈应符合设计要求和国家标准的规定。高强度螺栓、半圆头铆钉等孔径应比螺杆或钉杆公称直径大 1.0~3.0 mm。螺栓孔应具有 H14(H15)的精度。

(2)8.8 级只用于大六角头高强度螺栓,10.9 级用于扭剪型高强度螺栓和大六角头高强度螺栓。其力学性能应符合表 4-6 的规定。

表 4-6　高强度螺栓的力学性能表

性能等级	螺栓类型	抗拉强度/MPa	屈服强度/MPa	伸长率 δ_5/%	收缩率 ψ/%	冲击韧性 a_k/(J·cm^{-2})
				≥		
10.9	大六角头螺栓 扭剪型螺栓	1040~1240	940	10	42	59
8.8	大六角头螺栓	830~1030	660	12	45	78

4.2.2　高强度螺栓连接的构造要求

高强度螺栓的形状、连接构造和普通螺栓基本相同,它们之间连接受力的主要区别是:普通螺栓连接的螺母拧紧的预应力很小,受力后全靠螺杆承压和抗剪来传递剪力。而高强度螺栓是靠拧紧螺母,对螺杆施加强大而受控制的预应力,此预应力将被连接的构件夹紧,这种靠构件夹紧而使接触面间的摩擦阻力来承受连接内力是高强度螺栓连接受力的特点。

高强度螺栓摩擦型连接在承压受剪切时,以外剪力达到板件间可能发生的最大摩擦阻力为极限状态;当超过时板件间发生相对滑移,即认为连接已失效而破坏。高强度螺栓承压型连接在受剪时，则允许摩擦力被克服并发生板件间相对滑移，然后外力可以继续增加，并以此后发生的螺杆剪切或孔壁承压的最终破坏为极限状态。这两种形式的螺栓在受拉时没有区别。承压型连接的承载力比摩擦型连接高，可节约螺栓，但剪切变形大，故不能用于承受动力荷载的结构中。摩擦型连接的剪切变形小，弹性性能好，施工较简单，可拆卸，耐疲劳，特别适用于承受动力荷载的结构。

1. 高强度螺栓的预拉力

高强度螺栓是通过拧紧螺帽，使螺杆受到拉伸作用产生预拉力，而被连接板件间产生压紧力。

高强度螺栓的预拉力设计值 P 由下式计算得到：

$$P = \frac{0.9 \times 0.9 \times 0.9}{1.2} A_e f_u \tag{4.17}$$

式中：A_e——螺栓的有效截面面积；

f_u——螺栓材料经热处理后的最低抗拉强度。

各种规格高强度螺栓预拉力的取值见表 4-7。

表 4-7　高强度螺栓的预拉力　　　　　　　　（单位：kN）

螺栓性能等级	螺栓公称直径/mm						
	M12	M16	M20	M22	M24	M27	M30
8.8 级	45	75	120	150	170	225	275
10.9 级	60	110	170	210	250	320	390

2. 高强度螺栓摩擦面抗滑移系数

高强度螺栓摩擦面抗滑移系数的大小与连接处构件接触面的处理方法和构件的钢号有关。《钢结构设计规范》推荐采用的接触面处理方法有：喷砂（丸）、喷砂（丸）后涂无机富锌漆、喷砂（丸）后生赤锈和钢丝刷消除浮锈或对干净轧制表面不作处理等，各种处理方法相应的摩擦面抗滑移系数 μ 值见表 4-8。

表 4-8　摩擦面的抗滑移系数 μ 值

在连接处构件接触面的处理方法	构件的钢号		
	Q235	Q345	Q420
喷砂（丸）	0.45	0.50	0.50
喷砂（丸）后涂无机富锌漆	0.35	0.40	0.40
喷砂（丸）后生赤锈	0.45	0.50	0.50
钢丝刷清除浮锈或未经处理的干净轧制表面	0.30	0.35	0.40

试验证明，摩擦面涂红丹后 $\mu<0.15$，即使经过处理后仍然很低，故严禁在摩擦面上涂红丹。另外，连接在潮湿或淋雨条件下拼装，也会降低 μ 值，故应采取有效措施保证连接处表

面的干燥。

3. 其他构造要求

高强度螺栓连接除需满足与普通螺栓连接相同的排列布置要求外,还需注意以下两点:

(1)当型钢构件拼装采用高强度螺栓连接时,其拼接件宜采用钢板,以使被连接部分能紧密贴合,保证预拉力的剪力。

(2)在高强度螺栓连接范围内,构件接触面的处理方法应在施工图中说明。

4.2.3 高强度螺栓的确定

1. 高强度螺栓长度的计算

扭剪型高强度螺栓的长度为螺栓头根部至螺栓刃口头处的距离,如图4-12(b)所示;大六角头高强度螺栓的长度为螺栓头根部至尾部的距离,如图4-12(a)所示。

高强度螺栓长度应按下式计算:

$$l = l' + m + nS + 3P$$

式中:l'——连接板层总厚度;

m——高强度螺母公称厚度;

n——垫圈个数,扭剪型高强度螺栓为1,大六角头高强度螺栓为2;

S——高强度垫圈公称厚度;

P——螺纹距离。

2. 高强度螺栓的直径确定和排列

高强度螺栓的直径确定方法与普通螺栓的直径确定方法基本相同(详见4.1.2)。高强度螺栓的排列应遵循简单紧凑、整齐划一、便于安装紧固的原则,通常采用并列和错列两种形式,与普通螺栓相同。

3. 高强度螺栓的容许距离

螺栓的容许距离是指高强度螺栓在钢板或型钢上排列时可以选取的距离。应满足表4-3的要求。一般情况下,在排列螺栓时,宜按最小容许距离取用,且应取5 mm的整数倍,并等距离布置;最大容许距离一般只在起连接作用的构造连接中采用。对于型钢上的螺栓排列除应满足表4-3规定要求外,还应符合各自要求(表4-9~表4-11)。

表4-9 角钢上螺栓容许最小距离 (单位:mm)

肢宽		40	45	50	56	63	70	75	80	90	100	110	125	140	160	180	200
单行	e	25	25	30	30	35	40	40	45	50	55	60	70				
	d_0	12	13	14	15.5	17.5	20	21.5	21.5	23.5	23.5	26	26				
双行错列	e_1												55	60	70	70	80
	e_2												90	100	120	140	160
	d_0												23.5	23.5	26	26	26

肢宽		40	45	50	56	63	70	75	80	90	100	110	125	140	160	180	200
双行并列	e_1														60	70	80
	e_2														130	140	160
	d_0														23.5	23.5	26

表 4-10　工字钢上螺栓容许最小距离　　　　（单位：mm）

型号	12	14	16	18	20	22	25	28	32	36	40	45	50	56	63
腹板	40	45	45	45	50	50	55	60	60	65	70	75	75	75	75
翼缘	40	40	50	55	60	65	65	70	75	80	80	85	90	95	95

表 4-11　槽钢腹板上螺栓容许最小距离　　　　（单位：mm）

型号	12	14	16	18	20	22	25	28	32	36	40
腹板	40	45	50	50	55	55	55	60	65	70	75
翼缘	30	35	35	40	40	45	45	45	50	55	60

4.2.4　高强度螺栓连接计算

1. 摩擦型

1）受剪连接承载力

摩擦型连接的承载力取决于构件接触面的摩擦力，而此摩擦力的大小与螺栓所受预拉力和摩擦面的抗滑移系数以及连接的传力摩擦面数有关。因此，一个摩擦型连接高强度螺栓的受剪承载力设计值为：

$$N_v^b = 0.9 n_f \mu P \tag{4.18}$$

式中：n_f——传力摩擦面数目，单剪时，$n_f = 1$；双剪时，$n_f = 2$；

μ——摩擦面抗滑移系数，按表采用；

P——一个高强度螺栓的设计预拉力，按表 4-7 采用。

2）受拉连接承载力

为提高高强度螺栓连接在承受拉力作用时，能使被连接板间保持一定的压紧力，《钢结构设计标准》（GB 50017—2017）规定在杆轴方向承受拉力的高强度螺栓摩擦型连接中，单个高强度螺栓受拉承载力设计值为：

$$N_t^b = 0.8P \tag{4.19}$$

3）同时承受剪力和拉力连接的承载力

《钢结构设计标准》（GB 50017—2017）规定，当高强度螺栓摩擦型连接同时承受摩擦面间的剪力和螺栓杆轴方向的外拉力时，其承载力应按下式计算：

$$\frac{N_v}{N_v^b} + \frac{N_t}{N_t^b} \leq 1 \tag{4.20}$$

式中：N_v、N_t——一个高强度螺栓所承受的剪力和拉力设计值；

N_v^b、N_t^b——一个高强度螺栓的受剪和受拉承载力设计值。

2. 承压型

1）受剪连接承载力

高强度螺栓承压型连接的计算方法与普通螺栓连接计算，仍可用公式计算单个螺栓的抗剪承载力设计值，只是应采用承压型连接高强度螺栓的强度设计值。

2）受拉连接承载力

承压型连接高强度螺栓抗拉承载力的计算公式与普通螺栓相同，只是抗拉强度设计值不同。

3）同时承受剪力和拉力连接的承载力

同时承受剪力和杆轴方向拉力的承压型连接高强度螺栓的计算方法与普通螺栓相同，即：

$$\sqrt{\left(\frac{N_v}{N_v^b}\right)^2 + \left(\frac{N_t}{N_t^b}\right)^2} \leqslant 1 \tag{4.21}$$

$$N_v \leqslant N_c^b/1.2 \tag{4.22}$$

式中：N_v^b，N_t^b，N_c^b——单个高强度螺栓的受剪、受拉和承压承载力设计值；

N_v，N_t——一个螺栓所承受的剪力和拉力设计值。

3. 高强度螺栓群的计算

1）高强度螺栓群受剪

对于轴心受剪，高强度螺栓连接所需螺栓数目应由下式确定：

$$n = \frac{N}{N_{min}^b} \tag{4.23}$$

式中：N_{min}^b——相应连接类型的单个高强螺栓受剪承载力设计值的最小值，摩擦型高强度螺栓连接按式 4.18 计算，承压型高强度螺栓按式 4.2 计算。

2）高强度螺栓群受拉

（1）轴线受拉

高强度螺栓群连接所需螺栓数目：

$$n \geqslant \frac{N}{N_t^b} \tag{4.24}$$

式中：N_t^b——在杆轴方向受拉时，一个高强度螺栓的抗拉承载力设计值，根据类型按式（4.19）计算。

（2）高强度螺栓群受弯矩作用

高强度螺栓的外拉力总是小于预拉力 P，在连接受弯矩而使螺栓沿栓杆方向受力时，被连接构件的接触面一直保持紧密贴合；因此，可认为中和轴在螺栓群的形心轴上，如图 4-13 所示，最外排螺栓受力最大。最大拉力及验算公式为：

$$N_1 = My_1 / \sum y_i^2 \leqslant N_t^b \tag{4.25}$$

式中：y_1——螺栓群形心轴至螺栓的最大距离；

$\sum y_i^2$——形心轴上、下螺栓至形心轴距离的平方和。

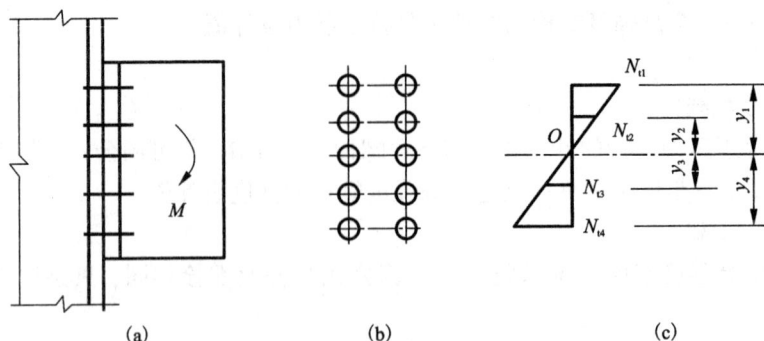

图 4-13　承受弯矩的高强度螺栓连接

（3）高强度螺栓群偏心受拉

由于高强度螺栓偏心受拉时，螺栓的最大拉力不得超过 $0.8P$，能够保证板件之间始终保持紧密贴合，端板不会拉开，故摩擦型连接高强度螺栓和承压型连接高强度螺栓均可按普通螺栓小偏心受拉计算，即：

$$N_1 = \frac{N}{n} + \frac{Ney_1}{\sum y_i^2} \leqslant N_t^b \qquad (4.26)$$

3）高强度螺栓群承受拉力、弯矩和剪力的共同作用

（1）摩擦型连接计算

图 4-14 所示为摩擦型连接高强度螺栓承受拉力、弯矩和剪力共同作用时的情况。由于螺栓连接板件间的压紧力和接触面的抗滑移系数，随外拉力的增加而减小。已知摩擦型连接高强度螺栓承受剪力和拉力共同作用时，螺栓的承载力设计值应符合：

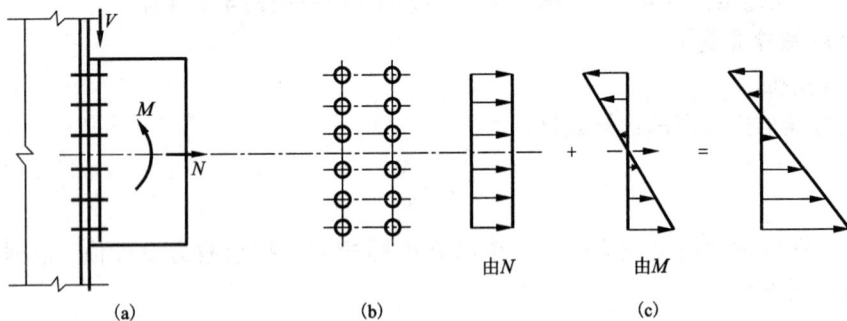

图 4-14　摩擦型连接高强度螺栓的内力分布

$$\frac{N_v}{N_v^b} + \frac{N_t}{N_t^b} \leqslant 1$$

该式可改写为：$N_v = N_v^b \left(1 - \frac{N_t}{N_t^b} \right)$

将 $N_v^b = 0.9 n_f \mu P$ 和 $N_t^b = 0.8P$ 代入上式得：

106

$$N_{v} = 0.9 n_{f} \mu (P - 1.25 N_{t}) \tag{4.27}$$

公式(4.27)与公式(4.20)是等价的。式中 N_{v} 是同时作用剪力和拉力时,单个螺栓所能承受的最大剪力设计值。

在弯矩和拉力共同作用下,高强度螺栓群中的拉力各不相同,即:

$$N_{ti} = \frac{N}{n} \pm \frac{M y_{1}}{\sum y_{i}^{2}} \leqslant N_{t}^{b} \tag{4.28}$$

则剪力 V 的验算应满足下式:

$$V \leqslant \sum_{i=1}^{n} 0.9 n_{f} \mu (P - 1.25 N_{ti}) \tag{4.29}$$

或 $V \leqslant 0.9 n_{f} \mu (nP - 1.25 \sum_{i=1}^{n} N_{ti})$

式中,当 $N_{ti} < 0$ 时,取 $N_{ti} = 0$。

此外,螺栓最大拉力应满足:

$$N_{ti} \leqslant N_{t}^{b}$$

(2)承压型连接的计算

对于承压型连接高强度螺栓,应按式(4.21)和式(4.22)验算拉-剪的共同作用。即:

$$\sqrt{\left(\frac{N_{v}}{N_{v}^{b}}\right)^{2} + \left(\frac{N_{t}}{N_{t}^{b}}\right)^{2}} \leqslant 1$$

$$N_{v} \leqslant N_{c}^{b}/1.2$$

式中:1.2——承压强度设计值降低系数。

例题【4.3】　如图 4-15 所示为高强度螺栓摩擦型连接,被连接构件的钢材为 Q235-B。螺栓为 10.9 级,直径为 20 mm,接触面采用喷砂处理。试验算此连接的承载力。图中内力均为设计值。

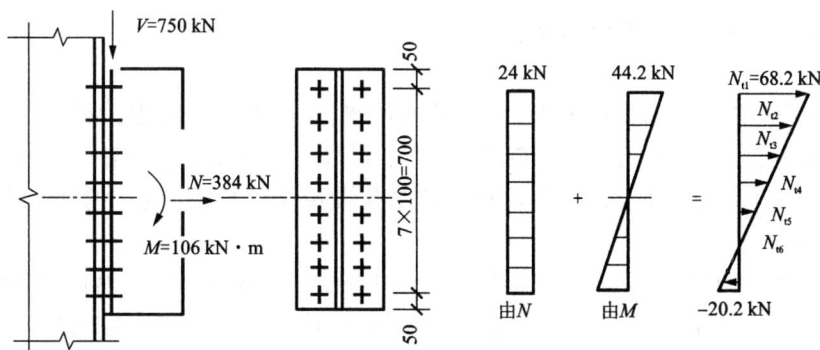

图 4-15　例题 4.3 图

解:由表 4-7 和表 4-8,查得预拉力 $P = 155$ kN,抗滑移系数 $\mu = 0.45$。

受力最大的一个螺栓的拉力为:

$$N_{t1} = \frac{N}{n} + \frac{My_1}{\sum y_i^2} = \frac{384}{16} + \frac{106 \times 0.35}{2 \times 2 \times (0.35^2 + 0.25^2 + 0.15^2 + 0.05^2)} = 68.2 \text{ kN}$$

$$N_{t1} = 68.2 \ kN < N_t^b = 0.8P = 124 \text{ kN}$$

按比例关系可求得：

$$N_{t2} = 55.6 \text{ kN}$$
$$N_{t3} = 42.9 \text{ kN}$$
$$N_{t4} = 30.3 \text{ kN}$$
$$N_{t5} = 17.7 \text{ kN}$$
$$N_{t6} = 5.1 \text{ kN}$$

有 $\sum N_{ti} = (68.2 + 55.6 + 42.9 + 30.3 + 17.7 + 5.1) \times 2 = 440 \text{ kN}$

按公式(4.29)验算受剪承载力设计值：

$$\sum N_v^b = 0.9 n_f \mu (nP - 1.25 \sum_{i=1}^{n} N_{ti})$$
$$= 0.9 \times 1 \times 0.45 \times (16 \times 155 - 1.25 \times 440)$$
$$= 781.7 \text{ kN} > V = 750 \text{ kN}$$

故满足强度要求。

4.2.5 高强度螺栓连接施工

1. 施工机具

高强度螺栓连接施工前，要准备好所需的施工机具，常用的施工机具有电动扭矩扳手及控制仪、手动扭矩扳手(有指针式、音响式和扭剪式三种)、扭矩测量扳手、手工扳手、钢丝刷、冲子、锤子等。

2. 高强度螺栓孔加工

因高强度螺栓连接是靠板面摩擦传力，必须保证板层密贴，具有良好的面接触，且孔边无飞边、毛刺，所以高强度螺栓孔应采用钻孔。

1) 钻孔要点

(1) 划线后的零件在钻孔加工前，均要认真检查，避免加工过程中，零件的边缘和孔心、孔距尺寸产生偏差；零件钻孔时，避免产生偏差，可采用下列方法进行钻孔。

①相同对称零件钻孔时，除采用较精确的钻孔设备外，还应用统一的钻孔模具来钻孔，以达到其互换性。

②对每组相连的板束钻孔时，可将板束按连接的方式、位置，用电焊临时点焊在一起进行钻孔；拼装连接时可按钻孔编号进行，可避免每组构件的系列尺寸产生偏差。

(2) 零部件小单元拼装焊接时，为防止孔位置产生偏差，可将拼装件在底样上按实际位置进行拼装；为防止焊接变形使孔位置产生偏差，应在底样上是拟孔位选用划线或挡铁、插销等方法限位固定。

(3) 为防止零件孔位偏差，对钻孔前的零件变形应认真矫正；钻孔及焊接后的变形在矫正时均应避开孔位及其边缘。

2）孔径的选择

高强度螺栓制孔时，其孔径的大小可参照表4-12进行。

表4-12　高强度螺栓孔径选配表　　　　（单位：mm）

螺栓公称直径	12	16	20	22	24	27	30
螺栓孔直径	13.5	17.5	22	24	26	30	33

3）螺栓孔距

零件的孔距要求应根据设计确定，高强度螺栓的孔距值见表4-3，安装时，还应注意两孔间的距离允许偏差，也可以参照表4-13所列出的数值来控制。

表4-13　高强度螺栓孔距间允许偏差　　　　（单位：mm）

螺栓孔孔距范围	≤500	501～1200	1201～3000	>3000
同一组内任意两孔间距离	±1.0	±1.5	—	—
相邻两组的端孔间距离	±1.5	±2.0	±2.5	±3.0

3. 高强度螺栓连接施工

1）高强度螺栓连接施工工艺流程

作业准备→接头安装→安装临时螺栓→安装高强度螺栓→螺栓紧固→检查验收。

2）施工作业条件

（1）钢结构的安装必须根据施工图进行，且应符合《钢结构工程施工质量验收标准》（GB 50205—2020）的规定。

（2）施工前，按设计文件和施工图的要求编制工艺规程和安装施工组织设计（或施工方案）。

（3）根据工程特点选用施工设备，并认真检查。

（4）认真检查所有高强度螺栓连接副。一是要清点其数目，看是否满足施工需要；二是检查其质量，严禁使用不合格产品。

5）施工要点

安装高强度螺栓施工要点见表4-14。

表4-14　高强度螺栓施工作业要点

步骤	大六角头高强度螺栓连接	扭剪型高强度螺栓连接
作业准备	①备好扳手、临时螺栓、过冲、钢丝刷等工具 ②选择螺栓长度时应考虑到钢构件加工时采用的公差（一般为正） ③清理摩擦面	①按要求处理摩擦面 ②检查孔径尺寸，清除孔边毛刺 ③同一批号、规格的连接副，应分类装箱待用 ④标定电动扳手及手动扳手

步骤	大六角头高强度螺栓连接	扭剪型高强度螺栓连接
安装临时螺栓	①安装临时螺栓的数量应占连接板组孔群的1/3，不得少于2个 ②孔位不正，且位移量较小时，可以用冲钉打入定位；位移量较大时应用铰刀扩孔	连接处采用临时螺栓固定，螺栓个数为接头螺栓总数的1/3以上，不得少于2个，冲钉穿入数量不宜多于临时螺栓的30%
安装高强度螺栓	①高强度螺栓应自由穿入孔内，严禁用锤子敲入；穿入方向应该一致，个别受结构影响的除外 ②不得在下雨天安装高强度螺栓 ③高强度螺栓垫圈位置应该一致，安装时应注意垫圈正反面方向 ④高强度螺栓在孔内不得受剪，应及时拧紧	①高强度螺栓应自由穿入孔内，严禁用锤子敲入；垫圈安在螺母一侧，垫圈孔有倒角的一侧应和螺母接触，不得反装 ②螺栓不能自由穿入孔内时，不得用气割扩孔，要用铰刀铰孔 ③螺栓穿入方向宜一致，穿入的高强度螺栓用扳手拧紧后，再卸下临时螺栓，用高强度螺栓替换。不得在下雨天安装，要保持摩擦面干燥

5）高强度螺栓防松

(1)垫放弹簧垫圈的可在螺母下面垫一开口弹簧垫圈，螺母拧紧后在上下轴向产生弹性压力，可起到防松作用。为防止开口垫圈损伤构件表面，可在开口垫圈下面垫一平垫圈。

(2)在紧固后的螺母上面增加一个较薄的副螺母，仍要保证螺栓伸出副螺母的长度不少于2个螺距。

(3)对永久性螺栓，待螺母紧固后，可用电焊将螺母与螺栓对称点焊3~4处，或将螺母与构件点焊。

4.高强度螺栓施工质量检验

1）高强度螺栓质量检验

高强度螺栓质量检验标准见表4-15。

表4-15　高强度螺栓质量检验标准

项目	大六角头高强度螺栓	扭剪型高强度螺栓
主控项目	①连接副的规格和技术条件应满足设计要求和现行国家标准的规定 检验方法：逐批检查质量证明书和出厂检验报告 ②连接面的抗滑移系数必须符合设计要求 检验方法：检查构件加工单位的抗滑移系数试验报告，检查施工现场的抗滑移系数复验报告。摩擦系数试件一般做三组，取平均值 ③连接副应进行扭矩系数复验，其结果应符合现行国家标准的规定 检验方法：检查扭矩系数复验报告，复验用螺栓。应在施工现场待安装的螺栓批中随机抽取，每批应抽取8套连接副进行复验。其结果应符合以下要求：每组8套连接副扭矩系数的平均值为0.110~0.150，标准偏差≤0.010 ④连接摩擦面的表面应平整，不得有飞边，毛刺等 检验方法：观察检查 ⑤采用的扭矩扳手应定期标定，螺栓初拧符合《钢结构工程施工质量验收规范》(GB 50205—2011)的规定后，方可终拧 检验方法：检查扭矩扳手标定记录和螺栓施工记录 ⑥螺栓应自由穿入螺栓孔，不得强行敲入 检验方法：观察检查	①螺栓的型式、规格和技术条件必须符合设计要求及有关《钢结构用扭剪型高强度螺栓连接副》(GB 3632—2008)的规定 检查方法：检查质量证明书及出厂检验报告；复验螺栓预拉力符合规定后方准使用 ②连接面的摩擦系数(抗滑移系数)必须符合设计要求 检查方法：检查摩擦系数试件试验报告及现场试件复验报告 ③表面严禁有氧化铁皮、毛刺、焊疤、污垢等 检验方法：观察检查 ④初拧扭矩扳手应定期标定。初拧、终拧必须符合施工规范及设计要求 检查方法：检查标定记录及施工记录

续表4-15

项目	大六角头高强度螺栓	扭剪型高强度螺栓
一般项目	①外观质量 合格：螺栓穿入方向基本一致，外露长度不应少于2扣 优良：螺栓穿入方向一致，外露长度不应少于2扣，露长均匀 检查数量：按节点数抽查5%，但不小于10个节点 检验方法：观察检查 ②扭矩法施工的终拧质量 合格：螺栓的终拧扭矩经检查初拧或更换后，符合现行标准《钢结构工程施工质量验收标准》（GB 50205—2020）的规定 优良：螺栓的终拧扭矩经检查一次即符合现行标准《钢结构工程施工质量验收标准》（GB 50205—2020）的规定 检查数量：按节点数抽查10%，但不小于10个节点；每个被抽检节点按螺栓数抽查10%，但不小于2个螺栓 当发现终拧扭矩不符合规定时，应扩大抽检该节点螺栓数的20%。若仍不符合，应检查该节点所有螺栓	①外观检查：螺栓穿入方向应一致，外露长度不应少于2扣 ②螺栓尾部卡头终拧后应全部拧掉 ③摩擦面间隙符合施工规范的要求 检查数量：全部检查 检验方法：观察检查

2）质量检验和质量记录

高强度螺栓连接质量检验和质量记录内容见表4-16。

表4-16　高强度螺栓连接质量检验和质量记录

项目	大六角头高强度螺栓	扭剪型高强度螺栓
螺栓连接质量检验	①对螺栓进行普查，采用0.3 kg小锤敲击法，防止漏拧 ②进行扭矩检查，随机抽查每个节点螺栓数的10%，但不小于1个连接副。扭矩检查应在终拧后1小时进行，且在24小时内检查完毕 ③塞尺检查连接板之间间隙，当间隙超过1 mm的，必须重新处理 ④螺栓穿入方向是否一致，检查垫圈方向是否正确	①螺栓应全部拧掉尾部梅花卡头为终拧结束，不准遗漏。但个别部位的螺栓无法使用专用扳手，则按相同直径的大六角头高强度螺栓检验方法进行 ②螺栓施拧必须进行初（复）拧和终拧才行，初（复）拧后应做好标志 ③不能用专用扳手操作时，按大六角头高强度螺栓用扭法施工。终拧结束后，用0.3 kg～0.5 kg的小锤逐个检查漏拧、欠拧和超拧。检查时，应将螺母回退30°～50°，再拧至原位，测得终拧扭矩值，其偏差不得大于±10%，认定合格
质量记录	①螺栓的出厂合格证 ②螺栓的复验证明 ③螺栓的初拧、终拧扭矩值 ④施工用扭矩扳手的检查记录 ⑤施工质量检查验收记录	①连接副的出厂质量证明，出厂检验报告 ②预拉力复验报告 ③摩擦面抗滑移系数（摩擦系数）试验及复验报告 ④扭矩扳手标定记录 ⑤设计变更、商洽记录，施工检查记录

3）成品保护和应注意的质量问题

高强度螺栓成品保护和施工过程中应注意的质量问题见表4-17。

表 4-17　高强度螺栓成品保护和施工过程中应注意的质量

内容	大六角头高强度螺栓	扭剪型高强度螺栓
成品保护	①已经终拧的螺栓应做好标记 ②已经终拧的节点和摩擦面应保持清洁整齐，防止油、尘土污染 ③已经终拧的节点应避免过大的局部撞击和氧-乙炔烘烤	①结构防腐区段(如酸洗车间)应在连接板缝、螺头、螺母、垫圈周边涂抹防腐腻子(如过氯乙烯腻子)封闭，面层防腐处理与该区钢结构相同 ②结构防锈区段应在连接板缝、螺头、螺母、垫圈周边涂抹快干红丹漆封闭，面层防锈处理与该区钢结构相同
施工过程应注意的质量问题	①螺栓的安装施工应避免在雨雪天进行，以免影响施工质量 ②螺栓连接副应该在当天使用当天从库房中领取，最好用多少领多少，未用完的螺栓应退回库房保管 ③螺栓在安装过程中如需扩孔时，一定要注意防止金属碎屑夹在摩擦面之间，清理干净后才能安装	①装配面不符合要求时：表面有浮锈、油污，螺栓孔有毛刺、焊瘤等均应清理干净 ②连接板拼装不严：连接板变形，间隙过大，应校正处理后再使用 ③丝扣损伤：螺栓应自由穿入螺孔，不得强行敲入 ④扭矩不准：应定期标定扳手的扭矩值，其偏差不大于5%，严格按紧固顺序操作

任务 4.3　铆接

　　将两个以上的构件(一般是金属板或型钢)通过铆钉连接成为一个整体的连接方法称为铆接。由于铆接构造复杂，费钢费工，现已很少采用，已逐步被高强螺栓连接所取代。但是铆钉连接的塑性和韧性较好，传力可靠，质量易于保证，在一些重型和直接承受动力荷载的结构中，有时仍然采用。

4.3.1　铆接的基本形式

1. 铆接的基本形式

铆接的基本形式有搭接(图 4-16)、对接(图 4-17)和角接(图 4-18)三种。

(a)单剪切铆接　　(b)双剪切铆接

图 4-16　搭接

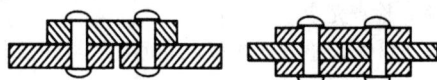

(a)单盖板式　　(b)双盖板式

图 4-17　对接

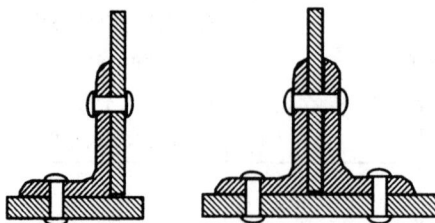

(a)一侧角钢连接　　(b)两侧角钢连接

图 4-18　角接

2.铆接方法

铆接可分为紧固铆接、紧密铆接和固密铆接三种方法。

(1)紧固铆接也叫坚固铆接,这种铆接要求一定的强度来承受相应的荷载,但对接缝处的密封性要求较差。如房架、桥梁等均属于这种铆接。

(2)紧密铆接的金属结构不能承受较大的压力,但对其叠合的接缝处却要求密封性高,以防泄露。如水箱、油罐、气罐等容器均属于这种。

(3)固密铆接也叫强密铆接,要求具有足够的强度来承受荷载,其接缝处也必须严密。如锅炉、压缩空气罐等属于这类。

3.常用铆钉的种类

常用的铆钉由铆钉头和圆柱形铆钉杆两部分组成。常用的有半圆头、平锥头、沉头、半沉头、平头、扁平头和扁圆头等。此外,还有半空心铆钉、空心铆钉等。

4.3.2　铆钉的参数确定

铆钉的材料应有良好的塑性,通常采用专用钢材 ML2 和 ML3 号普通碳素钢制成。

1.铆钉直径的确定

铆钉的直径和铆钉中心距离都是根据构件受力和需要的强度确定的。一般情况下,铆钉的直径确定应以构件的厚度为基础,而构件厚度的确定应满足下列条件:

(1)搭接时,如厚度接近,可按较厚钢板的厚度计算;如厚度相差较大时,按较薄钢板的厚度计算。

(2)若板材与型钢铆接时,以两者的平均厚度确定。

板料的总厚度不应超过铆钉直径的 5 倍。铆钉直径与板件厚度的关系见表4-18。

表4-18　铆钉直径与板件厚度的关系　　　(单位:mm)

板材厚度	5~6	7~9	9.5~12.5	13~18	19~24	25以上
铆钉直径	10~12	14~18	20~22	24~27	27~30	30~36

2.铆钉长度的确定

铆钉质量好坏与铆钉长度有很大关系。铆钉杆长度应根据被连接件总厚度、铆钉孔直径和铆接工艺过程等因素来确定。常用的几种铆钉的长度选择计算公式如下:

(1)半圆头铆钉

$$l = 1.5d + 1.1t$$

(2)半沉头铆钉

$$l = 1.1d + 1.1t$$

(3)沉头锚固

$$l = 0.8d + 1.1t$$

式中:l——铆钉杆长度,mm;

d——铆钉直径,mm;

t——被连接件总厚度,mm。

3. 铆钉孔径的确定

铆钉连接的质量和受力性能与钉孔的制法有很大关系。钉孔的制作方法分为Ⅰ、Ⅱ两类。Ⅰ类孔是用钻模钻成，或先冲成较小的孔，装配时再扩钻而成，质量较好。Ⅱ类孔是冲成或不用钻模钻成，虽然制作方法简单，但构件拼装时钉孔不易对齐，故质量较差。重要的结构应该采用Ⅰ类孔。

铆钉杆长度确定后，再通过试验，至合适时为止。一般情况下，铆杆直径与铆钉孔直径之间的关系见表4-19。

表4-19　铆杆直径与铆钉孔直径的关系　（单位：mm）

铆杆直径		2	2.5	3	3.5	4	5	6	8	10
钉孔直径	精装配	2.1	2.6	3.1	3.6	4.1	5.2	6.2	8.2	10.3
	粗装配	2.2	2.7	3.4	3.9	4.5	5.5	6.5	8.5	11
铆杆直径		12	14	16	18	22	24	27	30	
钉孔直径	精装配	12.4	14.5	16.5						
	粗装配	13	15	17	19	23.5	25.5	28.5	32	

4.3.3　铆接施工

钢结构有热铆和冷铆两种施工方法。

1. 冷铆施工

冷铆是在常温下铆合而成，因此要求铆钉具有良好的塑性。在冷铆前，铆钉首先要进行清除硬化、提高塑性的退火处理。手工冷铆，铆钉直径通常小于8 mm；铆钉枪冷铆，直径一般不超过13 mm；铆接机冷铆，直径不超过25 mm。

2. 热铆施工

热铆是用烧红的钉坯插入构件的钉孔中，用铆钉枪或压铆机铆合而成。在建筑结构中一般都采用热铆。基本操作工艺流程：修整钉孔→铆钉加热→接钉与穿钉→顶钉→铆接。

4.3.4　铆接质量检验

铆钉的质量检验采用外观检验和敲打两种方法，外观检查主要检验外观疵病，敲打法采用0.3 kg的小锤敲打铆钉头部检验铆钉的铆合情况。

（1）铆钉头不得有丝毫跳动，铆钉杆应填满钉孔，钉杆和钉孔的平均直径误差不得超过0.4 mm，其同一截面的直径不得超过0.6 mm。

（2）对于有缺陷和外形偏差超过规定的铆钉，应予以更换，不得采用捻塞、焊补或加热再铆等方法进行修正。

任务4.4　焊接

焊缝连接是现代钢结构最主要的连接方法。其优点是：任何形式的构件都可用焊缝直接连接，构造简单；用料经济，不削弱截面；可实现自动化操作，生产效率较高。其缺点是：在焊缝附近的热影响区内，钢材的金相组织发生改变，导致局部变脆；焊接残余应力和残余变形使受压构件承载力降低；焊接结构对裂纹很敏感，局部裂纹一旦发生，就容易扩展到整体，低温冷脆问题较为突出。

4.4.1 焊缝连接的特性和焊缝质量等级

1.焊接材料

1)焊条

电弧焊时，采用焊条进行焊接。焊条是由焊芯与药皮两部分组成。焊条直径指的是焊芯直径，是焊条的重要尺寸，共有 $\phi 1.6 \sim \phi 8$ 八种规格。焊条长度由焊条直径确定，在 200~650 mm之间。

焊芯的主要作用是传导电流维持电弧燃烧和熔化后作为填充金属进入焊缝。焊条用钢分为碳素结构钢、合金结构钢和不锈钢三类，共 44 个品种，见表 4-20。

表 4-20 常用焊丝的牌号

钢种	牌号	代号	钢种	牌号	代号
合金结构钢	焊 10 锰 2	H10Mn2	不锈钢	焊 1 铬 5 钼	H1Cr5Mo
	焊 8 锰 2 硅	H08Mn2Si		焊 1 铬 13	H1Cr13
	焊 10 锰硅	H10MnSi		焊 0 铬 19 镍 9	H0Cr19Ni9
	焊 08 锰钼高	H08MnMoA		焊 0 铬 19 镍 9 钛	H0Cr19Ni9Ti
	焊 08 锰 2 钼钒高	H08Mn2MoVA		焊 1 铬 25 镍 3	H1Cr25Ni3
	焊 08 铬钼高	H08CrMoA			
碳素结构钢	焊 08	H08	常用的碳钢与低合金钢焊条一般采用低碳钢焊丝做焊芯，分为 H08、H08A、H08E 三个质量等级。		
	焊 08 高	H08A			
	焊 08 锰	H08Mn			
	焊 15 高	H15A			

焊条药皮是指压涂在焊芯表层的涂层。其作用有：①保护电弧及熔池；②改善工艺性能；③冶金处理的作用。根据药皮组成物的作用分为：稳弧剂、脱氧剂、造渣剂、造气剂、合金剂、稀释剂、黏结剂与成形剂八类。

碳钢焊条的型号是根据熔敷金属的抗拉强度、药皮类型、焊接位置和焊接电流类型来划分，以字母 E 后加四位数字表示，即 E××××，如 E4303：E—焊条；43—熔敷金属的抗拉强度的最小值(430MPa)；0—适应于全位置焊接；3—焊药皮为钛型，可采用交流或直流正反接。

焊条选用原则：a. 等强度原则；b. 同等性能原则；c. 等条件原则。

2)焊剂

埋弧焊时，采用焊剂对熔化金属起保护并进行冶金反应。

碳素钢埋弧焊用焊剂型号的表示方法如下：$F \times_1 \times_2 \times_3 - H \times \times \times$。如 F5A4-H08MnA：F—焊剂；5—金属抗拉强度为 480~650MPa；A—焊态；4—在 -40℃时熔敷金属冲击吸收功不小于

27J；H08MnA—焊丝型号。

低合金钢埋弧焊用焊剂型号的表示方法如下；F××$_1$×$_2$×$_3$-H×××。如 F5A3-H08A：F—焊剂；5—金属抗拉强度为 550～770MPa；A—焊态；3—在-30℃时熔敷金属冲击吸收功不小于27J；H08A—焊丝型号。

2. 钢结构的焊接方法

1) 手工电弧焊

这是一种最常用的一种焊接方法，如图 4-19 所示。电弧焊利用通电后焊条和焊件之间产生的强大电弧提供热源，熔化焊条中的焊丝，滴落在焊件上被电弧吹成的小凹槽熔池中。由电焊条药皮形成的熔渣和气体覆盖着熔池，防止空气中的氧、氮等气体与熔化的液体金属接触，避免形成脆性易裂的化合物。焊缝金属冷却后把被连接件连成一体。

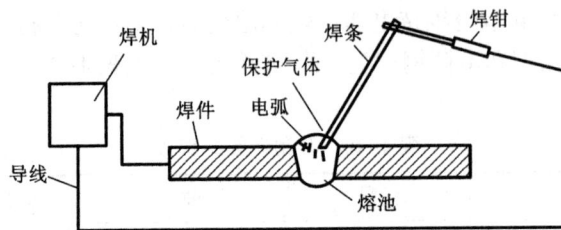

图 4-19　手工电弧焊

手工电弧焊设备简单、操作灵活方便、适用于任意空间位置的焊接，特别适用于焊接短焊缝。但生产效率低、劳动条件差、对焊工要求高，焊接质量与焊工的技术水平和精神状态有很大关系。

手工电弧焊所用焊条与焊件钢材应相适应，例如：对 Q235 钢采用 E43 型焊条（E4300～E4328）；对 Q345 钢采用 E50 型焊条（E5001～E5048）；对 Q390 和 Q420 钢采用 E55 型焊条（E5500～E5518）。焊条型号中字母 E 表示焊条，前两位数字为熔敷金属的最小抗拉强度，第三、四为数字表示适用焊接位置、电流以及药皮类型等。不同钢种的钢材相焊接时，宜采用低组配方案，即宜采用与低强度钢相适应的焊条。

2) 埋弧焊

埋弧焊是电弧在焊剂层下燃烧的一种电弧焊方法。焊丝送进和焊接方向的移动有专门机械控制称为埋弧自动电弧焊，如图 4-20 所示。焊丝送进有专门机械控制，而焊接方向的移动靠工人操作的称为埋弧半自动电弧焊。电弧焊的焊丝不涂药皮，但施焊端靠由焊剂漏斗自动流下的颗粒状焊剂所覆盖，电弧完全被埋在焊剂之内，电弧热量集中，熔深大，适用于厚板的焊接，具有很高的生产率。

3) 气体保护焊

气体保护焊是利用二氧化碳气体或其他惰性气体作为保护介质的一种电弧熔焊方法。它直接依靠保护气体在电弧周围形成局部的保护层，以防止有害气体的侵入并保证了焊接过程的稳定性。

气体保护焊的焊缝熔化区没有熔渣，焊工能清楚地看到焊缝成型的过程；由于保护气体是喷射的，有助于熔滴的过渡；又由于热量集中，焊接速度快，焊件熔深大，故所形成的焊缝

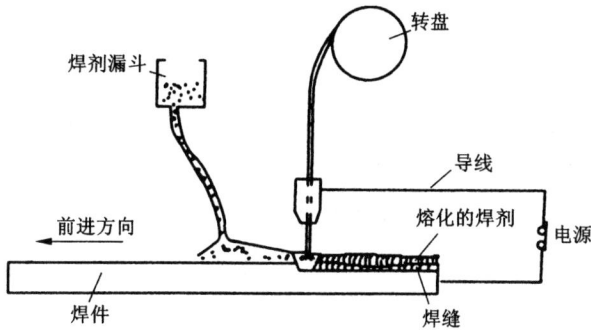

图 4-20 埋弧自动电弧焊

强度比手工电弧焊高，塑性和抗腐蚀性好，适用于全位置的焊接。但不适用于在风较大的地方施焊。

4）电阻焊

电阻焊是利用电流通过焊件接触点表面电阻所产生的热来熔化金属，再通过加压使其焊合。电阻焊只适用于板叠厚度不大于 12 mm 的焊接。对冷弯薄壁型钢构件，电阻焊可用来缀合壁厚不超过 3.5 mm 的构件。

3．焊缝连接形式及焊缝形式

1）焊缝连接形式

焊缝连接形式按被连接钢材的相互位置可分为对接、搭接、T 形连接和角部连接四种，如图 4-21 所示。这些连接所采用的焊缝形式主要为对接焊缝和角焊缝。

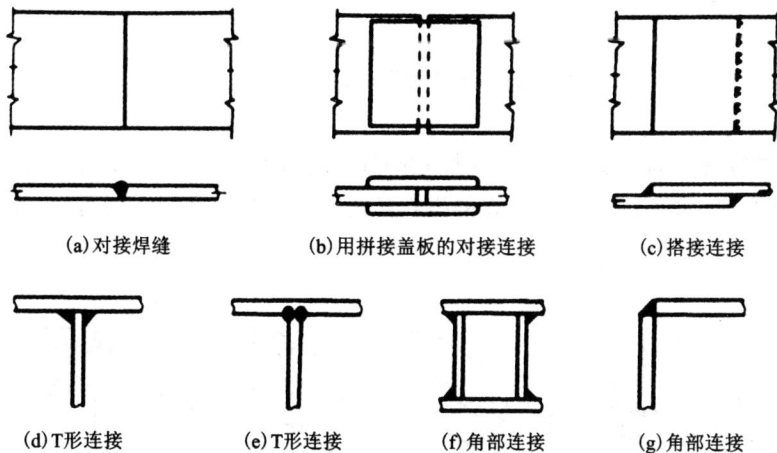

(a)对接焊缝 (b)用拼接盖板的对接连接 (c)搭接连接

(d)T形连接 (e)T形连接 (f)角部连接 (g)角部连接

图 4-21 焊缝连接形式

2）焊缝形式

对接焊缝按所受力的方向分为正对接焊缝［如图 4-22（a）所示］和斜对接焊缝［如图 4-22（b）所示］。角焊缝［如图 4-22（c）所示］可分为正面角焊缝、侧面角焊缝和斜焊缝。

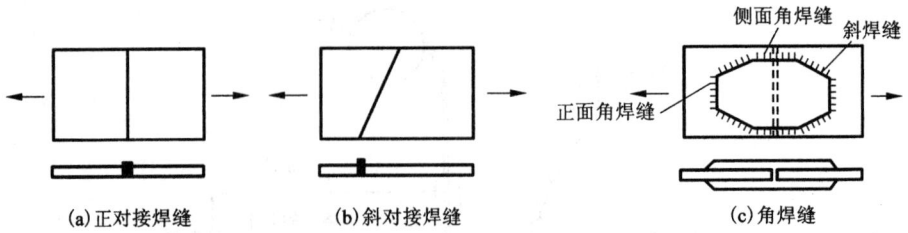

图 4-22　焊缝形式

(a)正对接焊缝　　(b)斜对接焊缝　　(c)角焊缝

焊缝沿长度方向的布置分为连续角焊缝和间断角焊缝两种，如图 4-23 所示。连续角焊缝的受力性能较好，为主要的角焊缝形式。间断角焊缝的起、灭弧处容易引起应力集中，重要结构应避免采用，只能用于一些次要构件的连接或受力很小的连接中。一般在受压构件中应满足 $l \leqslant 15t$；在受拉构件中 $l \leqslant 30t$，t 为较薄焊件的厚度。

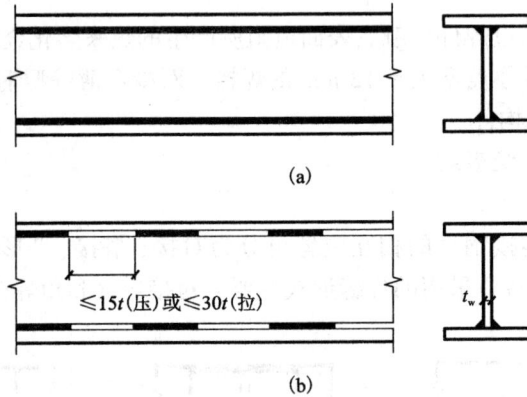

图 4-23　连续角焊缝和间断角焊缝

焊缝按施焊位置分为平焊、横焊、立焊和仰焊，如图 4-24 所示。平焊施焊方便。立焊和横焊要求焊工的操作水平比较高。仰焊的操作条件最差，焊缝质量不易保证，因此应尽量避免采用仰焊。

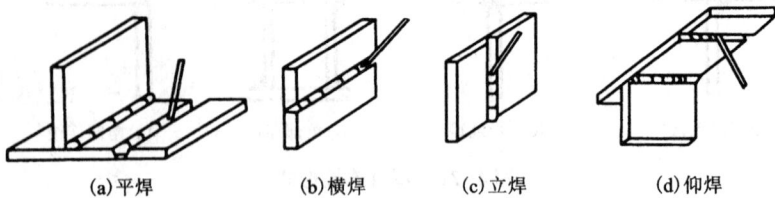

(a)平焊　　(b)横焊　　(c)立焊　　(d)仰焊

图 4-24　焊缝施焊位置

4. 焊缝缺陷及焊缝质量检验

1）焊缝缺陷

焊缝缺陷指焊接过程中产生于焊缝金属或附近热影响区钢材表面或内部的缺陷，常见的缺陷有裂纹、焊瘤、烧穿、弧坑、气孔、夹渣、咬边、未熔合、未焊透等如图 4-25 所示，以及焊缝尺寸不符合要求、焊缝成形不良等。裂纹是焊缝连接中最危险的缺陷。产生裂纹的的原因很多，如钢材的化学成分不当；焊接工艺条件选择不合适；焊件表面油污未清除干净等。

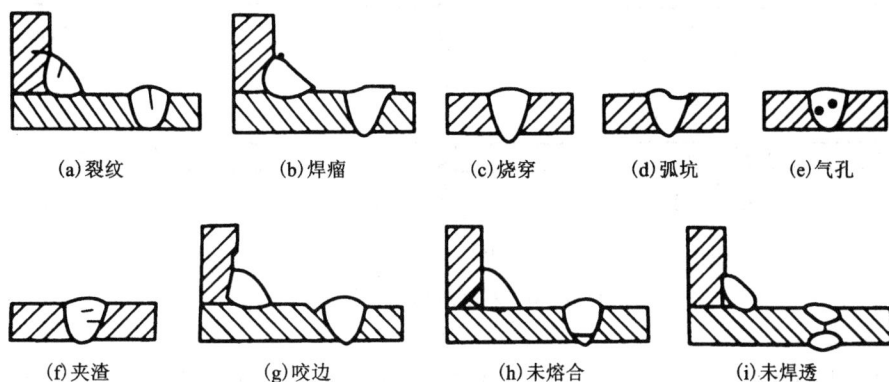

(a)裂纹 (b)焊瘤 (c)烧穿 (d)弧坑 (e)气孔

(f)夹渣 (g)咬边 (h)未熔合 (i)未焊透

图 4-25　焊缝缺陷

2）焊缝质量检验

焊缝缺陷的存在将削弱焊缝的受力面积，在缺陷处引起应力集中，故对连接的强度、冲击韧性及冷弯性能等均有不利影响。因此，焊缝质量检验极为重要。

焊缝质量检验一般可用外观检查及内部无损检验，前者检查外观缺陷和几何尺寸，后者检查内部缺陷。内部无损检验目前广泛采用超声波检验。该方法使用灵活、经济，对内部缺陷反应灵敏，但不易识别缺陷性质；有时还用磁粉检验、荧光检验等较简单的方法作为辅助。此外还可采用 X 射线或 γ 射线透照或拍片。

《钢结构工程施工质量验收标准》规定焊缝按其检验方法和质量要求可分为一级、二级和三级。三级焊缝只要求对全部焊缝作外观检查且符合三级质量标准；设计要求全焊透的一级、二级焊缝则除外观检查外，还要求用超声波探伤进行内部缺陷的检验，超声波探伤不能对缺陷做出判断，应采用射线探伤检验，并符合国家相应质量标准的要求。

3）不合格焊缝的处理

（1）报废。性能无法满足要求或焊接缺陷过于严重的应作报废处理。

（2）返修。局部焊缝存在缺陷超标，可以通过返修来修复不合格焊缝。

（3）回用。有些焊缝虽然不满足要求，但不影响结构的使用和安全，可作回用处理，但必须办理必要的审批手续。

（4）降低使用条件。在返修可能造成产品报废或造成重大经济损失的情况下，可以根据检验结构并经用户同意，降低产品使用条件。一般很少采用此处理方法。

4.4.2　对接焊缝的构造和计算

1. 对接焊缝的构造

对接焊缝的焊件常需要做成坡口，故又叫坡口焊缝。坡口形式与焊件厚度有关。当焊件厚度很小, $t \leqslant 6$ mm 时, 可用直边缝; 对于一般厚度的焊件, 6 mm$<t \leqslant 20$ mm 时, 可采用具有斜坡口的单边 V 形或 V 形焊缝; 对于较厚的焊件, $t>20$ mm 时, 则采用 U 形、K 形和 X 形坡口。如图 4-26 所示。

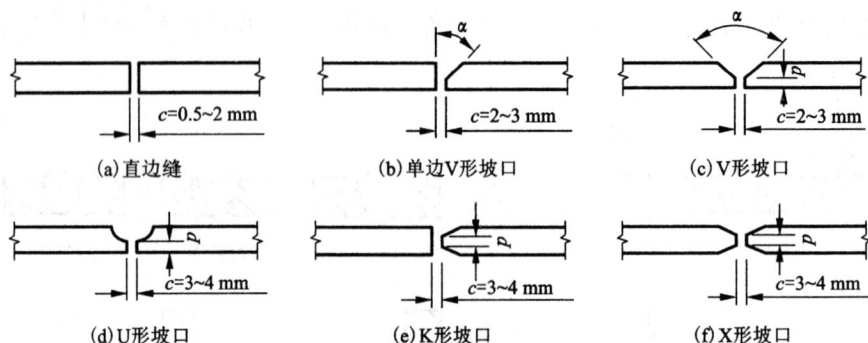

图 4-26　对接焊缝的坡口形式

在对接焊缝的拼接处, 焊件的宽度不同或厚度相差 4 mm 以上时, 应分别在宽度或厚度方向从一侧或两侧做成坡度不大于 1∶2.5 的斜角, 如图 4-27 所示, 以使截面过渡缓和, 减小应力集中。

在焊缝的起灭弧处, 常会出现弧坑等缺陷, 这些缺陷对承载力影响极大, 易出现裂缝及应力集中。为此, 施焊时常采用引弧板, 如图 4-28 所示。对承受静力荷载的结构设置引弧板有困难时, 允许不设置引弧板, 此时, 焊缝计算长度等于实际长度减 $2t$(t 为较薄焊件厚度)。

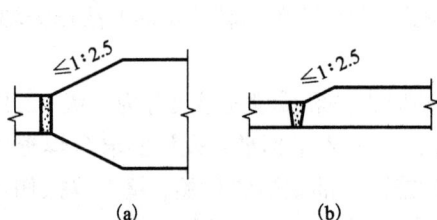

图 4-27　钢板拼接

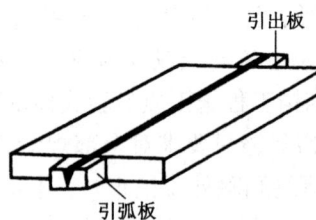

图 4-28　用引弧板焊接

2. 对接焊缝的计算

对接焊缝的强度与所用的钢材的牌号、焊条型号及焊缝质量的检验标准等因素有关。

如果焊缝中不存在任何缺陷, 焊缝金属的强度是高于母材的。但由于焊接技术问题, 焊缝中可能有气孔、夹渣、咬边、未焊透等缺陷。实验证明, 焊接缺陷对受压、受剪的对接焊缝影响不大, 故可认为受压、受剪的对接焊缝与母材强度相等, 但受拉的对接焊缝对缺陷甚为敏感, 故三级检验的焊缝允许存在的缺陷较多, 故其抗拉强度为母材强度的 85%, 而一、二级检验的焊缝的抗拉强度可认为与母材强度相等。

由于对接焊缝是焊接截面的组成部分, 焊缝中的应力分布情况基本上与焊件原来的情况相同, 故计算方法与构件的强度计算一样。

1) 轴心受力的对接焊缝计算

在对接接头和 T 形接头中,垂直于轴心拉力或轴心压力 N 的对接焊缝,如图 4-29 所示,其强度应按下式计算:

$$\sigma = \frac{N}{l_w t} \leqslant f_t^w \text{ 或 } f_c^w \tag{4.30}$$

式中:t——对接连接中较小的厚度,对 T 形接头为腹板厚度;

l_w——焊缝的计算长度,若加引弧板,应取为实际长度;若没加引弧板,则每条焊缝长度应减去 $2t$。

f_t^w——对接焊缝抗拉强度设计值;

f_c^w——对接焊缝抗压强度设计值。

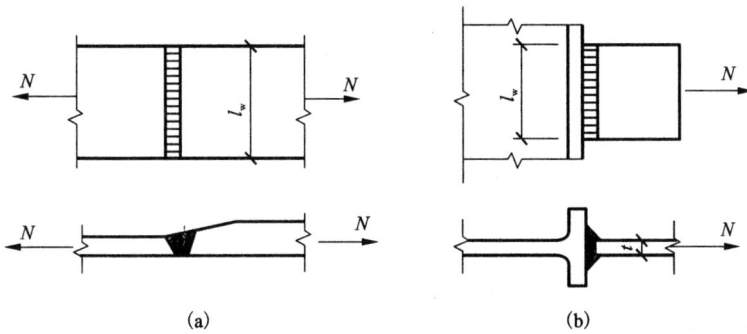

图 4-29　直对接焊缝

由于一、二级焊缝与母材强度相等,故只有三级焊缝才需进行抗拉强度验算。

当直焊缝不能满足强度要求时,可采用斜对接焊缝,如图 4-30 所示,可按下列公式计算:

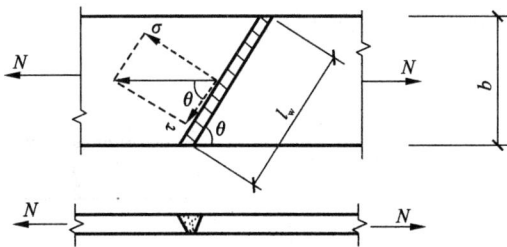

图 4-30　斜对接焊缝

$$\sigma = \frac{N \cdot \sin\theta}{l_w t} \leqslant f_t^w \tag{4.31}$$

$$\tau = \frac{N \cdot \cos\theta}{l_w t} \leqslant f_v^w \tag{4.32}$$

式中:f_v^w——对接焊缝抗剪强度设计值。

计算证明,焊缝与作用力的夹角 θ 满足 $\tan\theta \leqslant 1.5$ 时,斜焊缝的强度不低于母材强度,可不再计算。

例题【4.4】 试验算如图 4-31 所示钢板的对接焊缝的强度。图中 $b = 540$ mm，$t = 22$ mm，轴心力的设计值为 $N = 2500$ kN。钢材为 Q235-B，手工焊，焊条为 E43 型，三级检验标准的焊缝，施焊时加引弧板。

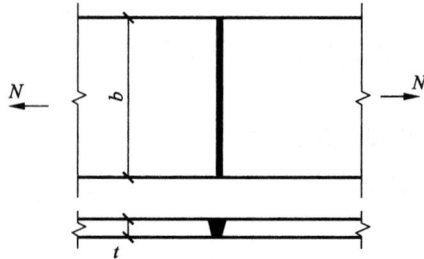

图 4-31 例题 4.4 图

解：焊缝正应力为：

$$\sigma = \frac{N}{l_w t} = \frac{2500 \times 10^3}{540 \times 22} = 181 \quad \text{N/mm}^2 > f_t^w = 175 \text{N/mm}^2$$

焊缝强度不满足要求。

2）承受弯矩和剪力共同作用的对接焊缝

如图 4-32（a）为矩形截面焊缝对接接头受弯矩和剪力的共同作用，弯矩作用下焊缝截面上 A 点产生最大正应力 σ_{max}，剪力作用下焊缝截面上 C 点产生最大剪应力 τ_{max}，计算公式为：

$$\sigma_{max} = \frac{M}{W_w} \leqslant f_t^w \tag{4.33}$$

$$\tau_{max} = \frac{V S_{max}}{\tau_w t_w} \leqslant f_v^w \tag{4.34}$$

式中：W_w——焊缝截面模量；

S_{max}——计算剪应力处焊缝截面面积矩；

I_w——焊缝截面惯性矩。

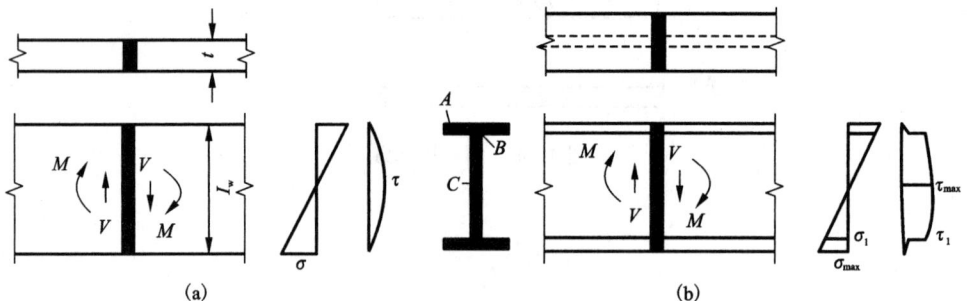

图 4-32 弯矩和剪力共同作用下的对接焊缝

图 4-32（b）是工字型截面梁的接头，采用对接焊缝，除应分别验算最大正应力和剪应力外，对于同时受有较大正应力和较大剪应力处，例如腹板与翼缘的交接点 B 点，还应按下式

122

验算折算应力：

$$\sigma_f = \sqrt{\sigma_1^2 + 3\tau_1^2} \leqslant 1.1 f_t^w \tag{4.35}$$

式中：σ_1——腹板与翼缘交界处焊缝正应力；

τ_1——腹板与翼缘交界处焊缝剪应力；

1.1——考虑到最大折算应力只在局部出现，而将强度设计值适当提高的系数。

例题【4.5】 计算工字形截面牛腿与钢柱连接的对接焊缝强度，如图4-33所示。$F=550$ kN，偏心距 $e=300$ mm。钢材为Q235-B，手工焊，焊条为E43型，三级检验标准的焊缝，上、下翼缘加引弧板和引出板施焊。

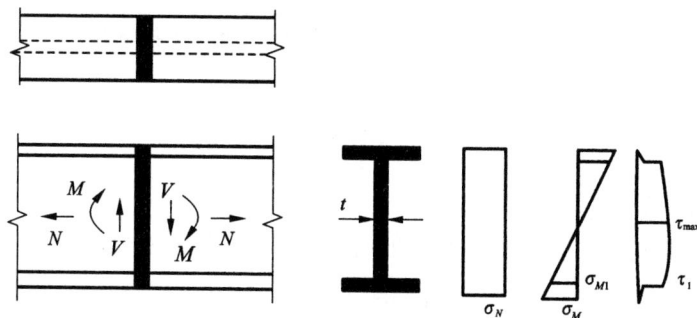

图4-33 例题4.5图

解：截面几何特征值：

$$I_x = \frac{1}{12} \times 12 \times 380^3 + 2 \times 16 \times 260 \times 198^2 = 381050000 \text{mm}^4$$

$$S_{x1} = 260 \times 16 \times 198 = 824000 \text{mm}^3$$

内力：$V = F = 550$ kN，$M = Fe = 550 \times 0.3 = 165$ kN·m

最大正应力：$\sigma_{max} = \dfrac{M}{I_x} \cdot \dfrac{h}{2} = \dfrac{165 \times 10^6 \times 206}{381050000} = 89.2 \text{N/mm}^2 < f_t^w = 185 \text{N/mm}^2$

最大剪应力：$\tau_{max} = \dfrac{VS_x}{I_x t_w} = \dfrac{550 \times 10^3}{381050000 \times 12} \times (260 \times 16 \times 198 + 190 \times 12 \times \dfrac{190}{2})$

$\qquad\qquad\qquad = 125.1 \text{N/mm}^2 < f_v^w = 125 \text{N/mm}^2$

"1"点折算应力：

$$\sigma_1 = \frac{190}{206} \cdot \sigma_{max} = = 82.3 \text{N/mm}^2$$

$$\tau_1 = \frac{VS_{x1}}{I_x t_w} = \frac{550 \times 10^3 \times 824000}{381050000 \times 12} = 99.1 \text{N/mm}^2$$

$$\sqrt{\sigma_1^2 + 3\tau_1^2} = \sqrt{82.3^2 + 399.1^2} = 190.4 \text{N/mm}^2 < 1.1 \times 185 = 203.5 \text{N/mm}^2$$

3）承受轴心力、弯矩和剪力共同作用的对接焊缝

如图4-34所示为轴心力、弯矩和剪力共同作用的对接焊缝。

轴力和弯矩作用下对焊缝产生正应力，剪力作用下产生剪应力，其计算公式为：

$$\sigma_{max} = \sigma_N + \sigma_M = \frac{N}{A_w} + \frac{M}{W_w} \leqslant f_t^w \tag{4.36}$$

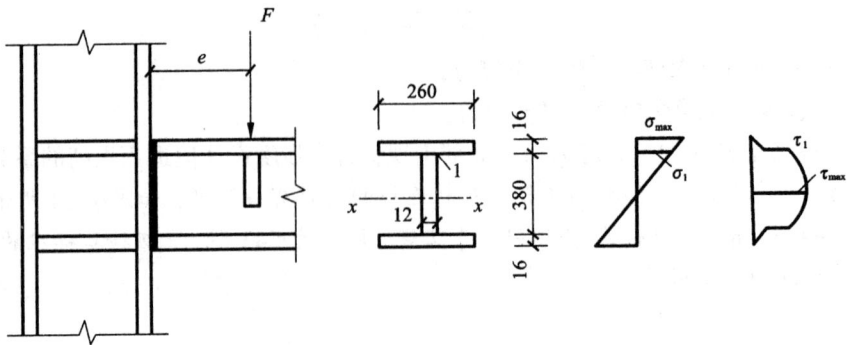

图4-34　轴心力、弯矩和剪力共同作用的对接焊缝

$$\tau_{max} = \frac{VS_{max}}{I_w t_w} \leqslant f_v^w \tag{4.37}$$

式中：A_w——焊缝计算面积。

对于工字型还要计算腹板与翼缘交界处的折算应力，其公式为：

$$\sigma_f = \sqrt{(\sigma_N + \sigma_M)^2 + 3\tau_1^2} \leqslant 1.1 f_t^w \tag{4.38}$$

4.4.3　角焊缝的构造和计算

1. 角焊缝的构造

1）角焊缝的形式

角焊缝是最常用的焊缝。角焊缝按其与作用力的关系可分为：焊缝长度方向与作用力垂直的正面角焊缝；焊缝长度方向与作用力平行的侧面角焊缝以及斜焊缝。按其截面形式可分为直角角焊缝和斜角焊缝。如图4-35所示。

直角角焊缝通常做成表面微凸的等腰直角三角形截面［图4-35（a）］。在直接承受动力荷载的结构中，正面角焊缝通常采用［图4-35（b）］所示的形式，侧面角焊缝的截面则做成［图4-35（c）］所示的凹面形式。

两焊角边的夹角 α>90°或 α<90°的焊角称为斜角角焊缝，斜角角焊缝常用于钢漏斗和钢管结构中。对于 α>135°或 α<60°的斜角角焊缝，除钢管结构外，不宜用做受力焊缝。

2）角焊缝的构造要求

（1）最大焊脚尺寸

图4-36中的 h_f 为焊脚尺寸，为了避免烧穿较薄的焊件，减少焊缝收缩时产生较大的焊接残余应力和残余变形，角焊缝的焊脚尺寸不宜太大。《钢结构设计标准》（GB 50017—2017）规定，除钢管结构外，焊脚尺寸 h_f 不宜大于较薄焊件厚度的1.2倍，即 $h_f \leqslant 1.2 t_1$（t_1 为较薄焊件厚度）。

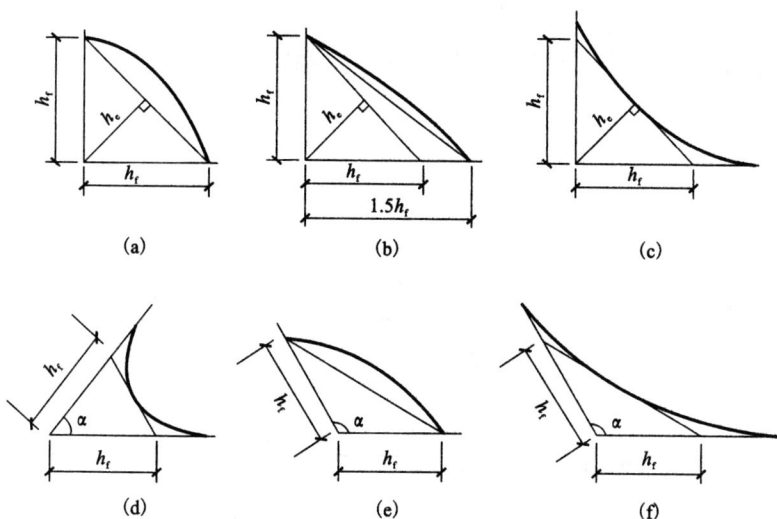

图 4-35 直角角焊缝和斜角焊缝截面

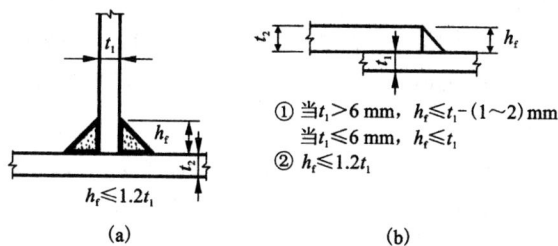

① 当 $t_1 > 6$ mm，$h_f \leqslant t_1 - (1\sim2)$ mm
  当 $t_1 \leqslant 6$ mm，$h_f \leqslant t_1$
② $h_f \leqslant 1.2 t_1$

图 4-36 最大焊角尺寸

在板件边缘的角焊缝，当板件厚度 $t_1 > 6$ mm 时，根据焊工的施焊经验，不易焊满全厚度，故取 $h_f \leqslant t_1 - (1\sim2)$ mm；当 $t_1 \leqslant 6$ mm 时，通常采用小焊条施焊，易于焊满全厚度，则取 $h_f \leqslant t_1$。

（2）最小焊脚尺寸

焊脚尺寸不宜太小，以保证焊缝的最小承载能力，并防止焊缝因冷却过快而产生裂纹。《钢结构设计标准》（GB 50017—2017）规定，角焊缝的焊脚尺寸 h_f 不得小于 $1.5\sqrt{t_2}$（t_2 为较厚焊件厚度）。

（3）侧面角焊缝的最大计算长度

侧面角焊缝在弹性阶段沿长度方向受力不均匀，两端大而中间小，且焊缝越长差别越大。当焊缝太长时，两端应力可首先达到强度极限而破坏，故一般规定侧面角焊缝的计算长度 $l_w \leqslant 60 h_f$。当实际长度大于上述限值时，其超过部分在计算中不予考虑。

（4）角焊缝的最小计算长度

角焊缝的焊角尺寸大而长度较小时，焊件的局部加热严重，焊缝起灭弧所引起的缺陷相距太近，以及焊缝中可能产生的其他缺陷，使焊缝不够可靠。因此，为了使焊缝能够具有一定的承载能力，根据使用经验，侧面角焊缝或正面角焊缝的计算长度不得小于 $8h_f$ 和 40 mm。

(5)搭接连接的构造要求

当板件端部仅有两条侧面角焊缝连接时，如图 4-37 所示。

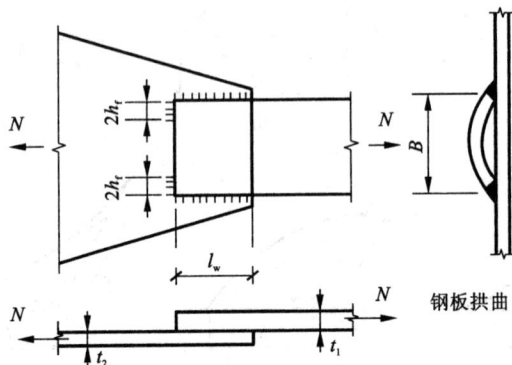

图 4-37　焊缝长度以及两侧焊缝间距

试验结果表明，连接的承载能力与 b/l_w 有关。b 为两侧焊缝的距离，l_w 为侧焊缝的长度。$b/l_w>1$ 时，连接的承载力随着 b/l_w 的增大而明显下降。为使连接强度不过分降低，应使每条焊缝的长度不宜小于两侧面角焊缝之间的距离，即 $b/l_w\leqslant1$。两侧面角焊缝之间的距离 b 也不宜大于 $16t(t>12$ mm) 或 200 mm($t\leqslant12$ mm)，t 为较薄焊件的厚度，以免焊缝横向收缩，引起板件向外发生较大拱曲。

在搭接连接中，当仅采用正面角焊缝时，如图 4-38 所示，其搭接长度不得小于焊件较小厚度的 5 倍，也不得小于 25 mm，以免焊缝受偏心弯矩影响太大而破坏。

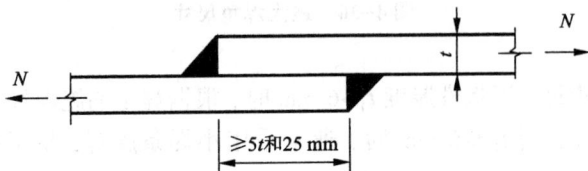

图 4-38　搭接连接

(6)减小角焊缝应力集中的措施

杆件端部搭接采用三面围焊时，在转角处截面突变，会产生应力集中，如在此处起灭弧，可能出现弧坑或咬肉等缺陷，从而加大应力集中的影响。故所有围焊的转角处必须连续施焊。对于非围焊情况，当角焊缝的端部在构件转角处时，可连续地实施长度为 $2h_f$ 的绕角焊，如图 4-37 所示。

2.直角角焊缝的基本计算公式

当角焊缝的两焊脚边夹角为 90°时，称为直角角焊缝。试验表明，直角角焊缝的迫害常发生在喉部，故长期以来对角焊缝的研究均着重于这一部位。通常认为直角角焊缝是以 45°方向的最小截面作为有效计算截面。

角焊缝的有效截面为焊缝有效厚度(喉部尺寸)与计算长度的乘积,而有效厚度 $h_e = 0.7$ h_f 为焊接横截面的内接等腰三角形的最短距离。如图 4-39 所示。

作用于焊缝有效截面上的应力如图 4-40 所示,这些应力包括:垂直于焊缝有效截面的正应力 $\sigma_\perp$,垂直于焊缝长度方向的剪应力 $\tau_\perp$,以及沿焊缝长度方向的剪应力 $\tau_{//}$。

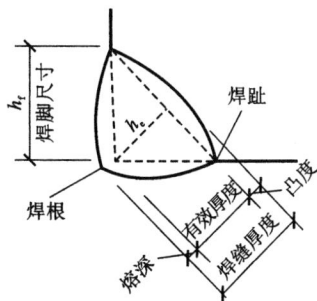

图 4-39 直角角焊缝截面

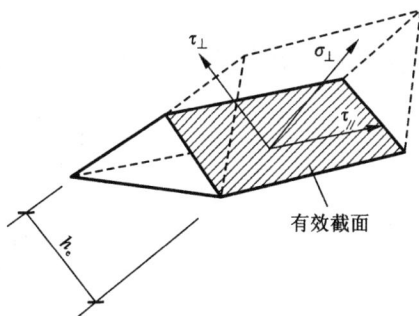

图 4-40 角焊缝有效截面上的应力

我国《钢结构设计标准》(GB 50017—2017)采用了折算应力公式,引入抗力分项系数后,得角焊缝的计算公式:

$$\sqrt{\sigma_\perp^2 + 3(\tau_\perp + \tau_{//})^2} \leqslant \sqrt{3} f_f^w \tag{4.39}$$

式中:f_f^w——角焊缝强度设计值。

采用公式进行计算,太过繁琐,我国《钢结构设计规范》(GB 50017—2017)采用了下述方法进行了简化。

如图 4-41 所示承受相互垂直的 N_y 和 N_x 两个轴心力作用的直角角焊缝为例。N_y 在焊缝有效截面上引起垂直于焊缝一个直角边的应力 σ_f,该力对有效截面既不是正应力,也不是剪应力,而是 $\sigma_\perp$ 和 $\tau_\perp$ 的合应力。

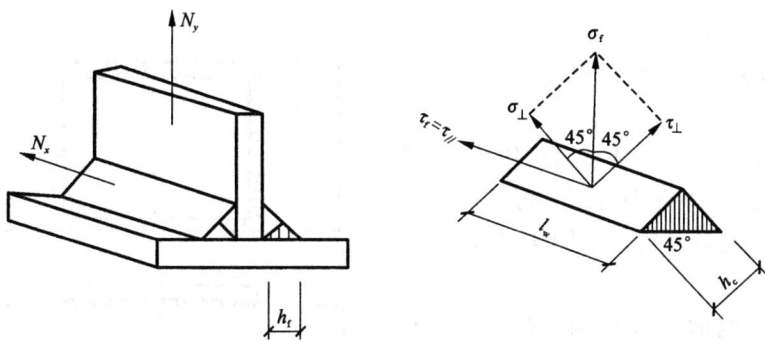

图 4-41 直角角焊缝的计算

$$\sigma_f = \frac{N_y}{h_e l_w} \tag{4.40}$$

式中:N_y——垂直于焊缝长度方向的轴心力;

h_e——垂直于角焊缝的有效厚度，$h_e = 0.7 h_f$；

l_w——焊缝的计算长度，考虑起灭弧缺陷，按每条焊缝的实际长度减去 $2 h_f$ 计算。

$$\sigma_\perp = \tau_\perp = \sigma_f / \sqrt{2}$$

沿焊缝长度方向的分力 N_x 在焊缝有效面积上引起平行于焊缝长度方向的剪应力：

$$\tau_f = \tau_{//} = \frac{N_x}{h_e l_w} \tag{4.41}$$

则得直角角焊缝在各种应力综合作用下，σ_f 和 τ_f 共同作用处的计算公式为：

$$\sqrt{\left(\frac{\sigma_f}{\sqrt{2}}\right)^2 + 3\left(\left(\frac{\sigma_f}{\sqrt{2}}\right)^2 + \tau_f{}^2\right)} \leqslant \sqrt{3} f_f^w$$

$$\sqrt{4\left(\frac{\sigma_f}{\sqrt{2}}\right)^2 + 3\tau_f^2} \leqslant \sqrt{3} f_f^w$$

$$\sqrt{\left(\frac{\sigma_f}{\beta_f}\right)^2 + \tau_f{}^2} \leqslant f_f^w \tag{4.42}$$

式中：β_f——正截面角焊缝的强度增大系数，$\beta_f = \sqrt{\dfrac{3}{2}} = 1.22$；对直接承受动力荷载的结构，

$\beta_f = 1.0$。

对正面角焊缝，此时 $\tau_f = 0$，得：

$$\sigma_f = \frac{N}{h_e l_w} \leqslant \beta_f f_f^w \tag{4.43}$$

对侧面角焊缝，此时 $\sigma_f = 0$，得：

$$\tau_f = \frac{N}{h_e l_w} \leqslant f_f^w \tag{4.44}$$

式(4.42)~式(4.44)是角焊缝的基本计算公式。只要将焊缝应力分解为垂直于焊缝长度方向的应力 σ_f 和平行于焊缝长度方向的应力 τ_f，上述基本公式就可以适用于任何受力状态。

3.角焊缝的计算

1)承受轴心力作用时角焊缝连接的计算

当焊件用盖板连接受轴心力作用，且轴心力通过连接焊缝中心时，可认为焊缝应力是均匀分布的。如图4-42所示的连接中。

(1)当只有侧面角焊缝时，按式(4.44)计算。

(2)当采用三面围焊时，先按式(4.43)计算正面角焊缝所承担的内力：

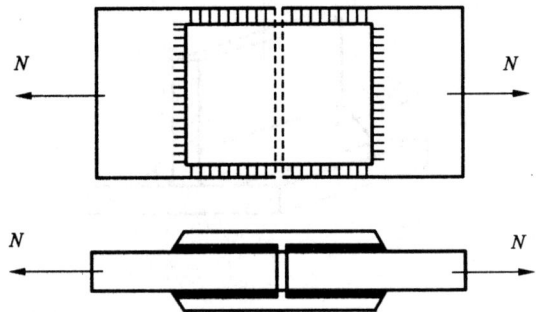

图4-42　受轴心力的盖板连接

$$N_1 = \beta_f f_f^w \sum h_e l_{w1} \tag{4.45}$$

式中：$\sum l_{w1}$——连接一侧正面角焊缝计算长度总和。

再由力$(N-N_1)$计算侧面角焊缝的强度：

$$\tau_f = \frac{N-N_1}{\sum h_e l_w} \leqslant f_f^w \qquad (4.46)$$

式中：$\sum l_w$——连接一侧侧面角焊缝计算长度总和。

2）承受斜向力的角焊缝

如图4-43所示，通过焊缝重心作用一力F，作用力F与焊缝长度方向夹角为θ。

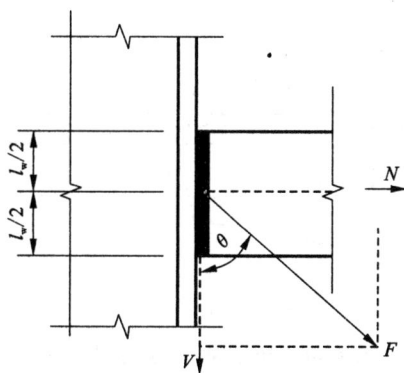

图4-43 斜向轴心力作用

将N分解为垂直于焊缝长度的分力$N=F\sin\theta$，和沿焊缝长度的分力$V=F\cos\theta$，则：

$$\sigma_f = \frac{F \cdot \sin\theta}{\sum h_e l_w} \qquad (4.47)$$

$$\tau_f = \frac{F \cdot \cos\theta}{\sum h_e l_w} \qquad (4.48)$$

将式(4.47)和式(4.48)代入公式 中进行计算：$\sqrt{\left(\dfrac{\sigma_f}{\beta_f}\right)^2 + \tau_f^2} \leqslant f_f^w$

3）承受轴力的角钢端部连接

在钢桁架中，角钢腹杆与节点板的连接焊缝一般采用两面侧焊，也可采用三面围焊，特殊情况下也允许采用L形围焊，如图4-44所示，焊缝所传递的合力的作用线与角钢杆件的轴线重合。

（1）对于两面侧焊，由于角钢截面形心到肢背和肢尖的距离不相等，设N_1和N_2分别为角钢肢背和肢尖焊缝承担的内力，由平衡条件可知：

$$N_1 + N_2 = N$$
$$N_1 e_1 = N_2 e_2$$
$$e_1 + e_2 = b$$

解上式得肢背和肢尖受力为：

$$N_1 = \frac{e_2}{b}N = k_1 N$$

(a)两面侧焊

(b)三面围焊

(c)L形围焊

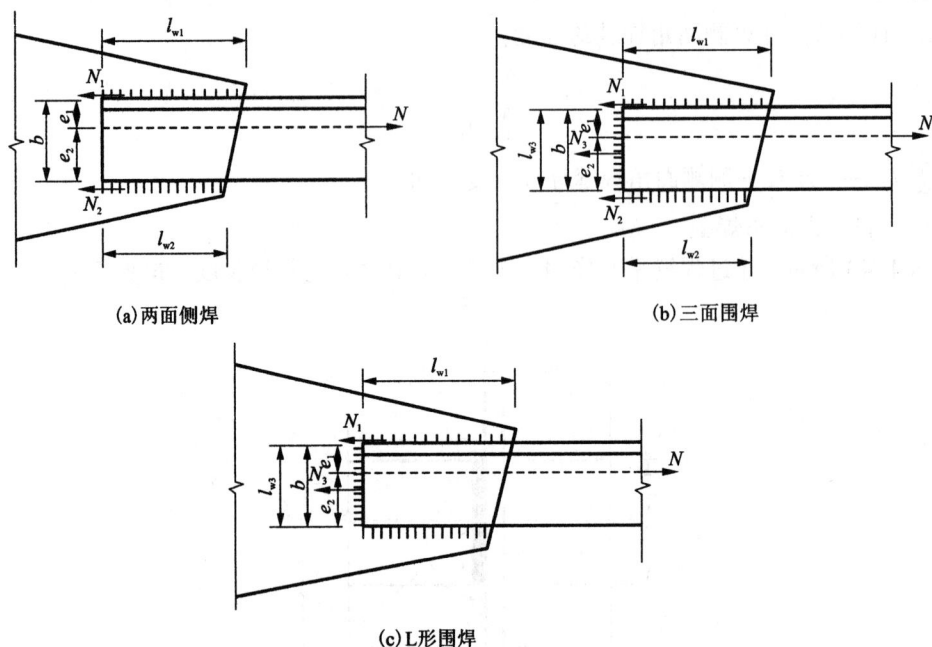

图4-44 桁架腹杆节点板的连接

$$N_2 = \frac{e_1}{b}N = k_2 N$$

式中：N——角钢承受的轴心力；

k_1、k_2——角钢角焊缝的内力分配系数，表4-21 采用。

表4-21 角钢焊缝内力分配系数

角钢类型	连接形式	肢尖 K_1	肢尖 K_2
a. 等边角钢		0.7	0.3
b. 不等边角钢	长肢水平	0.75	0.25
c. 不等边角钢	长肢垂直	0.65	0.35

在 N_1 和 N_2 作用下，侧缝的直角角焊缝计算公式为：

$$\frac{N_1}{\sum 0.7\, h_{f1} l_{w1}} \leqslant f_f^w \tag{4.49}$$

130

$$\frac{N_2}{\sum 0.7\ h_{f2}l_{w2}} \leqslant f_f^w \tag{4.50}$$

式中：h_{f1}、h_{f2}——肢背、肢尖的焊脚尺寸；

l_{w1}、l_{w2}——肢背、肢尖的焊缝计算长度。

（2）对于三面围焊，计算时先选定端焊缝的焊脚尺寸 h_{f3}，求出正面角焊缝所分担的轴心力：

$$N_3 = \beta_f \sum 0.7\ h_{f3}l_{w3}f_f^w \tag{4.51}$$

式中：h_{f3}——端缝的焊脚尺寸；

l_{w3}——端缝的焊缝计算长度。

由平衡关系可得：

$$N_1 = k_1 N - \frac{1}{2}N_3 \tag{4.52}$$

$$N_2 = k_2 N - \frac{1}{2}N_3 \tag{4.53}$$

在 N_1 和 N_2 作用下，侧焊缝的计算公式与式（4.44）相同。

（3）对于 L 形围焊，由于只有正面角焊缝和角钢肢背上的侧面角焊缝，令式中的 $N_2 = 0$，得：

$$N_3 = 2k_2 N \tag{4.54}$$

$$N_1 = N - N_3 \tag{4.55}$$

L 形围焊角焊缝计算公式为：

$$\frac{N_3}{\sum 0.7\ h_{f3}l_{w3}} = \beta f_f^w \tag{4.56}$$

$$\frac{N_1}{\sum 0.7\ h_{f1}l_{w1}} = f_f^w \tag{4.57}$$

例题【4.6】 试确定如图 4-45 所示承受静态轴心力作用的三面围焊连接的承载力及肢尖焊缝的长度。已知角钢为 2∟125×10，与厚度为 8 mm 的节点板连接，其肢背搭接长度为 300 mm，焊脚尺寸均为 $h_f = 8$ mm，钢材为 Q235-B，手工焊，焊条为 E43 型。

解：（1）端部焊缝承担的力 N_3：

$$N_3 = \beta_f \sum 0.7\ h_{f3}l_{w3}f_f^w = 1.22 \times 0.7 \times 8 \times 2 \times 125 \times 160 = 273.3\ kN$$

（2）肢背焊缝承担的力 N_1：

$$N_1 = 2\ h_e l_{w1} f_f^w = 2 \times 0.7 \times 8 \times (300-8) \times 160 = 523.3\ kN$$

（3）焊缝连接承担的力 N：

$$N_1 = k_1 N - \frac{1}{2}N_3 = 0.7N - \frac{273.3}{2} = 523.3\ kN$$

$$N = \frac{523.3 + 136.7}{0.7} = 942.9\ kN$$

（4）肢尖焊缝承担的力 N_2：

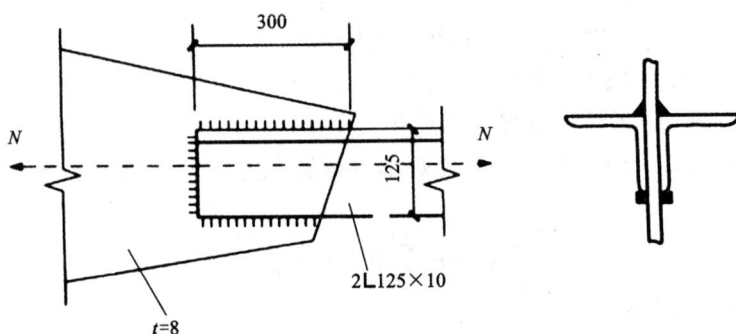

图 4-45 例题 4.6 图

$$N_2 = k_2 N - \frac{1}{2} N_3 = 0.3 \times 942.2 - 136.7 = 146.2 \text{ kN}$$

(5) 肢尖焊缝长度：

$$l'_{w2} = \frac{N_2}{2 \, h_e f_f^w} + h_f = \frac{146.2 \times 10^3}{2 \times 0.7 \times 8 \times 160} + 8 = 90 \text{ mm}$$

4) 承受轴力、弯矩、剪力共同作用下角焊缝的计算

当角焊缝承受轴力、弯矩、剪力共同作用时，如图 4-46 所示，分别求出各自的焊缝应力，然后利用叠加原理进行验算。

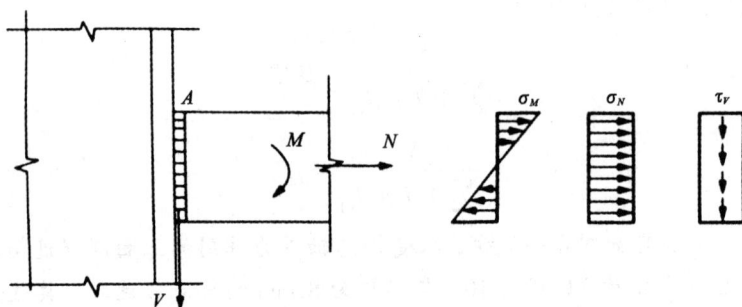

图 4-46 轴力、弯矩、剪力共同作用下角焊缝应力

(1) 在轴力 N 作用下，在焊缝有效截面上产生均匀应力，即：

$$\sigma_N = \frac{N}{A_e} \tag{4.58}$$

式中：σ_N——由轴力 N 在端缝中产生的应力；

A_e——焊缝有效截面面积。

(2) 在轴力 V 作用下，在受剪截面上应力分布是均匀的，即：

$$\tau_V = \frac{V}{A_e} \tag{4.59}$$

式中：τ_V——由轴力 V 的应力。

132

（3）在弯矩 M 作用下，焊缝应力按三角形分布，即：

$$\sigma_M = \frac{M}{W_e} \quad (4.60)$$

式中：σ_M——由弯矩 M 在焊缝中产生的应力；

　　　W_e——焊缝计算截面对形心的截面模量。

将弯矩和轴力产生的应力在 A 点叠加：

$$\sigma_f = \sigma_N + \sigma_M$$

剪力 V 在 A 点的应力：$\tau_f = \tau_v$

焊缝的强度验算公式为：$\sqrt{\left(\dfrac{\sigma_f}{\beta_f}\right)^2 + \tau_f^{\,2}} \leqslant f_f^w$

对于工字梁与钢柱翼缘的角焊缝连接，如图 4-47 所示，通常只承受弯矩 M 和剪力 V 的共同作用。由于翼缘的竖向刚度较差，在剪力作用下，如果没有腹板焊缝存在，翼缘将发生明显挠曲，说明翼缘板的抗剪能力极差。因此，计算时通常假设腹板焊缝承受全部剪力，而弯矩则由全部焊缝承受。

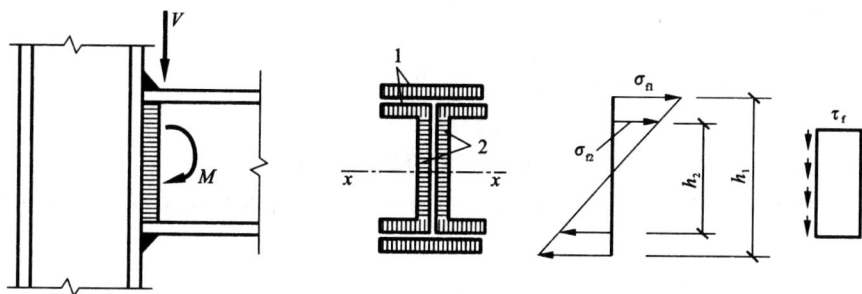

图 4-47　工字形梁的角焊缝连接

为了焊缝的分布较合理，宜在每个翼缘的上下两侧均匀布置角焊缝，由于翼缘只承受垂直于焊缝长度方向的弯曲应力，应使翼缘焊缝最外纤维处的应力满足角焊缝的强度条件：

$$\sigma_{f1} = \frac{M}{I_w} \cdot \frac{h_1}{2} \leqslant \beta_f \, f_f^w$$

式中：M——全部焊缝所承受的弯矩；

　　　I_w——全部焊缝有效截面对中性轴的惯性矩；

　　　h_1——上下翼缘焊缝有效截面最外纤维之间的距离。

腹板焊缝承受两种应力的联合作用，即垂直于焊缝长度方向、且沿梁高呈三角形分布的弯曲应力和平行于焊缝长度方向、且沿焊缝截面均匀分布的剪应力的作用，设计控制点为翼缘与腹板焊缝交点处 A。此处的弯曲应力和剪应力分别按下式计算：

$$\sigma_{f2} = \frac{M}{I_w} \cdot \frac{h_2}{2}$$

$$\tau_{f2} = \frac{V}{\sum (h_{e2} l_{w2})}$$

式中：$\sum (h_{e2}l_{w2})$——腹板焊缝有效截面积之和；

h_2——腹板焊缝的实际长度。

则腹板焊缝在 A 点的强度验算式为：

$$\sqrt{\left(\frac{\sigma_{f2}}{\beta_f}\right)^2 + \tau_{f2}^2} \leqslant f_f^w 。$$

能力训练题

一、选择题

1. 对于普通螺栓连接，限制端距 $e \geqslant 2d_0$ 的目的是为了避免（   ）。

A. 螺栓杆受剪破坏　　　　　　B. 螺栓杆受弯破坏

C. 板件受挤压破坏　　　　　　D. 板件端部冲剪破坏

2. 对于对接焊缝，当焊缝与作用力间的夹角 q 满足 $\tan q \leqslant$（   ）时，对接焊缝可不进行验算。

A. 1　　　　　　B. 1.5　　　　　　C. 2　　　　　　D. 0.5

3. 摩擦型高强度螺栓抗剪是依靠（   ）承剪。

A. 螺栓的预拉力　　　　　　B. 螺栓杆的抗剪

C. 孔壁承压　　　　　　　　D. 板件间的摩擦阻力

4. 角钢采用两侧面焊缝连接，并承受轴心力作用，其内力分配系数对等肢角钢而言取（   ）。

A. $k_1 \geqslant 0.7$　　$k_2 \geqslant 0.7$　　　　B. $k_1 \geqslant 0.7$　　$k_2 \geqslant 0.3$

C. $k_1 \geqslant 0.75$　　$k_2 \geqslant 0.25$　　　D. $k_1 \geqslant 0.35$　　$k_2 \geqslant 0.65$

5. 摩擦型高强度螺栓与承压型螺栓的主要区别是（   ）。

A. 施加预拉力的大小和方法不同　B. 所采用的材料不同

C. 破坏时的极限状态不同　　　　D. 板件处理面的处理方式不同

6. 摩擦型高强度螺栓连接的轴心拉杆的验算净截面强度公式为 $\sigma = N'/A_n \leqslant f$，其中的 N' 与杆件所受拉力的 N 相比（   ）。

A. $N' < N$　　　　　　　　B. $N' > N$

C. $N' = N$　　　　　　　　D. 试具体情况而定

二、简答题

1. 焊缝连接有哪些基本形式？

2. 对接焊缝与角焊缝在焊缝有效截面及其分析计算上有何区别？

3. 高强度螺栓连接与普通螺栓连接有何区别？

4. 高强度螺栓连接中摩擦型与承压型连接有何区别？

三、计算题

1. 已知 Q235 钢板截面 500 mm×200 mm 用对接直焊缝拼接，采用手工焊焊条 E43 型，用引弧板,按三级焊缝质量检验,试求焊缝所能承受的最大轴心拉力设计值。

2. 如图4-48所示,焊接工字型截面梁,设一道拼接的对接焊缝,拼接处作用荷载设计值:弯矩 $M = 1122 \ kN \cdot m$,剪力 $V = 374 \ kN$,钢材Q235,焊条为E43型,半自动焊,三级焊缝检验标准,试验算该焊缝的强度。

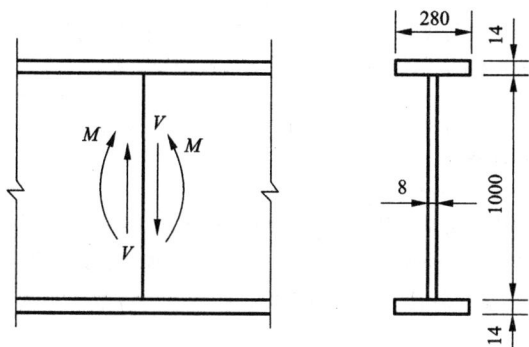

图4-48 习题2图

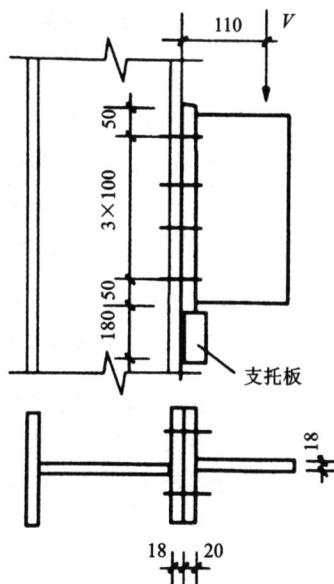

图4-49 习题3图

3. 如图4-49所示普通螺栓连接,材料为钢材Q235钢,采用螺栓直径20 mm,承受的荷载设计值 $V = 240 \ kN$。试按条件验算此连接是否安全:(1)假定支托不承受剪力;(2)假定支托承受剪力。

4. 某双盖板高强度螺栓摩擦型连接如图4-50所示。材料为钢材Q235钢,螺栓采用M20,强度等级为8.8级,接触面为喷砂处理。试确定此连接所能承受的最大拉力N。

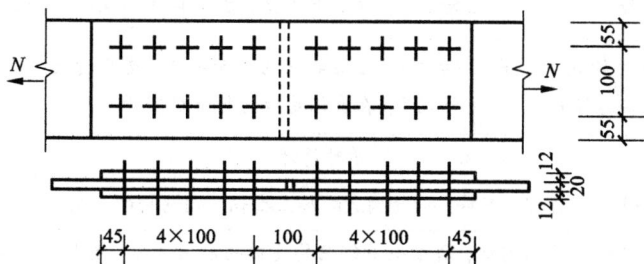

图4-50 习题5图

实训项目四 钢结构螺栓连接及焊接工程

钢结构螺栓连接及焊接工程职业活动实习内容、教学设计实训项目详见表4-22。

表4-22 钢结构螺栓连接及焊接工程职业活动实训教学设计项目卡

项目	实训场所：校内外实训基地		学期： 日期：
螺栓连接及焊接	计划学时：2学时		班级：
教学目标	能力目标	会选用紧固件材料和编制施工方案；会选用焊接材料及编制焊接施工方案	
	知识目标	高强度螺栓施工工艺和质量控制要点；铆接施工工艺和质量控制要点；紧固件施工验收方法和标准；焊接材料选用；焊接施工验收方法和标准	
教学重点难点	高强度螺栓施工工艺和质量控制要点；紧固件工程施工验收方法和标准；焊接工程工艺的编制；焊接工程施工验收方法和标准		
设计思路	在教师的引导下，让学生识图钢结构施工图纸上的连接和现场观看钢结构紧固件连接的典型工程，引入钢结构连接的施工，重点讲解高强度螺栓施工工艺和质量控制要点、紧固件工程施工验收方法和标准、焊接材料选用、焊接施工验收方法和标准等有关知识		

序号	工作任务	教学设计与实施		参考学时
		课程内容和要求	活动设计	
1	高强度螺栓报验	钢结构各种连接；钢结构高强度螺栓的检验	活动1：熟悉钢结构施工图纸一份，统计汇总连接件并作出材料清单 活动2：在实训基地进行高强度螺栓的一般项目检验	2
2	高强度螺栓施工工艺	施工工艺过程；紧固方法；紧固检验	活动1：熟悉高强度螺栓施工工艺过程 活动2：实操熟悉扭矩法、转角法的施工方法 活动3：按要求实操完成某接头高强度螺栓的紧固	
3	焊接实训	焊材的选用；进行实地操作	活动1：在实训基地进行焊材的选用情况检查 活动2：在实训基地进行焊机实操	
4	学时总计			2

课前回顾	钢结构的放样、下料；钢结构边缘加工知识；钢结构的矫形
教学引入	先识读钢结构图纸，通过观看钢结构连接的应用录像、图片，引入教学内容
实训小结	编制钢结构焊接工程施工方案
课外训练	到钢结构加工厂等参观，并参与钢结构加工制作。

项目五　钢结构涂装

【知识目标】

1. 熟悉钢结构的除锈等级和除锈方法；
2. 了解钢结构防腐涂料的优缺点，熟悉钢结构防腐涂装工程材料的选用；
3. 熟悉钢结构涂装工程的施工工艺。

【能力目标】

1. 能选用钢结构防腐涂装工程材料；
2. 会进行钢结构除锈；
3. 会编制钢结构涂装工程的施工方案。

【素质目标】

1. 培养学生的安全意识；
2. 培养学生的职业道德和社会公德；
3. 培养学生团队协作精神和爱岗敬业精神。

钢结构具有强度高、韧性好、施工方便、施工工期短等一系列优点，在建筑工程中应用日益增多。但其本身也存在明显的弱点——容易腐蚀及防火性能差，为了克服钢结构易腐蚀及防火性能差的缺点，在钢结构构件表面进行涂装保护以延长钢结构的使用寿命和增加安全性能。

钢结构的涂装可分为防腐涂装和防火涂装两大类。

任务5.1　钢结构除锈

发挥涂料的防腐效果重要的是漆膜与钢材表面的严密贴敷，若在基底与漆膜之间夹有锈、油脂、污垢及其他异物，不仅会妨碍除锈效果，还会起反作用而加速锈蚀。因此，钢构件表面处理的质量控制是防腐蚀涂层的重要环节。涂装前的钢材表面处理，亦称除锈。

钢材表面除锈前，应清除厚的锈层、油脂和污垢；除锈后应清除钢材表面上的浮灰和碎屑。

5.1.1　表面锈蚀分级

钢材表面的锈蚀等级大致可分为四个等级。

A级：全面地覆盖着氧化皮而几乎没有铁锈的钢材表面；

B级：已发生锈蚀，并且部分氧化皮已经剥落的钢材表面；

C级：氧化皮已因锈蚀面剥落或可以刮除，并有少量点蚀的钢材表面；

D级：氧化皮已因锈蚀面全面剥离，并且已普遍发生点蚀的钢材表面。

137

5.1.2　除锈方法与除锈等级

1. 手工和动力工具除锈

手工和动力工具除锈，可以采用铲刀、手锤或动力钢丝刷、动力砂纸盘或砂轮等工具除锈。

除锈等级以字母"St"来表示，其文字叙述如下。

St2：彻底的手工和动力工具除锈。钢材表面应无可见的油脂和污垢，并且没有附着不牢的氧化皮、铁锈和油漆涂层等附着物；

St3：非常彻底的手工和动力工具除锈。钢材表面应无可见的油脂和污垢，并且没有附着不牢的氧化皮、铁锈和油漆涂层等附着物。除锈应比St2更为彻底，底材显露部分的表面应具有金属光泽。

2. 喷射或抛射除锈

用喷砂机将砂（石英砂、铁砂或铁丸）喷击在金属表面除去铁锈并将表面清除干净；喷砂过程中的机械粉尘应有自动处理，反之粉末飞扬，确保环境安全。

喷射和抛射除锈分以下四个等级，除锈等级用字母"Sa"表示。

Sa1：轻度的喷射或抛射除锈。钢材表面应无可见的油脂和污垢的氧化皮、铁锈和油漆涂层等附着物；

Sa2：彻底的喷射或抛射除锈。钢材表面应无可见的油脂、污垢、氧化皮、铁锈等附着物，已基本清除，其残留物应是牢固附着的；

$Sa2\frac{1}{2}$：非常彻底地喷射或抛射除锈。钢材表面应无可见的油脂、污垢、氧化皮、铁锈和油漆涂层等附着物，任何残留的痕迹应仅是点状或条纹状的轻微色斑；

Sa3：是钢材表面光洁度的喷射或抛射除锈。钢材表面应无可见的油脂、污垢、氧化皮、铁锈和油漆涂层等附着物，该表面应显示均匀的金属光泽。

3. 火焰除锈等级

火焰除锈等级以字母"F1"表示，它是在火焰加热作业后，以动力钢丝刷清除加热后附着在钢材表面的杂物，只有一个等级。

F1火焰除锈：钢材表面应无氧化皮、铁锈和油漆涂层等附着物，任何残留的痕迹应仅为表面变色（不同颜色的暗影）。

4. 酸洗除锈

将构件放入酸洗槽内除去构件上的油脂和铁锈，并应将酸洗液洗干净。酸洗后应进行磷化处理，使其金属表面产生一层具有不溶性的磷酸铁和磷酸锰保护膜，增加涂膜的附着力。

选择除锈方法时，除要根据各种方法的特点和防护效果外，还要根据涂装的对象、目的、钢材表面的原始状态、要求的除锈等级、现有的施工设备和条件以及施工费用等，进行综合比较确定。

钢材构件表面除锈方法根据要求不同常采用手工除锈、机械除锈、喷射除锈、酸洗除锈等方法。各种除锈方法的特点见表5-1。

表5-1　各种除锈方法的特点

除锈方法	设备工具	优点	缺点
手工、机械	砂布、钢丝刷、铲刀、尖锤、平面砂磨机、动力钢丝刷等	工具简单，操作方便、费用低	劳动强度大、效率低、质量差，只能满足一般涂装要求
喷射	空气压缩机、喷射机、油水分离器等	能控制质量，获得不同要求的表面粗糙度	设备复杂，需要一定操作技术。劳动强度较高，费用高，污染环境。
酸洗	酸洗槽、化学用品、厂房	效率高、适用大批件、质量较高，费用低	污染环境，废液不易清理，工艺要求较严

除锈的工艺和技术应符合以下要求。

(1)建筑钢结构工程的油漆涂装应在钢结构制作安装验收合格后进行。

(2)油漆涂刷前，应采取适当的方法将需要的涂装部位的铁锈、焊缝药皮、焊接飞溅物、油污、尘土等杂物清理干净。

(3)基面清理除锈质量的好坏，直接影响到涂层质量的好坏。因此涂装工艺的基面除锈质量等级应符合设计文件的规定要求。钢结构除锈质量等级分类执行《涂覆涂料前钢材表面处理表面清洁度的目测评定》(GB/T 8923.1—2011)标准的第1部分：未涂覆过的钢材表面和全面清除原有涂层后的钢材表面的锈蚀等级和处理等级规定。不同的除锈方法，其防护效果也不同。

(4)为了保证涂装质量，根据不同需要可以分别选用以下除锈工艺。

油污的清除方法根据工件的材质、油污的种类等因素来决定，通常采用溶剂清洗或碱液清洗。清洗方法有槽内浸洗法、擦洗法、喷射清洗法和蒸汽法等。

任务5.2　钢结构涂装基础知识

5.2.1　涂料的选用与要求

钢结构涂装涂料是一种含油或不含油的胶体溶液，将它涂敷在钢结构构件的表面，可结成涂膜以防钢结构构件被锈蚀。涂料品种繁多，对品种的选择是决定钢结构涂装工程质量好坏的因素之一。

1.涂料分类

涂料一般分为底涂料和饰面涂料两种。

(1)底涂料。含粉料多、基料少、成膜粗糙，与钢材表黏结力强，并与饰面涂料结合性好。

(2)饰面涂料。含粉料少、基料多、成膜后有光泽。主要功能是保护下层的防腐涂料。所以，饰面涂料应对大气和湿气有高度的抗渗透性，并能抵抗由风化引起的物理、化学分解。目前的饰面涂料多采用合成树脂来提高涂层的抗风化性能。

2.涂料的选用

涂料的选用应按设计要求并考虑以下方面因素。

（1）根据钢结构所处环境，主要指室内外的温度、湿度、酸雨介质的浓度，选用涂料；

（2）注意涂料的匹配，使底层涂料与面层涂料之间有良好的黏结力；

（3）根据钢结构构件的重要性和设计要求，调整涂敷层数；

（4）根据施涂工艺、结构特点和施涂方法，选用涂料；

（5）除考虑结构使用功能，耐久性外，尚应考虑施涂过程中涂料的稳定性和无毒性；

（6）选用涂料应考虑饰面涂料的耐热性；

（7）注意底层涂料及面层涂料的色泽配套，在保证覆盖力和不产生咬色或色差的条件下，外露场所的饰面涂料还应考虑美观要求。

5.2.2 涂层厚度的确定

涂层结构形式有：底漆-中间漆-面漆；底漆-面漆；底漆和面漆是同一种漆。钢结构涂装设计的重要内容之一是确定涂层厚度。涂层厚度应根据需要来确定，过厚虽然可增强防腐力，但附着力和机械性能都要降低；过厚易产生肉眼看不到的针孔和其他缺陷，起不到隔离环境的作用。涂层厚度的确定应考虑以下因素：

（1）钢材表面原始状况；

（2）钢材除锈后的表面粗糙度；

（3）选用的涂料品种；

（4）钢结构使用环境对涂料的腐蚀程度；

（5）预想的维护周期和涂装维护条件。

涂层厚度，一般是由基本涂层厚度、防护涂层厚度和附加涂层厚度组成。

基本涂层厚度，是指涂料在钢材表面上形成均匀、致密、连续漆膜所需的最薄厚度（包括填平粗糙度波峰所需的厚度）。防护涂层厚度，是指涂层在使用环境中，在维护周期内受腐蚀、粉化、磨损等所需的厚度。附加涂层厚度，是指因以后涂装维修和留有安全系数所需的厚度。钢结构涂装涂层厚度，可参考表5-2确定。

表5-2　钢结构涂装涂层厚度　　　　　　　　　　　　　　　（单位：μm）

涂料品种	基本涂层和防护涂层					附加涂层
	城镇大气	工业大气	化工大气	海洋大气	高温大气	
醇酸漆	100～150	125～175				25～50
沥青漆			150～210	180～240		30～60
环氧漆			150～200	175～225	150～200	25～50
过氯乙烯漆			160～200			20～40
丙烯酸漆		100～140	120～160	140～180		20～40
聚氨酯漆		100～140	120～160	140～180		20～40
氯化橡胶漆		120～160	140～180	160～200		20～40
氯磺化聚乙烯漆		120～160	140～180	160～200	120～160	20～40
有机硅漆					100～140	20～0

5.2.3 涂层厚度的测定

1. 仪器

测针(厚度测量仪)是由针杆和可滑动的圆盘组成,圆盘始终保持与针杆垂直,并在其上装有固定装置,圆盘直径不大于 30 mm,以保持完全接触被测试件的表面。当厚度测量仪不易插入被插试件中,也可使用其他适宜的方法测试。

测试时,将测厚探针垂直插入防火涂层直至钢材表面上,记录标尺读数,如图 5-1 所示。

2. 测点选定

测点选择须遵守以下规定。

(1)楼板和防火墙的防火涂层厚度测定,可选相邻两纵、横轴线相交中的面积为 1 个单元,在其对角线上,按每米长度选一点进行测试。

(2)钢框架结构的梁和柱的防火涂层厚度测定,在构件长度内每隔 3 m 取一截面断按图 5-2 所示位置测试。

(3)桁架结构,上弦和下弦规定每隔 3 m 取一截面检测。其他腹杆每一根取一截面检测。

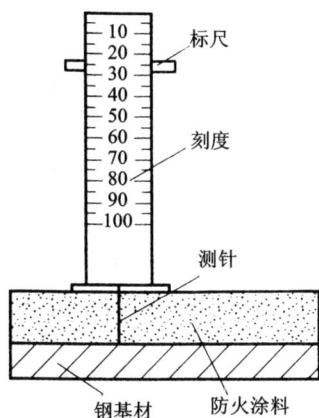

图 5-1 测厚度示意图

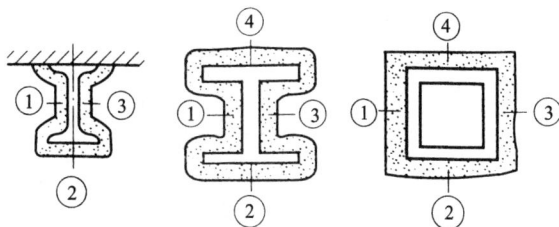

图 5-2 测点示意

3. 测量结果

对于楼板和墙面,在所选面积中,至少测出 5 个点;对于梁和柱在所选择的位置中,分别测出 6 个和 8 个点。分别计算出它们的平均值,精确到 0.5 μm。

5.2.4 钢结构涂装方法

合理的施工工艺,对保证涂装质量、施工进度、节约材料和降低成本有很大的作用。施涂方法主要根据涂料的性质和结构形状、施工现场环境和现有的施工工具(或设备)等因素考虑确定,常用的施工方法见表 5-3,一般采用刷涂法和喷涂法。

表 5-3　常用涂料的施工方法

施工方法	适用涂料特性			被涂物	使用工具或设备	主要优缺点
	干燥速度	黏度	品种			
刷涂法	干燥较慢	塑性小	油性漆酚醛漆醇酸漆等	一般构件及建筑物,各种设备管道等	各种毛刷	投资少,施工方法简单,适于各种形状及大小面积的涂装;缺点是装饰性较差,施工效率低
手工滚涂法	干燥较慢	塑性小	油性漆酚醛漆醇酸漆等	一般大型平面构件和管道等	滚子	投资少,施工方法简单,适用大面积物的涂装;缺点同刷涂法
浸涂法	干燥适当和流平性好	触变性好	各种合成树脂涂料	小型零件、设备和机械部件	浸漆槽、离心及真空设备	设备投资较小,施工方法简单,涂料损失少,适用于构造复杂构件;缺点有流挂现象,污染现场,溶剂易挥发
空气喷漆法	挥发快和干燥适中	黏度小	各种硝基漆、橡胶漆、建筑乙烯漆、聚氨酯漆等	各种大型构件及设备和管道	喷枪、空气压缩机、油水分离器等	设备投资较小,施工方法较复杂,施工效率较涂刷法高;缺点是消耗溶剂量大,污染现场,易引起火灾
无气喷漆法	具有高沸点溶剂的涂料	高不挥发分,有触变性	厚浆型涂料和高不挥发分涂料	各种大型钢结构、桥梁、管道、车辆和船舶等	高压无气喷枪、空气压缩机等	设备投资较大,施工方法较复制,效率比空气喷涂高,能获得厚涂层;缺点是损失部分涂料,装饰性较差

1. 刷涂法操作工艺

刷涂法是用毛刷进行涂装施工的一种方法。

油漆刷的选择:刷涂底漆、调合漆和磁漆时,应选用扁形和歪脖形弹性大的硬毛刷;刷油性清漆时,应选用刷毛较薄、弹性较好的猪鬃或羊毛等混合制作的板刷和圆刷;涂刷树脂漆时,应选用弹性好、刷毛前端柔软的软毛板刷或歪脖形刷。应采用直握毛刷,用腕力进行操作;涂刷时,应蘸少量涂料,刷毛浸入油漆的部分应为毛长的 1/3~1/2。对干燥较慢的涂料,应按涂敷、抹平和修饰三道工序进行;对于干燥较快的涂料,从与被涂物方向一致,按一定的顺序快速、连续地刷并修饰,不应反复涂刷。

涂刷顺序,一般应按自上而下、从左向右、先里后外、先斜后直、先难后易的原则,使漆膜均匀、致密、光滑和平整;刷涂的走向,刷涂垂直平面时,最后一道应由上向下进行;刷漆水平表面时,最后一道应按光线照射的方向进行;刷涂完毕后,应将油漆刷妥善保管,若长期不用,须用溶剂清洗干净,晒干后用塑料薄膜包好,存放在干燥的地方。

2. 滚涂法操作工艺

滚涂法是用羊毛或合成纤维做成多孔吸附材料贴附在空心的圆筒上制成的滚子进行涂料

施工的一种方法。该法施工工具简单，操作方便，施工效率比刷涂法高 1~2 倍，主要用于水性漆、油性漆、酚醛漆和醇酸漆类的涂装。

操作时，涂料应倒入装有滚涂板的容器内，将滚子的一半浸入涂料，来回滚涂几次，使棍子全部均匀浸透涂料，并把多余的涂料滚压掉；把滚子在钢结构构件表面上按 W 形轻轻地滚动，将涂料大致涂上，然后滚子上下密集滚动，将涂料均匀分布开，最后滚子按一定的方向滚平表面并修饰；滚动时，用力初始要轻，以防流淌，随后逐渐用力，使涂层均匀；滚子用后，应挤压掉残存的涂料，或使用涂料的稀释剂清洗干净，晒干后保存好。

3. 浸涂法操作工艺

浸涂法就是将被涂物放入油漆槽中浸渍，经一定时间后取出后吊起，让多余的涂料尽量滴净，自然晾干或烘干的涂漆方法。适用于形状复杂的骨架状被涂物，适用于烘烤型涂料。建筑钢结构工程中应用较少，此处不再详述。

4. 空气喷涂法操作工艺

空气喷涂法是利用压缩空气的气流将涂料带入喷枪，经喷嘴吹散成雾状，并喷涂到被涂物表面上的一种涂装方法。

(1)进行喷涂时，必须将空气压力、喷出量和喷雾幅度等调整适当，以保证喷涂质量。

(2)要控制喷涂距离，喷涂距离过大，油漆易落散，造成漆膜过薄而无光；喷涂距离过近，漆膜易产生流淌和橘皮现象。喷涂距离应根据喷涂压力和喷嘴大小来确定，一般使用大口径喷枪的喷涂距离为 200~300 mm，使用小口径喷枪的喷涂距离为 150~250 mm。

(3)要控制喷涂速度，喷枪的运行速度应控制在 30~60 cm/s 范围内，并应运行平稳。喷枪应垂直于被涂物表面。如喷枪角度倾斜，漆膜易产生条纹和斑痕。喷涂时，喷幅的搭接宽度，一般为有效喷雾幅度的 1/4~1/3，并保持一致。

(4)暂停喷涂工作时，应将喷枪端部浸泡在溶剂中，以防涂料干固堵塞喷嘴。

(5)喷枪使用完后，应立即用溶剂清洗干净。枪体、喷嘴和空气帽应用毛刷清洗干净。气孔和喷漆孔遇有堵塞，应用木钎疏通，不准用金属丝或铁钉疏通，以防损伤喷嘴孔。

5. 无气喷涂法操作工艺

无气喷涂法是利用液压泵将涂料增至高压经管路通过喷枪的喷嘴喷出后，体积骤然膨胀而雾化高速地分散在被涂物表面上形成漆膜的方法。

无气喷涂法施工前，涂料必须经过过滤。施工时，喷枪嘴与被涂物表面的距离，一般应控制在 300~380 mm 之间。

喷幅宽度：较大的物件 300~500 mm 为宜，较小物件 100~300 mm 为宜，一般为 300 mm。喷嘴与物件表面的喷射角度为 30°~80°。喷枪运行速度为 10~100 cm/s。喷幅的搭接宽度应为喷幅的 1/6~1/4。之后才能使用。

喷涂过程中，吸入管不得溢出涂料液面，应经常注意补充涂料。发生喷嘴堵塞时，应关枪，取下喷嘴，先用刀片在喷嘴口切割数下(不得用刀尖凿)，再用毛刷在溶剂中清洗，然后用压缩空气吹通或用木钎捅通。暂停喷漆施工时，应将喷枪喷嘴置于溶剂中。

喷涂结束后，将吸入管从涂料桶中提起，液压泵空载运行将泵内、过滤器、高压软管和喷枪内剩余涂料排出，然后利用溶剂空载循环，将上述各器件清洗干净后关闭液压泵。高压软管弯曲半径不得小于 50 mm，且不允许重物压在上面。高压喷枪严禁对准操作人员或他人。

任务5.3　钢结构防腐涂装

5.3.1　涂装施工环境要求

涂装施工应在规定的施工环境条件下进行，它包括温度和湿度。施工需要有防护措施；在有雨、雾、雪和较大灰尘的环境下，禁止户外施工，涂层可能受到尘埃、油污、盐分和腐蚀性物质污染，甚至污染环境；施工作业环境光线严重不足时，以及没有安全措施和防火、防爆器具的情况下，一般不得施工。

(1)施涂作业宜在钢结构制作或安装的完成、校正及交接验收合格后，在晴天和通风良好的室内环境下进行。注意与土建工程配合，特别是与装饰工程要编制交叉计划及措施。

(2)严禁在雨、雪、雾、风沙的天气或烈日下的室外施涂。

(3)涂作业温度：施工环境温度过高，溶剂挥发快，漆膜流平性不好；温度过低，漆膜干燥慢而影响其质量。《钢结构工程施工质量验收标准》(GB 50205—2020)规定，涂装时温度以5~38℃为宜。室内宜在5~38℃之间；室外宜在15~35℃之间；当气温低于5℃高于35℃时一般不宜施涂。

(4)涂装施工环境的湿度，一般应在相对湿度以不大于85%的条件下施工为宜。施工环境湿度过大，漆膜易起鼓、附着不好，严重的会大面积剥落。但由于各种涂料的性能不同，所要求的施工环境湿度也不同，如醇酸树脂漆、沥青类漆、硅酸锌漆等可在较高的相对湿度条件下施工，而乙烯树脂漆、聚氨酯漆、硝基漆等则要求在较低的相对湿度条件下施工。

5.施涂油性涂料4 h内严禁受雨淋、风吹，或粘上砂粒、尘土、油污等，更不得损坏涂膜。

5.3.2　涂料准备

涂料和溶剂一般都属化学易燃危险品，贮存时间过长会发生变质现象；贮存环境条件不适当，易爆炸燃烧。因此，必须做好贮运工作。涂料不允许露天存放；严禁用敞口容器贮存和运输；涂料及辅助材料应贮存在通风良好、温度5~35℃、干燥、防止日光直照和远离火源的仓库内；产品在运输时，应防止雨淋、日光暴晒，并应符合交通部有关规定。

5.3.3　施工工艺

1.涂料预处理

涂料选定后，通常要进行以下处理操作程序，然后才能施涂。

(1)开桶。开桶前应将桶外的灰尘、杂物除尽，以免其混入油漆桶内。同时名称、型号和颜色进行检查，是否与设计规定或选用要求相符合，检查制造日期，是否超过贮存期，凡不符合的应另行研究处理。若发现有结皮现象，应将漆皮全部取出，以免影响涂装质量。

(2)搅拌。将桶内的油漆和沉淀物全部搅拌均匀后才可使用。

(3)配比。对于双组分的涂料使用前必须严格按照说明书所规定的比例来混合。双组分涂料一旦配比混合后，就必须在规定的时间内用完。

(4)熟化。双组分涂料混合搅拌均匀后，需要过一定熟化时间才能使用，对此应引起注意,以保证漆膜的性能。

(5)稀释。有的涂料因贮存条件、施工方法、作业环境、气温的高低等不同情况的影响。使用时,有时需用稀释剂来调整黏度。

(6)过滤。将涂料中可能产生的或混入的固体颗粒、漆皮或其他杂物滤掉,以免这些杂物堵塞喷嘴及影响漆膜的性能及外观。通常可以使用80~120目的金属网或尼龙丝晒进行过滤,以达到质量控制的目的。

2.刷防锈漆

(1)涂底漆一般应在金属结构表面清理完毕后就立即施工,否则金属表面又会重新氧化生锈,涂刷方法是油刷上下铺油(开油),横竖交叉地将油刷匀,再把刷迹理平。

(2)可用设计要求的防锈漆在金属结构上满刷一遍。如原来已刷过防锈漆,应检查其有无损坏及有无锈斑。凡有损坏及锈斑处,应将原防锈漆层铲除,用钢丝刷和砂布彻底打磨干净后,再补刷防锈漆一遍。

(3)采用油基底漆或环氧底漆时,应均匀地涂或喷在金属表面上,施工时将底漆的粘度调到:喷涂为18~22 St,刷涂为30~50 St。

(4)底漆以自然干燥居多,使用环氧底漆时也可进行烘烤,质量比自然干燥要好。

3.局部刮腻子

(1)待防锈底漆干透后,将金属面的砂眼、缺棱、凹坑等处用石膏腻子刮抹平整。石膏腻子配合比(质量比)是石膏粉:熟桐油:油性腻子(或醇酸腻子):底漆:水=20:5:10:7:45。

(2)可采用油性腻子和快干腻子。用油性腻子一般在12~24 h才能全部干燥;而用快干腻子干燥较快,并能很好地黏附于所填底的表面,因此在部分损坏或凹陷处使用快干腻子可以缩短施工周期。

此外,也可用铁红醇酸底漆50%加光油50%混合拌匀,并加适量石膏粉和水调成腻子打底。

(3)一般第一道腻子较厚,因此在拌和时应酌量减少油分,增加石膏粉用量,可一次刮成,不必求得光滑。第二道腻子需要平滑光洁,因而在拌和时可增加油分,腻子调整得薄些。

(4)刮涂腻子时,可先用橡皮刮或钢刮刀将局部凹陷处填平。待腻子干燥后应加以砂磨,并抹除表面灰迹,然后再涂刷一层底漆,接着再上一层腻子。刮腻子的层数应视金属结构的不同情况而定。金属结构表面一般可刮2~3道腻子。

(5)每刮完一道腻子待干后要进行砂磨,头道腻子比较粗糙可用粗铁砂布垫木块砂磨;第二道腻子可用细铁砂或240号水砂纸砂磨;最后两道腻子可用400号水砂纸仔细地打磨光滑。

4.涂刷操作

涂刷必须按设计和规定的层数进行。主要目的是保护金属结构的表面经久耐用,必须保证涂敷层次及厚度,才能消除涂层中的孔隙,抵抗外来的侵蚀,达到防腐和保养。

1)涂第一遍油漆应符合下列规定

(1)分别选用带色铅油或带色调和漆、磁漆涂刷,但此遍漆应适当掺加配套的稀释剂或稀料,以达到盖底、不流淌、不显刷迹。冬季施工宜适当加些催干剂(铅油用铅锰催干剂),掺量为2%~5%(质量比);磁漆等可用钴催干剂,掺量一般小于0.5%。涂刷时厚度应一致,不得漏刷。

（2）复补腻子：如果设计要求有此工序时，将前数遍腻子干缩裂缝或残缺不足处，再用带色腻子局部补一次，复补腻子与第一遍漆色相同。

（3）磨光：如设计有此工序(属中、高级油漆)，宜用 1 号以下细砂布打磨，用力应轻而匀，注意不要磨穿漆膜。

2）刷第二遍油漆应符合下列规定

（1）如为普通油漆，为最后一层面漆。应用原装油漆(铅油或调和漆)涂刷，但不宜掺催干剂。

（2）磨光：设计要求此工序(中、高级油漆)时，与上相同。

（3）潮布擦净：将干净潮布反复在已磨光的油漆面上揩擦干净，注意擦布上的细小纤维不要被粘上。

5. 喷漆操作

（1）喷漆施工时，应先喷头道底漆，黏度控制在 20 ~ 30 St，气压 0.4 ~ 0.5 MPa，喷枪距物面 20 ~ 30 cm，喷嘴直径以 0.25 ~ 0.3 cm 为宜。先喷次要面，后喷主要面。干后用快干腻子将缺陷及细眼找补填平；腻子干透后，用水砂纸将刮过腻子的部分和涂层全部打磨一遍，擦净灰迹待干后再喷面漆，粘度控制在 18 ~ 22 St。喷涂底漆和面漆的层数要根据产品的要求而定，面漆一般可喷 2 ~ 3 道；要求高的物件(如轿车)可喷 4 ~ 5 道。每次都用水砂打磨，越到面层要求水砂越细，质量越高。如需增加面漆的亮度，可在漆料中加入硝基清漆(加入量不超过 20%)，调到适当黏度(15 St)后喷 1 ~ 2 遍。

（2）喷漆施工时，应注意以下事项。

①在喷漆施工时应注意通风、防潮、防火。工作环境及喷漆工具应保持清洁，气泵压力控制在 0.6 MPa 以内，并应检查安全阀是否失灵。

②在喷大型工件时可采用电动喷漆枪或用静电喷漆。

③使用氨基醇酸烘漆时要进行烘烤，物件在工作室内喷好后应先放在室温中流平 15 ~ 30 min，然后再放入烘箱。先用低温 60℃ 烘烤半小时后，再按烘漆预定的烘烤温度(一般在 120℃ 左右)进行恒温烘烤 1.5 h，最后降温至工件干燥出箱。

（3）凡用于喷漆的一切油漆，使用时必须掺加相应的稀释剂或相应的稀料，掺至以能顺利喷出成雾状为准(一般为漆重的 1 倍左右)，并通过 0.125 mm 孔径筛清除杂质，一个工作物面层或一项工程上所用的喷漆量宜一次配够。

6. 喷漆质量检验和预防措施

涂装完成后，经自检和专业检并记录。涂层有缺陷时，应分析并确定缺陷原因，并及时修补，修补的方法和要求与正式涂层部分相同。整个工程安装完后，除需要进行修补漆外，还应对以下部位进行补漆：接合部的外露部位和紧固件等；安装时焊接及烧损的部位；组装和漏涂的部位；运输和组装时损伤的部位。

一般钢结构涂装工程中禁止涂装部位通常有：①地脚螺栓和底板；②高强度螺栓摩擦接合面；③与混凝土紧贴或埋入混凝土的部位；④机械安装所需的加工面；⑤密封的表面；⑥现场待焊接的部位、相邻两侧各 100 mm 的热影响区以及超声波探伤区域；⑦通过组装紧密接合的表面；⑧设计上注明不涂漆的部位。

对施工时可能会影响到禁止涂装的部位，在施工前应进行遮蔽保护。面积较大的部位，可贴纸并用胶带贴牢；面积较小的部位，可全部用胶带贴上。

5.3.4 成品保护

（1）钢构件涂装后，应加以临时围护隔离，防止踏踩，损伤涂层。

（2）钢构件涂装后，在 4 h 内如遇大风或下雨时，应加以覆盖，防止沾染灰尘或水汽，避免影响涂层的附着力。

（3）涂装后的钢构件需要运输时，应注意禁止磕碰和在地面拖拉，防止涂层损坏。

（4）涂装后的钢构件勿接触酸类液体，防止咬伤涂层。

5.3.5 安全环保措施

防腐涂装施工所用的材料大多数为易燃物品，大部分溶剂有不同程度的毒性。为此，防腐涂装施工中防火、防爆、防毒是至关重要的，应予以相当的关注和重视。

1. 防火措施

（1）防腐涂料施工现场或车间不允许堆放易燃物品，并应远离易燃物品仓库，严禁烟火，并有明显的禁止烟火的宣传标志，必须备有消防水源或消防器材。

（2）防腐涂料施工中使用擦过溶剂和涂料的棉纱、棉布等物品应存放在带盖的铁桶内，并定期处理掉。

（3）严禁向下水道倾倒涂料和溶剂。

2. 防爆措施。

（1）防腐涂料使用前需要加热时，采用热载体、电感加热等方法，并远离涂装施工现场。

（2）防腐涂料涂装施工时，严禁使用铁棒等金属物品敲击金属物体和漆桶，如需敲击应使用木制工具，防止因此产生摩擦或撞击火花。

（3）在涂料仓库和涂装施工现场使用的照明灯应有防爆装置，临时电气设备应使用防爆型的，并定期检查电路及设备的绝缘情况。在使用溶剂的场所，应禁止使用闸刀开关，要使用三相插头，防止产生电气火花。

（4）所有使用的设备和电气导线应良好接地，防止静电聚集。

（5）所有进入防腐涂料涂装施工现场的施工人员，应穿安全鞋、安全服装。

3. 防毒措施

（1）施工人员应戴防毒口罩或者防毒面具。

（2）对于接触性侵害，施工人员应穿工作服、戴手套和防护眼镜等，尽量不与溶剂接触。

（3）施工现场应做好通风排气装置，减少有毒气体的浓度。

4. 高空作业

在进行高空作业时，应系好安全带，并应对使用的脚手架或吊架等临时设施进行检查，确认安全后，方可施工。

5. 施工工具

施工时，施工工具不使用时应放入工具袋内，不得随意乱扔乱放。

任务5.4 钢结构防火涂装

火灾是由可燃材料的燃烧引起的，是一种失去控制的燃烧过程。建筑物的火灾损失大，尤其是钢结构，一旦发生火灾容易破坏而倒塌。钢是不燃烧体，但却易导热，试验证明，不加保护的钢构件的耐火极限仅为 10～20 min。温度在 200℃时，钢材性能基本不变；当温度超过 300℃时，钢材力学性能迅速下降；达到 600℃时，钢材失去承载能力，造成结构变形，最终导致垮塌。

目前钢结构常用的防火措施主要有防火涂料和构造防火两种类型，本任务主要讲述防火涂料。防火涂料是用于钢材表面，来提高钢材耐火极限的一种涂料。防火涂料涂覆在钢材表面。除具有阻燃、隔热作用以外，还具有防锈、防水、防腐、耐磨等性能。

建筑物的防火等级对各不同的构件所要求的耐火极限进行设计。防火涂料的性能、涂料厚度和质量要求应符合现行国家标准《钢结构防火涂料》(GB 14907—2018)和《钢结构防火涂料应用技术规范》(T/CECS 24—2020)的规定。

5.4.1 防火涂料的分类

防火涂料种类很多，在实际应用过程中，主要有两种分类方法：一是根据漆膜厚度不同划分，有超薄型、薄型和厚型防火涂料。目前超薄型的用量最大，约占钢结构防火涂料的70%，其次是厚涂型涂料，约占20%。二是按应用场合的适用对象来划分，有木结构防火涂料、钢结构防火涂料、电线电缆防火涂料、隧道防火涂料等。

薄型、超薄型膨胀涂料主要以有机材料为主。厚型非膨胀涂料以无机材料为主。

薄涂型钢结构涂料层厚度一般为 1～10 mm，有一定装饰效果，高温时涂层膨胀增厚，具有耐热隔热作用，耐火极限可达 0.5～2.0 h。因此某些结构需要暴露，荷载量要求苛刻的钢结构建筑常采用薄型、超薄型防火涂料。但薄型、超薄型防火涂料的耐火极限不长，对于耐火极限要求超过 2.0 h 的钢构件，其使用受到限制。此外由于有机材料的老化而导致涂料防火性能的降低也是一个不容忽视的问题。

厚涂型非膨胀涂料分为硅石水泥系，矿纤维水泥系，氯氧化镁水泥系和其他无机轻体系，其基本组成是：胶结料(硅酸盐水泥，氯氧化镁或无机高温黏结剂等)，骨料(膨胀硅石，膨胀珍珠岩，矿棉等)，化学助剂(改性剂，硬化剂，防水剂等)，水。主要品种有：LG 钢结构防火隔热涂料，STI-A，JG276，ST-86，SB-1，SG-2 钢结构防火徐料等。厚涂型钢结构防火涂料厚度一般为 8～50 mm，耐火极限可达 2.5 h，甚至更长时间。由于厚型防火涂料的成分多为无机材料，因此其防火性能稳定，长期使用效果较好，但其单位重量较大，涂料组分的颗粒较大，涂层外观不平整，影响建筑的整体美观，因此大多用于结构隐蔽工程。

各类防火涂料的特性及适应范围见表 5-4。选用厚型防火涂料时，外表面需要做装饰面隔护。装饰要求较高的部位可以选用超薄型防火涂料。

表 5-4　防火涂料的特性及适应范围

防火涂料类别	特性	厚度/mm	耐火极限/h	适用范围
超薄型防火涂料	附着力强、干燥快、可以配色、有装饰效果、一般不需外保护层	1～3	0.5～1.5	工业与民用建筑梁、柱等
薄型防火涂料（B 类）	附着力强，可以配色，一般不需要外保护层，有一定的装饰效果	3～5	2.0～2.5	工业与民用建筑楼盖与房屋钢结构

续表5-4

防火涂料类别	特性	厚度/mm	耐火极限/h	适用范围
厚涂型防火涂料（H类）	喷涂施工，密度小，热导率低、物理强度和附着力低，需要装饰层隔护	8～50	1.5～3.0	有装饰面层的建筑钢结构柱、梁
露天防火涂料	喷漆施工，有良好的耐候性	薄涂 3～10 厚涂 25～40	0.1～2.0 3.0	露天环境中的桁架、钢架等钢结构

5.4.2　钢结构防火涂料的选用

1.涂料的选择原则

(1)钢结构防火涂料必须有国家检测机构的耐火性能检测报告和理化性能检测报告，有消防部门颁发的生产许可证，方可选用。选用的防火涂料质量应符合国家有关标准规定。有生产厂方的合格证，并应附有涂料品名、技术性能、制造批号、贮存期限和使用说明。

(2)室内裸露钢结构、轻型屋盖钢结构及有装饰要求的钢结构，当规定耐火极限在 1.5 h 及以下时，宜选用薄涂型钢结构防火涂料。

(3)室内隐蔽钢结构，高层全钢结构及多层厂房钢结构，当规定其耐火极限在 2 h 及以上时，应选用厚涂型钢结构防火涂料。

(4)露天钢结构，如石油化工企业，油(汽)罐支撑，石油钻井平台等钢结构，应选用符合室外钢结构防火涂料产品规定的厚涂型或薄涂型露天防火涂料。

(5)对不同厂家的同类产品进行比较选择时，宜查看近两年内产品的耐火性能和检测报告。产品定期鉴定意见，产品在工程中应用情况和典型实例。并了解厂方技术力量、生产能力及质量保证条件等。

2.涂料选用时的注意事项

(1)不要把饰面型防火涂料用于钢结构，饰面型防火涂料是保护木结构等可燃基材的阻燃涂料，薄薄的涂膜达不到提高钢结构耐火极限的目的。

(2)不应把薄涂型钢结构膨胀防火涂料用于保护 2 h 以上的钢结构。薄涂型膨胀防火涂料之所以耐火极限不太长，是由自身的原材料和防火原理决定的。这类涂料含较多的有机成分，涂层在高温下发生物理、化学变化，形成炭质泡膜后起隔热作用的。膨胀泡的膜强度有限，易开裂、脱落，炭质在1000℃高温下会逐渐灰化掉。要求耐火极限2 h 以上的钢结构，必须选用厚涂型钢结构防火隔热涂料。

(3)不得将室内钢结构防火涂料，未加改进和未采取有效的防水措施，直接用于喷涂保护室外的钢结构。露天钢结构必须选用耐水、耐冻融循环、耐老化，并能经受酸、碱、盐等化学腐蚀的室外钢结构防火涂料进行喷涂保护。

(4)在一般情况下，室内钢结构防火保护不要选择室外钢结构防火涂料，为了确保室外钢结构防火涂料优异的性能，其原材料要求严格。并需应用一些特殊材料，因而其价格要比室内用钢结构防火涂料贵得多。但对于半露天或某些潮湿环境的钢结构，则宜选用室外钢结构防火涂料保护。

(5)厚涂型防火涂料基本上由无机质材料构成。涂层稳定，老化速度慢，只要涂层不脱落，防火性能就有保障。需要考虑耐久性和防火性的钢结构，宜选用厚涂型防火涂料。

5.4.3 钢结构防火涂料施工

1.一般要求

(1)钢结构防火涂料的生产厂家、检验机构、涂装施工单位均应具有相应的资质，并通过公安消防部门的认证。

(2)钢结构涂料涂装前，构件应安装完毕并验收合格。若提前施工，应考虑施工后补喷。

(3)钢结构表面杂物应清理干净，其连接处的缝隙应采用防火涂料或其他材料填平之后方可施工。

(4)喷涂前，钢结构表面应除锈，并根据使用要求确定防锈等级和处理方式。

(5)喷涂前应检查防火涂料品名、质量是否满足要求，是否有厂方的合格证，检测机构的耐火性能检测报告和理化性能检测报告。

(6)防火涂料的面层和底层应相互配套，底层涂料不得腐蚀钢材。

(7)涂料施工过程中，环境温度宜在5~38℃在之间，相对湿度不应大于85%，涂装时构件表面不应有结痂，涂装后4 h内应免受雨淋。

2.薄型防火涂料施工

1)施工工具与方法

一般采用喷涂方法涂装，面层装饰涂料可以采用刷涂、喷涂或滚涂等方法，局部修补或小面积构件涂装，不具备喷涂条件时，可采用抹灰刀等工具进行手工涂抹。

机具为重力(或喷斗)式喷枪，配能够自动调压的0.6~0.9 m^3/min 的空压机。喷涂底层及逐层涂层时，喷枪口径为4~6 mm，空气压力为0.4~0.6 MPa；喷涂面层时，喷枪口径为1~2 mm，空气压力为0.4 MPa左右。

2)涂料的搅拌与调配

(1)运送到施工现场的钢结构防火涂料，应采用便携式电动搅拌器予以适当搅拌，使其均匀一致，方可用于喷涂。搅拌和调配好的涂料，应稠度适宜，喷涂后不发生流淌和下坠现象。

(2)双组分包装的涂料，应按说明书规定的配比进行现场调配，边配边用。

3)底层施工工艺及要求

(1)底涂层一般应喷2~3遍，每遍4~24 h，待前遍基本干燥后再喷后一遍，头遍喷涂以盖住基底面70%即可，二、三遍喷涂每遍厚度不超过2.5 mm为宜。每喷1 mm厚的涂层，约耗涂料的1.2~1.5 kg/m²。

(2)喷涂时手握喷枪要稳，喷嘴与钢基材面垂直或成70°角，喷口到喷面距离为40~60 cm。要求回旋转喷涂，注意搭接处颜色一致，厚薄均匀，要防止漏喷、流淌。确保涂层完全闭合，轮廓清晰。

(3)喷涂过程中，操作人员要携带测厚针随时检测涂层厚度，确保各部位涂层达到设计规定的厚度要求。

(4)喷涂形成的涂层是粒状表面，当设计要求涂层表面平整光滑时，待喷完最后一遍应采用抹灰刀或其他适用的工具作抹平处理。使外表面均匀平整。

4)面层施工工艺及要求

当底层厚度符合设计规定，并基本干燥后，方可施工面层喷涂料。面层涂料一般涂饰 1~2 遍，如头遍是从左至右喷，二遍则应从右至左喷，以确保全部覆盖住底涂层。面涂层料为 0.5~1.0 kg/m²。对于露天钢结构的防火保护，喷好防火的底涂层后，也可选用适合建筑外墙用的面层涂料作为防水装饰层，用量为 1.0 kg/m² 即可。面层施工应确保各部分颜色均匀一致，搭接平整。

3.厚型防火涂料施工

1)施工方法与机具

一般是采用喷涂施工，机具可为压送式喷涂机或挤压泵，配能自动调压的 0.6~0.9 m³/min 空压机，喷枪口径为 6~12 mm，空气压力为 0.4~0.6 MPa。局部修补可采用抹灰刀等工具手工抹涂。

2)涂料的搅拌与配置

(1)由工厂制造好的单组分湿涂料，现场应采用便携式搅拌器搅拌均匀。由工厂提供的干粉料，现场加水或其他稀释剂调配，应按涂料说明书规定配比混合搅拌，边配边用。

(2)由工厂提供的双组分涂料，按配制涂料说明书规定的配比混合搅拌，边配边用。特别是化学固化干燥的涂料，配制的涂料必须在规定的时间内用完。

(3)搅拌和调配涂料，使稠度适宜，能在输送管道中畅通流动，喷涂后不会流淌和下坠。

3)施工工艺及要求

(1)喷涂应分若干次完成，第一次喷涂以基本盖住钢基材面即可，以后每次喷涂厚度为 5~10 mm，一般为 7 mm 左右为宜。必须在前一次喷层基本干燥或固化后再接着喷，通常情况下，每天喷一遍即可。

(2)喷涂保护方式，喷涂次数与涂层厚度应根据防火设计要求。耐火极限 1~3 h，涂层厚度 10~40 mm，一般需喷 2~5 次。

(3)喷涂时，持枪手紧握喷枪，注意移动速度，不能在同一位置久留，防止涂料堆积流淌；输送涂料的管道长而笨重，就配一助手帮助移动和托起管道；配料及往挤压泵加料均要连续进行，不得停顿。

(4)施工过程中，操作者应采用测厚针检测涂层厚度，直到符合设计规定的厚度，方可停止喷涂，喷涂后的涂层要适当维修，对明显的乳突，应要用抹灰刀等工具删除，以确保涂层表面均匀。

5.4.4　钢结构防火涂料施工验收

大致分为两步：一是防火涂料刷涂前的构件表面质量检查；二是刷涂后的外观检查和厚度检查。

1.准备的文件

(1)所用产品的耐火极限和理化力学性能报告；

(2)所用产品抽检的黏结强度、抗压强度等检测报告；

(3)所用产品的合格证；

(4)施工现场检查记录和重大问题处理意见和结果；

(5)工程变更记录和材料代用通知单；

(6)隐蔽工程中期验收记录；

(7)工程竣工后现场记录。

2.薄涂型钢结构防火涂层的要求

(1)涂层厚度应符合设计要求;

(2)无漏涂、脱粉、明显裂缝等。若有个别裂缝,其宽度不大于0.5 mm;

(3)涂层与钢基材之间和各涂层之间应黏结牢固,无脱层、空鼓等情况;

(4)颜色与外观符合设计规定,轮廓清楚、搭接平整;

(5)应符合有关耐火极限的设计要求;

(6)涂层总厚度必须达到设计规定的标准;

(7)涂料的黏结强度、抗压强度应符合国家现行标准的规定。

3.厚涂型钢结构防火涂层的要求

(1)涂层厚度应符合设计要求;

(2)涂层应完全闭合,不应露底、漏涂;

(3)涂层不宜出现裂缝。若有个别裂缝,其宽度不大于1 mm;

(4)涂层与钢基材之间和各涂层之间应黏结牢固,无空鼓、脱层和松散等情况;

(5)涂层表面应无乳突;

(6)应符合有关耐火极限的设计要求;

(7)涂层总厚度必须达到设计规定的标准;

(8)涂料的黏结强度、抗压强度应符合国家现行标准的规定。

能力训练题

1.钢结构构件的防腐施涂的刷涂法的施涂顺序一般是什么?

2.钢结构常见涂装方法的优缺点?

实训项目五　钢结构防腐涂装工程施工

钢结构防腐涂装工程施工职业活动实习内容、教学设计实训项目详见表5-5。

表5-5　钢结构防腐涂装工程施工职业活动实训教学设计项目卡

项目	实训场所:校内外实训基地		学期:　　　日期:
防腐涂装工程	计划学时:2学时		班级:
教学目标	能力目标	会选用钢结构防腐涂装工程材料;能进行钢结构防腐涂装工程施工验收	
	知识目标	钢结构防腐涂装工程材料选用;钢结构防腐涂装工程施工准备知识;钢结构防腐涂装工程施工工艺和质量控制要点;钢结构防腐涂装工程施工验收方法和标准	
教学重点难点	钢结构防腐涂装工程施工工艺和质量控制要点;钢结构防腐涂装工程施工验收知识		

续表5-5

设计思路		通过学生观看钢结构防腐涂装工程施工工艺录像及识读钢结构框架结构施工图，在老师的引导下，引出钢结构防腐涂装工程材料的选用、施工前的准备、施工工艺、实操施工要点、质量验收的有关知识		
序号	工作任务	教学设计与实施		参考学时
		课程内容和要求	活动设计	
1	防腐防火涂料的选用	①钢结构防腐涂料的选用②能识别常用防腐、防火涂料及其性能	活动1：现场认识防腐涂料，到涂料市场、建筑工地等场所进行参观认知活动2：到建筑工地进行"学徒"实训，识别常用防腐、防火涂料及其涂装时使用的工具、设备	2
2	防腐涂装工程施工前准备	①钢结构除锈方法与除锈等级②能识别除锈、涂装工具和设备③熟悉涂装施工工艺流程④除锈的质量检测	活动1：施工准备。①按设计图纸要求选用底漆及面漆；②准备除锈机械，涂刷工具；③涂装前各构件检查验收；④防火和通风措施活动2：涂装施工工艺流程：基面清理→底层涂装→面漆涂装活动3：除锈质量检测	
3	防腐涂装工程施工	①熟悉钢结构涂装施工方法②能识读钢结构工程施工图要求③能协助管理钢结构涂装工程施工	在现场选一某类型钢结构构件进行涂装施工参观活动1：底漆涂装活动2：面漆涂装活动3：成品保护	
4	涂层检查与验收	①掌握钢结构防火施工验收步骤②熟悉钢结构涂装施工验收时施工单位应具备的文件③钢结构涂装工程的质量检验评定	活动1：涂装后外观检查活动2：涂装漆膜厚度的测定活动3：钢结构涂装工程质量检验评定	
5		学时总计		2
课前回顾		有关钢结构的结构类型、选材等；钢结构的连接方法；钢结构的吊装工艺		
教学引入		通过观看钢结构涂装工程录像引入钢结构涂装工程施工的内容		
实训小结		编制钢结构涂装工程施工方案		
课外训练		对照某一钢结构工程实例施工图，到施工现场参观，熟悉钢结构涂装工程施工过程		

项目六 钢结构安装

【知识目标】

1.了解钢结构安装吊装前准备工作的内容，能编制、审核安装施工组织设计；

2.掌握钢结构吊装机械的原则和吊装参数的选择；

3.熟悉钢结构主要构件的安装和校正方法；

4.熟悉钢结构安装质量验收标准及检验方法。

【能力目标】

1.能做好钢结构安装前的准备工作；

2.会安装钢结构主要构件和进行校正；

3.能进行钢结构安装质量验收，并能解决钢结构安装质量验收中的实际问题。

【素质目标】

1.培养学生的安全意识；

2.培养学生的职业道德和社会公德；

3.培养学生团队协作精神和爱岗敬业精神。

任务6.1 钢结构安装基础知识

6.1.1 吊装准备

钢结构安装吊装前准备工作的内容包括：技术准备、构件准备、吊装接头准备、安装的吊装机具、材料准备、道路、人员、临时设施准备等。

1.吊装技术准备

(1)认真熟悉掌握施工图纸、设计变更，组织图纸审查和会审；核对构件的空间就位尺寸和相互之间的关系；

(2)计算并掌握吊装构件的数量、单体重量和安装就位高度以及连接板、螺栓等吊装构件数量，熟悉构件间的连接方法；

(3)组织编制吊装工程施工组织设计或作业设计，包括：工程概况、选择吊装机械、确定吊装程序与方法、构件制作、堆放平面布置、构件运输方法、劳动组织、构件和物资机具供应计划、保证质量安全技术措施等；

(4)了解已选定的起重、运输及其他辅助机械设备的性能及使用要求；

(5)进行技术交底，包括任务、施工组织设计或作业设计、技术要求、施工保证措施、现场环境情况、内外协作配合关系等。

2. **构件堆场准备**

钢结构安装现场应设置专门的构件堆场，并应采取防止构件变形及表面污染的保护措施。设置构件堆场的作用主要有三个方面：一是储存制造厂的钢构件；二是根据安装施工流水顺序进行构件配套，组织供应；三是对钢构件质量进行检查和修复，保证将合格的构件送进施工现场。钢结构构件应按安装程序保证及时供应，现场场地应能满足堆放、检验、油漆、组装和配套供应的需要。

3. **钢构件准备**

1) 钢构件核查

钢构件核查主要是清点构件的型号、数量，并按设计和规范要求对构件质量进行全面检查，包括构件强度与完整性（有无严重裂缝、扭曲、侧弯、损伤及其他严重缺陷）；外形和几何尺寸，平整度；埋设件、预留孔的位置、尺寸和数量；接头钢筋吊环、埋设件的稳固程度和构件的轴线等是否准确，有无出厂合格证。如有超出设计或规范规定的偏差，应在吊装前纠正。

2) 构件编号

场外构件进场及排放，并按图纸对构件进行编号。不易辨别上下、左右、正反的构件，应在构件上注明标记，以免吊装出错。

3) 弹线定位

在构件上根据就位、校正的要求弹好就位和校正线。柱弹出三面中心线、牛腿面与柱顶中心线、±0.000 线（或标高准线）。基础杯口应弹出纵横轴线；吊车梁、屋架等构件应在端头与顶面及支承处弹出中心线和标高线；在屋架或屋面梁上弹出天窗架、屋面板或檩条的安装就位控制线，在两端及顶面弹出安装中心线。

4) 构件接头准备

(1) 准备和分类清理好各种金属支撑件及安装接头用连接板、螺栓、铁件和安装垫铁；施焊必要的连接件，如屋架、吊车梁垫板、柱支撑连接件及剩余与柱连接相关的连接件，以减少高空作业；

(2) 清除构件接头部位及埋设件上的污物、铁锈；

(3) 对于需组装拼装及临时加固的构件，按规定要求使其达到具备吊装条件；

(4) 在基础杯口底部，根据柱子制作的实际长度（从牛腿至柱脚尺寸）误差，调整杯底标高，用 1:2 水泥砂浆找平，标高允许误差±5 mm，以保证吊车梁的标高在同一水平面上；当预制柱采用垫板安装或重型钢柱采用杯口安装时，应在杯底设垫板处局部抹平，并加设小钢垫板；

(5) 柱脚或杯口侧壁未划毛的，应在柱脚表面及杯口内稍加凿毛处理；

(6) 钢柱基础，要根据钢柱实际长度、牛腿间距离、钢板底板平整度检查结果，在柱基础表面浇筑标高块（十字式或四点式）。标高块强度不小于 30 MPa，表面埋设 16~20 mm 厚钢板，基础上表面亦应凿毛。

5) 基础、支撑面及预埋件准备

(1) 钢结构安装前应对建筑物的定位轴线、基础轴线和标高、地脚螺栓位置等进行检查，并应办理交接验收。当基础工程分批进行交接时，每次交接验收不应少于一个安装单元的柱基基础，并应符合下列规定：

①基础混凝土强度应达到设计要求；

②基础周围回填夯实应完毕；

③基础的轴线标志和标高基准点应准确、齐全。

（2）基础顶面直接作为柱的支撑面、基础顶面预埋钢板（或支座）作为柱的支承面时，其支承面、地脚螺栓（锚栓）的允许偏差应符合表6-1的规定。

表6-1　支撑面、地脚螺栓（锚栓）的允许值　　　　　（单位：mm）

项目		允许偏差
支承面	标高	±3.0
	水平度	$l/1000$
地脚螺栓（锚栓）	螺栓中心偏移	5.0
	螺栓漏出长度	+30.0；0
	螺纹长度	+30.0；0
预留孔中心偏移		10.0

（3）钢柱脚采用钢垫板作支承时，应符合下列规定：

①钢垫板面积应根据混凝土抗压强度、柱脚底板承受的荷载和地脚螺栓（锚栓）的紧固拉力计算确定；

②垫板应设置在靠近地脚螺栓（锚栓）的柱脚底板加劲肋或柱肢下，每个地脚螺栓（锚栓）侧应设1~2组垫板，每组垫板不得多于5块；

③垫板与基础面和柱底面的接触应平整、紧密；当采用成对斜垫板时，其叠合长度不应小于垫板长度的2/3；

④柱底二次浇灌混凝土前垫板间应焊接固定。

（4）锚栓及预埋件安装应符合下列规定：

①宜采取锚栓定位支架、定位板等辅助固定措施；

②锚栓和预埋件安装到位后，应可靠固定；当锚栓埋设精度较高时，可采用预留孔洞、二次埋设等工艺；

③锚栓应采用防止损坏、锈蚀和污染的保护措施；

④钢柱地脚螺栓紧固后，外露部分应采取防止螺母松动和锈蚀的措施；

⑤当锚栓需要施加预应力时，可采用后张拉法，张拉力应符合设计文件的要求，并应在张拉完成后进行灌浆处理。

6）构件吊装稳定性的检查

（1）根据起吊点位置，验算柱、屋架等构件吊装时的抗裂度和稳定性，防止出现裂缝和构件失稳；

（2）对屋架、天窗架、屋面梁等侧向刚度差的构件，在横向应加设支承加固；

（3）按吊装方法要求，将构件按吊装平面布置图就位。直立排放的构件如屋架、天窗架等,应支撑稳固。高空就位构件应绑扎好牵引溜绳、缆风绳(图6-1)。

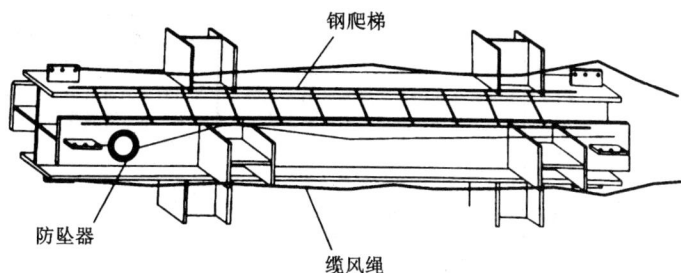

图 6-1 安装有防坠器、缆风绳、钢爬梯的柱子

4. 吊装机具及材料准备

(1)检查吊装用的起重设备、配套机具、工具等是否齐全、完好,运输是否灵活,并进行试运转。准备好并检查吊索、卡环、绳卡、横吊梁、倒链、千斤顶、滑车等吊具的强度和数量是否满足吊装需要。

(2)准备吊装用工具,如高空用吊挂脚手架、操作台、爬梯、溜绳、缆风绳、撬杠、大锤、钢(木)楔、垫木、铁垫片、线锤、钢尺、水平尺,测量标记以及水准仪、经纬仪、全站仪等,做好埋设地锚等工作。

(3)准备施工用料,如加固脚手杆、电焊、气焊设备、材料等的供应准备。

1)焊接材料准备

钢结构焊接施工之前应对焊接材料的品种、规格、性能进行检查,各项指标应符合现行国家标准和设计要求。检查焊接材料的质量合格证明文件、检验报告及中文标志等。对重要钢结构采用的焊接材料应进行抽样复验。

2)高强度螺栓准备

钢结构设计用高强度螺栓连接时应根据图纸要求分规格统计所需高强度螺栓的数量并配套供应至现场。应检查其出厂合格证、扭矩系数或紧固轴力(与拉力)的检验报告是否齐全,并按规定作紧固轴力或扭矩系数复验。对钢结构连接件摩擦面的抗滑移系数进行复验。

5. 临时设施、人员的准备

整平场地、修筑构件运输和起重吊装开行的临时道路,并做好现场排水设施。清除工程吊装范围内的障碍物,铺设吊装用供水、供电、供气及通信线路。修建临时建筑物,按吊装顺序组织施工人员进厂,并进行有关技术交底、培训、安全教育。

6.1.2 钢结构吊装程序与方法

1. 钢结构吊装程序

以单层厂房为例,钢结构吊装程序如图6-2所示。

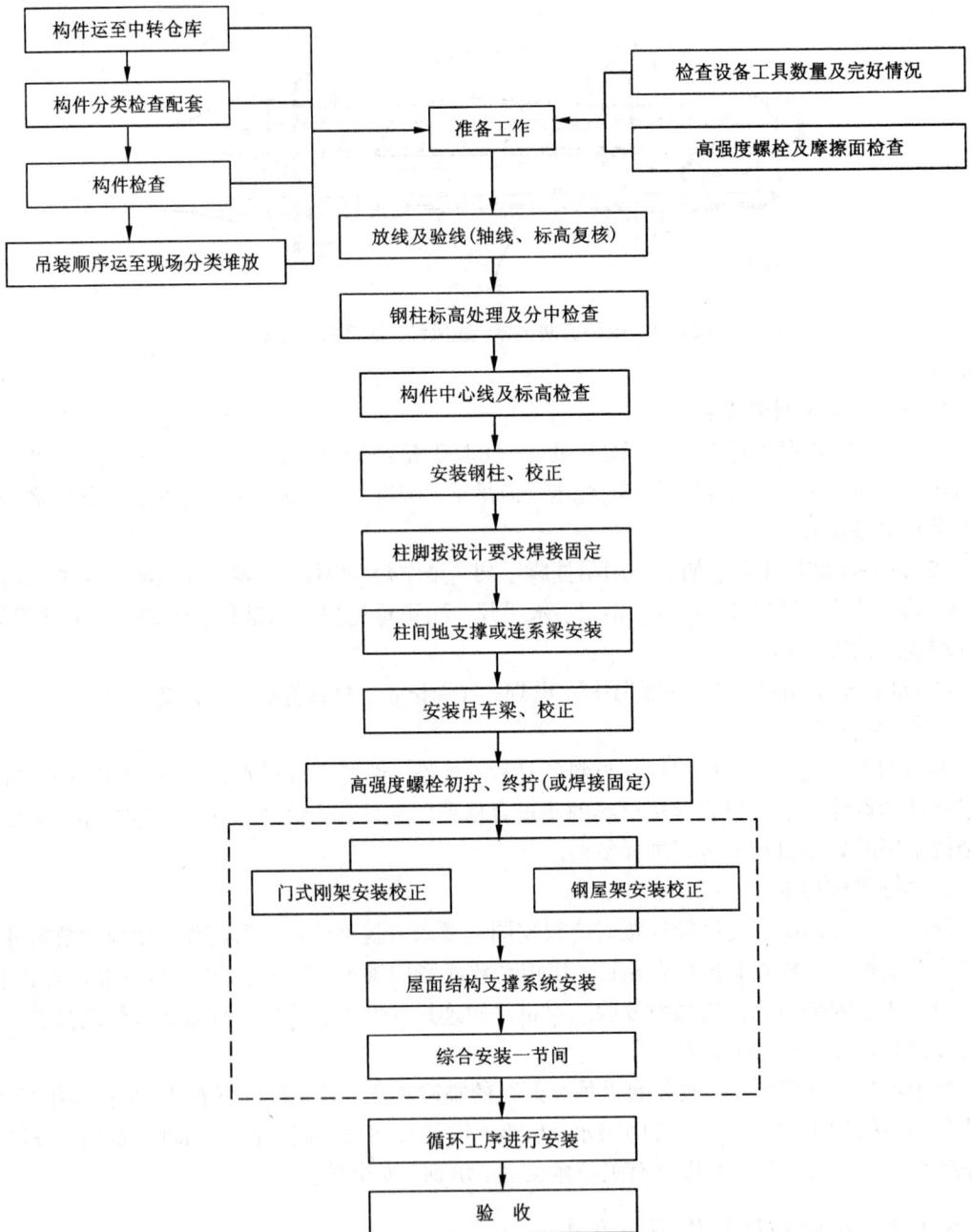

图 6-2　钢结构吊装施工程序

2.钢结构吊装方法

厂房结构吊装方法有分件吊装法、节间吊装法和综合吊装法。各吊装方法的优缺点详见表 6-2。

表 6-2　吊装方法优缺点

吊装方法		优缺点
节间吊装法	起重机在厂房内一次开行中，一个(或几个)节间的构件全部吊装完后，起重机再向前移至下一个(或几个)节间，再吊装下一个(或几个)节间全部构件，直至吊装完成。即先吊完节间柱，并立即校正、固定、灌浆，然后接着吊装地梁、柱间支撑、墙梁(连续梁)、吊车梁、走道板、柱头系杆、托架(托梁)、屋架、天窗架、屋面支撑系统、屋面板和墙板等构件 在一般情况下，不宜采用这种吊装方法。只有使用移动困难的回转式桅杆进行吊装，或特殊要求的结构(如门式框架)或某种原因局部特殊需要(如急需施工地下设施)时采用	优点：起重机开行路线短，停机一次至少吊完一个节间，不影响其他工序，可进行交叉平行流水作业，缩短工期；构件制作和吊装误差能及时发现并纠正；吊完一节间，校正固定一节间，结构整体稳定性好，有利于保证工程质量 缺点：需用起重量大的起重机同时吊各类构件，不能充分发挥起重机效率，无法组织单一构件连续作业；各类构件必须交叉配合，场地构件堆放过密，吊具、索具更换频繁，准备工作复杂；校正工作零碎、困难；柱子固定需一定时间，难以组织连续作业，吊装时间拖长，吊装效率较低，操作面窄，较易发生安全事故
分件吊装法	将构件按其结构特点、几何形状及其相互联系进行分类。同类构件按顺序一次吊装完后，再进行另一类构件的安装，如起重机第一次开行中先吊装厂房内所有柱子，待校正、固定灌浆后，依次按顺序吊装地梁、柱间支撑、墙梁、吊车梁、托架(托梁)、屋架、天窗架、屋面支撑和墙板等构件，直至整个建筑物吊装完成。屋面板的吊装有时在屋面上单独用 1~2 台桅杆或屋面小吊车来进行 适用于一般中、小型厂房的吊装	优点：起重机在一次开行中仅吊装一类构件，吊装内容单一，准备工作简单，索具不需要经常更换，吊装速度快，吊装效率高，校正方便。柱子有较长的固定时间，施工安全；比节间法相比，可选用起重量小一些的起重机吊装，可利用改变起重臂杆长度的方法，分别满足各类构件吊装起重量和起升高度的要求，能有效发挥起重机的效率；构件可分类在现场顺序预制、排放，场外构件可按先后顺序组织供应；构件预制吊装、运输、排放条件好，易于平面布置 缺点：起重机开行频繁，增加机械台班费用；起重臂长度改换需一定时间，不能按节间及早为下道工序创造工作面，阻碍了工序的交叉作业，相对地吊装工期较长；屋面板吊装需有辅助机械设备
综合吊装法	全部或一个区段的柱头以下部分的构件用分件法吊装，即柱子吊装完毕并校正固定，待柱杯口二次灌浆混凝土达到70%强度后，再按顺序吊装地梁、柱间支撑、吊车梁走道板、墙梁、托架(托梁)接着一个间间一个节间综合吊装。屋面结构构件包括屋架、天窗架、屋面支撑系统和屋面板等构件整个吊装过程按三次流水进行，根据不同的结构特点有时采用两次流水，即先吊柱子，后分节间吊装其他构件，吊装通常采用2台起重机，一台起重量大的承担柱子、吊车梁、托架和屋面结构系统的吊装，一台吊装柱间支撑、走道板、地梁、墙梁等构件并承担构件卸车和就位排放	本法保持节间吊装法和分件吊装法的优点，最大限度地发挥起重机的能力和效率，缩短工期，是广泛采用的一种方法

6.1.3 吊装设备的选择

起重机是钢结构吊装施工中的关键设备，为使钢结构吊装施工顺利进行，并取得良好的经济效益，必须合理选择起重机。起重机的安装与使用必须符合《建筑机械使用安全技术规程》(JGJ 33—2012)的规定。

1. 选择原则

(1)应考虑起重机的性能(工作能力)，使用方便，吊装效率，吊装工程量和工期等要求；

(2)能适应现场道路、吊装平面布置和设备、机具等条件，能充分发挥其技术性能；

(3)能保证吊装工程质量、安全施工和有一定的经济效益；

(4)避免使用大起重能力的起重机吊小构件，起重能力小的起重机超负荷吊装大的构件，或选用改装的未经过实际负荷试验的起重机进行吊装，或使用台班费高的设备。

2. 选择依据

(1)单个构件最大重量、数量、外形尺寸、结构特点、安装高度及吊装方法等；

(2)各类型构件的吊装要求，施工现场条件(道路、地形、邻近建筑物、障碍物等)；

(3)吊装机械的技术性能(起重量、起重臂杆长、起重高度、回转半径、行走方式)；

(4)吊装工程量的大小、工程进度要求等；

(5)现有或能租赁到的起重设备；

(6)施工能力和技术水平；

(7)构件吊装的安全和质量要求及经济合理性。

3. 起重机形式的选择

(1)一般吊装多按履带式、轮胎式、汽车式、塔式的顺序选用。一般地，对高度不大的中、小型厂房，应优先考虑使用起重量大、可全回转使用，移动方便的100~150 kN 履带式起重机或轮胎式起重机吊装主体结构；大型工业厂房主体结构的高度和跨度较大、构件较重，宜采用500~750 kN 履带式起重机和350~1000 kN 汽车式起重机吊装；大跨度又很高的重型工业厂房的主体结构吊装，宜选用塔式起重机吊装。

(2)对厂房大型构件，可采用重型塔式起重机和塔桅起重机吊装。

(3)缺乏起重设备或吊装工作量不大、厂房不高，可考虑采用独脚桅杆、人字桅杆、悬臂桅杆及回转式桅杆起重机吊装，其中回转式桅杆最适于单层钢结构厂房综合吊装；对重型厂房亦可采用塔桅式起重机吊装。

(4)若厂房位于狭窄地段，或厂房采用敞开式施工方案，宜采用双机抬吊吊装厂房屋面结构，或单机在设备基础上铺设枕木垫道吊装。

(5)对起重臂杆的选用，一般柱及车梁吊装宜选用较短的起重臂杆；屋面构件吊装宜选用较长的起重臂杆，应以屋架、天窗架的吊装为主选择。

(6)如选择时起重机的起重量不能满足要求，可采取以下措施：

①增加支腿或增长支腿，以增大倾覆边缘距离，减少倾覆力距来提高起重能力；

②后移或增加起重机的配重，以增加抗倾覆力矩，提高起重能力；

③对于不变幅、不旋转的臂杆，在其上端增设拖拉绳或增设一钢管或格构式脚手架或人字撑桅杆，以增强稳定性和提高起重性能。

4.起重参数的确定

起重机的起重量 $Q(kN)$、起重高度 $H(m)$ 和起重半径 $R(m)$ 是吊装参数确定的主体。

1)起重量

选择的起重机起重量必须大于所吊装构件的重量加起重滑车组的重量或索具重量之和。

$$Q > Q_1 + Q_2 \tag{6.1}$$

式中：Q——起重机的起重量，kN；

Q_1——构件的重量，kN；

Q_2——索具的重量，kN。

2)起重高度

起重机的起重高度必须满足所吊装构件的吊装高度要求。

$$H \geq H_1 + H_2 + H_3 + H_4 \tag{6.2}$$

式中：H——起重机的起重高度，m，从停机面算起至吊钩钩口；

H_1——安装支座表面高度，m，从停机面算起；

H_2——安装间隙，应不小于 0.3 m；

H_3——绑扎点至构件吊起后底面的距离，m；

H_4——索具高度，m，绑扎点至吊钩钩口的距离，视具体情况而定。

3)起重半径

当起重机可以不受限制地开到所需安装构件附近去吊装构件时，可不验算起重半径。但当起重机受限制不能靠近吊装位置去吊装构件时，起重半径应满足在起重量与起重高度一定时，能保持一定距离吊装该构件的要求。

起重半径可按下式计算求得：

$$R = F + L\cos\alpha \tag{6.3}$$

式中：R——起重机的起重半径；

F——起重臂下铰点中心至起重机回转中心的水平距离，其数值由起重机技术参数表查得；

L——起重臂长度；

α——起重臂的中心线与水平夹角。

4)确定最小起重臂长度

当起重机的起重臂跨过已安装好的结构去安装构件时，应考虑起重臂与已安装好的构件有0.3 m的距离，按此要求确定起重杆的长度、起重杆仰角、停机位置等。确定最小起重臂长度的方法有两种：计算法和图解法。

(1)结构吊装起重机起重臂杆长度的计算

设起重机以伸距 s，吊装高度为 h_1 的屋面板 1 时，如图 6-3 所示，则所需臂杆的最小长度按下式计算：

$$L = L_1 + L_2 = \frac{h}{\sin\alpha} + \frac{s}{\cos\alpha} \tag{6.4}$$

式中：L——起重机起重臂杆的长度，m；

L_1——起重机臂支点到起重机臂杆中心线的距离，m；

L_2——起重机臂杆中心线至起重机臂杆顶端的距离，m；

α——起重臂的仰角；

s——起重机吊钩伸距，m；

h——起重臂 L_1 部分在垂直轴上的投影，$h=h_1+h_2-h_3$；

h_1——构件的吊装高度，m；

h_3——起重臂支点离地面高度 m；

h_2——起重臂杆中心线至安装构件顶面的垂直距离，m，$h_2=\dfrac{b/2+e}{\cos\alpha}$；

b——起重臂宽带 m，一般取 $0.6\sim1.0$ m；

e——起重臂杆与安装构件的间隙，一般取 $0.3\sim0.5$m，求 h_2 时可近似取：

$$\alpha=\arctan\sqrt[3]{h_1/s} \qquad h_2\approx\frac{b/2+e}{\cos\left(\arctan\sqrt[3]{h_1/s}\right)}。$$

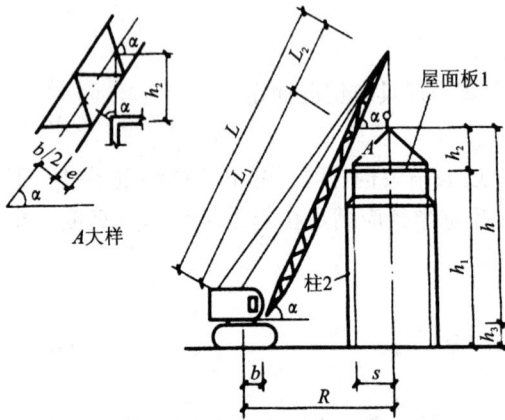

图 6-3　起重臂杆长度计算示意

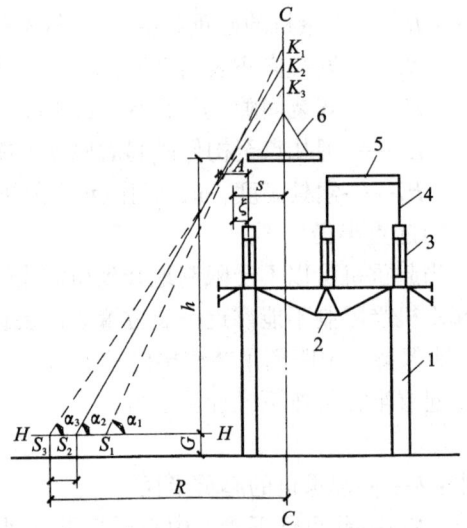

1—柱；2—托架；3—屋架；4—天窗架；
5—屋面板；6—吊索；α—起重机臂杆的仰角。

图 6-4　图解法求起重机臂杆最小长度

（2）图解法求最小起重臂长度，如图 6-4 所示。

①按比例绘出欲吊装厂房最高一个节间的纵剖面图及节间中心线 C-C；

②根据拟用起重臂杆底部设支点距地面距离 G，通过 G 点划水平线；

③自天窗架或屋架（无天窗架厂房用）顶点向起重机的水平方向量出 1.0 m 的水平距离 ε，可得 A 点；

④通过 A 点画若干条与水平线近似 $60°$ 角的斜线，被 C-C 及 H-H 两线所截得线段 S_1K_1，S_2K_2，$S_3K_3\cdots$取其中最短的一根，即为吊装屋面板时的起重臂的最小长度，量出 α 角，即为所求的起重臂杆仰角，量出 R 即为起重半径；

⑤按此参数复核能否满足吊装最边缘一块屋面板或屋面支承的要求，若不能满足可采取以下措施：改用较长的起重臂杆及起重仰角；或使起重机由直线行走改为折线行走（图 6-5）；或采取在起重臂杆头部（顶部）加一鸭嘴（图 6-6）以增加外伸距离，并适当增加配重。

162

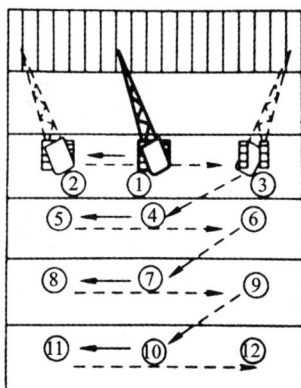

图 6-5 起重机采取折线行走示意

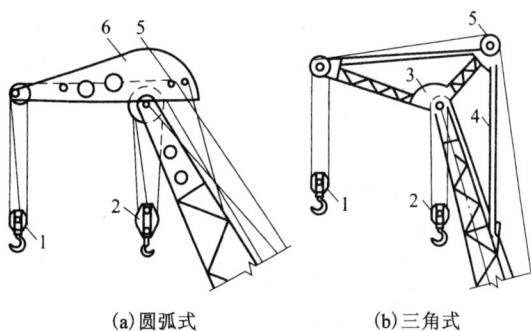

(a)圆弧式　　　　　(b)三角式

1—副吊钩；2—主吊钩；3—支撑钢板；
4—角钢拉杆；5—副吊钩导向滑轮；6—钢板制鸭嘴。

图 6-6 起重臂杆顶部加一鸭嘴形式

任务6.2 钢结构构件安装

建筑钢结构构件安装包括主要结构构件安装，如：钢柱、钢梁、吊车梁、屋架、屋面板及钢梯栏杆等附属构件的安装。

6.2.1 钢柱基础

1.钢柱基础形式

钢结构的柱脚亦即钢柱与钢筋混凝土基础或基础梁的连接节点。

刚架柱脚主要分为铰接柱脚和刚接柱脚(图 6-7)。铰接柱脚采用低锚栓直接锚固于柱底板，可承受柱底剪力，同时也具有一定的抗弯能力；当刚接柱脚为带有一定高度柱靴高锚栓构造时，锚栓不能承受剪力，应由板底与混凝土之间的摩擦力承受，当剪力大于静摩擦力时应设置抗剪构造。当埋置深度受限制时，锚栓应牢固地固定在锚板或锚梁上，此时锚栓与混凝土之间黏结力不予考虑。

多层及高层钢结构中，一般采用刚性固定柱脚，常见形式如图 6-8 所示。

1)固定露出式柱脚

刚性固定露出式柱脚主要由底板、加劲肋(加劲板)、锚栓及锚栓支撑托座等组成，各部分的部件都应具有足够的强度和刚度，且相互间应有可靠的连接。当荷载较大时，为提高柱脚底板的刚度和减小底板的厚度，施工中采用增设加劲肋和锚栓支撑托座等补强措施，如图 6-9 所示。

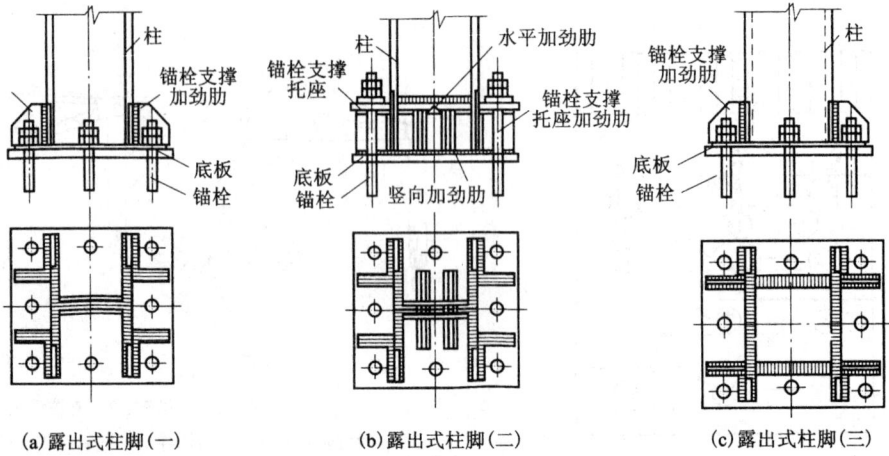

(a) 露出式柱脚(一)　　(b) 露出式柱脚(二)　　(c) 露出式柱脚(三)

图6-7　门式刚架柱脚形式

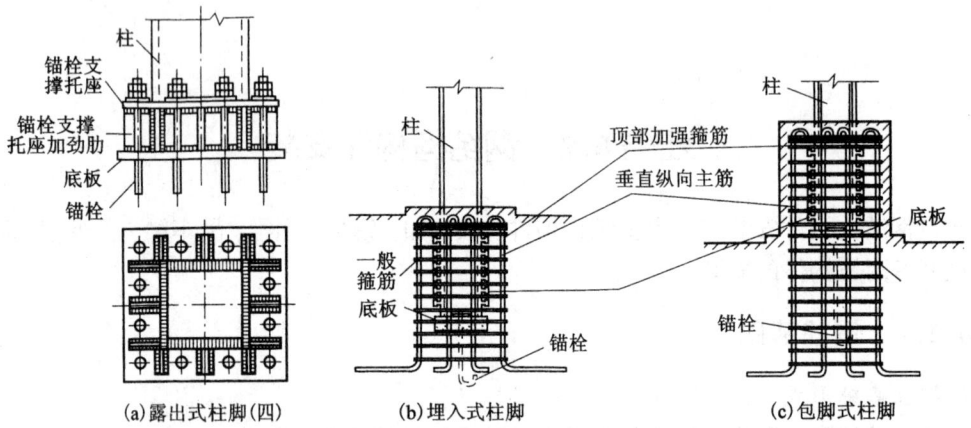

(a) 露出式柱脚(四)　　(b) 埋入式柱脚　　(c) 包脚式柱脚

图6-8　高层钢结构常见刚性固定柱脚节点

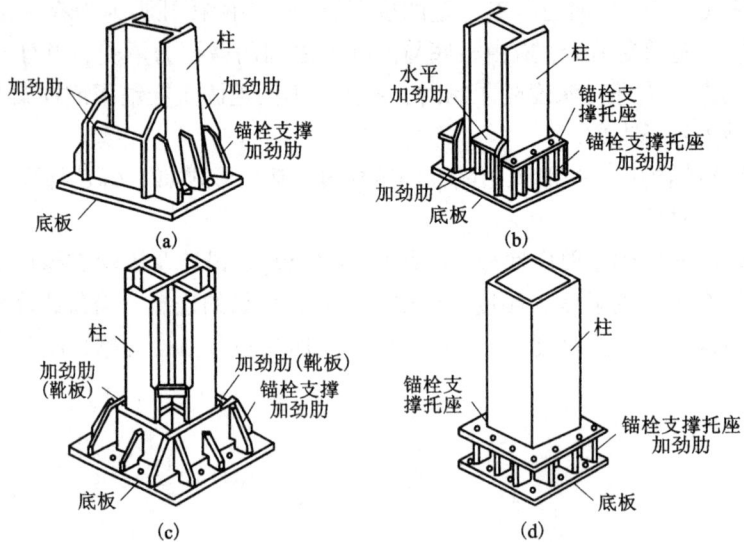

图6-9　露出式柱脚的补强示例

164

柱脚底板下部二次浇筑的细石混凝土或水泥砂浆对柱脚初期刚度有很大的影响,应灌注高强度细石混凝土或膨胀水泥砂浆。通常采用强度等级为 C40 的细石混凝土或强度等级为 M5 的膨胀水泥砂浆。

2)刚性固定埋入式柱脚

刚性固定埋入式柱脚是直接将钢柱埋入钢筋混凝土基础或基础梁的柱脚,如图 6-8(b)所示。其施工方法:一是预先将钢柱脚按要求组装固定在设计标高上,然后浇灌基础或基础梁混凝土;另一种是在浇灌混凝土时,按要求预留安装钢柱脚杯口,待安装好钢柱脚后,再按要求填充杯口部分的混凝土。通常情况下,为提高和确保钢柱脚和钢筋混凝土基础或基础梁的结合强度和整体刚度,在工程实际中多采用第一种。

在埋入式柱脚中,钢柱的埋入深度是影响柱脚的固定度、承载力和变形能力的重要因素。施工中为防止钢柱的局部压屈和局部变形,在钢柱向钢筋混凝土基础或基础梁传递水平力处压应力最大值的附近,设置水平加劲肋是一个有效的补强措施;对箱形截面柱和圆管形截面柱除设置水平加劲的环形横隔外,在箱内和管内浇筑混凝土也能获得良好的效果,如图 6-10 所示。

埋入式柱脚的锚栓一般仅作安装过程固定之用。锚栓的直径通常根据其钢柱板件厚度和底板厚度相协调的原则来确定,一般可在 20 ~ 42 mm 的范围内采用。锚栓的数目常采用 2 个或 4 个,同时应与钢柱的截面形式、截面大小,以及安装要求相协调。锚栓应设置弯钩、或锚板、或锚梁,其锚固长度不宜小于 25 倍的锚栓直径。柱脚底板的锚栓孔径,宜取锚栓直径加 5 ~ 10 mm;锚栓垫板的锚栓孔径取锚栓直径加 2 mm,垫板的厚度取与柱脚底板厚度相同。在柱安装校正完毕后,应将锚栓垫板与底板焊牢。其焊脚尺寸不宜小于 10 mm,应采用双螺母紧固;为防止螺母松动,螺母与锚栓垫板宜进行点焊;在埋设锚栓时,一般宜采用锚栓固定架,以确保锚栓位置的正确。

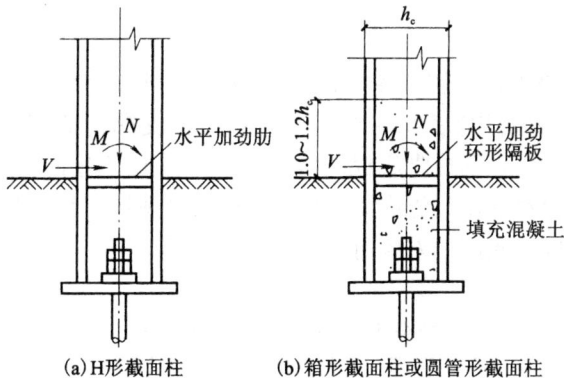

图 6-10　埋入式柱脚的钢柱加劲补强

(a)H形截面柱　(b)箱形截面柱或圆管形截面柱

3)刚性固定包脚式柱脚

固定包脚式柱脚就是按一定的要求将钢柱脚采用钢筋混凝土包起来的柱脚[图 6-8(c)]。包脚式柱脚的设定位置应视具体情况而定。有在楼面、地面之上的,也有在楼面、地面之下的,包脚式柱脚的钢筋混凝土包脚高度、截面尺寸和箍筋配置(特别是顶部加强箍筋)

对柱脚的内力传递和恢复力特性起着重要的作用。设计中应使混凝土的包脚有足够的高度和保护层厚度。并要适当配置补强箍筋，且其细部尺寸尚应满足构造上的要求。对于钢柱翼缘侧面的钢筋混凝土保护层厚度一般不应小于 19 mm，尚应满足配筋的构造要求。

包脚钢筋混凝土部分垂直纵向主筋的配置，可按柱脚受力要求确定，应符合最小配筋率 0.2% 的要求，且不宜小于 $\phi 22$，并应在上端设置弯钩；垂直纵向主筋的锚周长度即钢柱脚底板底面以下部分的埋置深度，不应小于 35 倍钢筋直径；当垂直纵向主筋的中心距大于 200 mm 时，应增设直径为 $\phi 16$ 的垂直纵向架立钢筋。另外，在包脚的顶部应配置不少于 $3\phi 12@50$ 的加强箍筋，一般箍筋为 $\phi 10@100$，配筋如图 6-11 所示。

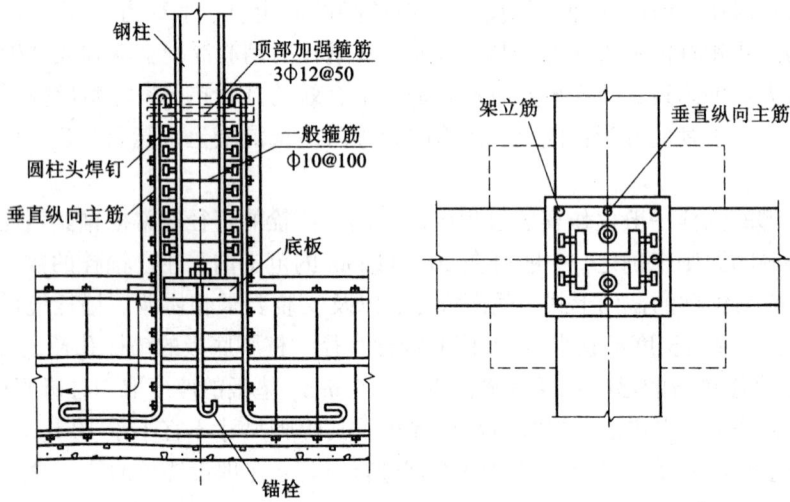

图 6-11　包脚式柱脚的配筋

2. 钢柱基础质量要求

安装前应根据基础验收资料复核各项数据，并标注在基础表面上。支撑面、支座和地脚螺栓的位置和标高的偏差应符合表 6-1 的规定。钢柱脚支撑构造应符合设计要求。需要垫钢垫板时，每叠不多于三块。钢柱脚底板面与基础间的空隙应用细石混凝土浇筑密实。

采用坐浆垫板时，用水准仪、全站仪、水平尺和钢尺现场实测。按柱基数抽查 10%，且不应少于 3 个，坐浆垫板的允许偏差应符合表 6-3 的规定。

表 6-3　坐浆垫板的允许偏差

项目	允许偏差/mm
顶面标高	0.0, -3.0
水平度（L 为垫板的长度）	L/1000
位置	20.0

当采用杯口基础时，杯口尺寸的允许偏差应符合表 6-4 的规定。

表 6-4　杯口尺寸的允许偏差

项目	允许偏差/mm
顶面标高	0.0，−5.0
杯口深度 H	±5.0
杯口垂直度	H/100，且不应大于 10.0
位置	10.0

地脚螺栓尺寸的偏差应符合表 6-5 规定，地脚螺栓的螺纹应受到保护。

表 6-5　地脚螺栓尺寸的允许偏差

项目	允许偏差/mm
螺栓(锚栓)露出长度	±30.0，0.0
螺纹长度	±30.0，0.0

6.2.2　钢柱安装

1. 钢柱安装要求

(1)柱脚安装时，锚栓宜使用导入器或护套。

(2)首节钢柱安装后应及时进行垂直度、标高和轴线位置校正，钢柱的垂直度可采用经纬仪或线坠测量；校正合格后，钢柱应可靠固定，并应进行二次灌浆，灌浆前应清除柱底板与基础面间的杂物。

(3)首节以上的钢柱定位轴线应从地面控制轴线直接引测，不得从下层柱的轴线引测；钢柱校正垂直度时，应确定钢梁接头焊接的收缩量，并应预留焊缝收缩变形值。

(4)倾斜钢柱可采用三维坐标测量法进行测校，也可采用柱顶投影点结合标高进行测校，校正合格后宜采用刚性支撑固定。

2. 钢柱安装施工

1)测量放线

钢柱安装前应设置标高观测点和中心线标准，同一工程的观测点和标志设置位置应一致，并应符合下列规定。

(1)标高观测点的设置。标高观测点的设置以牛腿(肩梁)支撑面为基准，设在柱身便于观测处。无牛腿(肩梁)柱，应以柱顶端与屋面梁连接的最上一个安装孔中心为基准。

(2)中心线标志的设置。在柱底板上表面上行线方向设一个中心标志，列线方向两侧各设一个中心标志。在柱身表面上行线和列线方向各设一条中心线，每条中心线在柱底部、中部(牛腿或肩梁部)和顶部各设一处中心标志。双牛腿(肩梁)柱在上行线方向两个柱身表面分别设中心标志。

2)确定吊装机械

吊装机械的选择应根据上节有关技术要求确定。吊装时应将按照的钢柱位置、方向按确定的吊装方法移运至吊装位置。

3）吊点的设置

钢柱安装属于竖向垂直吊装，为使吊起的钢柱保持下垂，便于就位，需根据钢柱的种类和高度确定吊点。钢柱吊点一般采用焊接吊耳、吊索绑扎、专用吊具等。钢柱的吊点位置及吊点数量应根据钢柱形状、断面、长度、起重机性能等具体情况确定。为了保证吊装时索具安全，吊装钢柱时，应设置吊耳。吊耳应基本通过钢柱重心的铅垂线。吊耳的设置见图6-12。

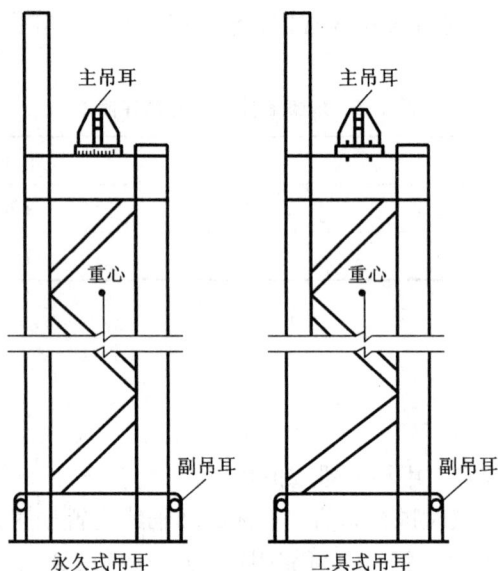

图6-12　吊耳的设置

钢柱一般采用一点正吊。吊点应设置在柱顶处，吊钩通过钢柱重心线，钢柱易于起吊、对线、校正。当受起重机臂杆长度、场地等条件限制时，吊点可放在柱长 1/3 处斜吊。由于钢柱倾斜，起吊、对线、校正较难控制。具有牛腿的钢柱，吊点应靠牛腿下部；无牛腿的钢柱按其高度比例，吊点设在钢柱全长 2/3 的上方位置。

为防止钢柱边缘的锐利棱角在吊装时损伤吊绳，应用适宜规格的钢管割开一条缝，套在棱角吊绳处，或用方形木条垫护。注意绑扎牢固，并易拆除。

4）吊装作业

吊装前应将待安装钢柱按位置、方向移运至吊装位置。为防止钢柱根部在起吊过程中变形，钢柱吊装一般采用双机抬吊，主机吊在钢柱上部，辅机吊在钢柱根部。待柱子根部离地一定距离（约 2 m 左右）后，辅机停止起钩，主机继续起钩和回转，直至将柱子吊直后，将辅机松钩。对于重型钢柱，可采用双机递送抬吊或三机抬吊、一机递送的方法吊装；对于很高和细长的钢柱，可采取分节吊装的方法，在下节柱及柱间支撑安装并校正后，再安装上节柱。

钢柱起吊前，应在柱底板向上 500～1000 mm 处画一水平线，以便固定前后复查平面标高。

钢柱柱脚固定方法一般有两种形式：一种是基础上预埋螺栓固定，底部设钢垫板找平，

168

[见图 6-13(a)]；另一种是插入杯口灌浆固定方式，[见图 6-13(b)]。前者当钢柱吊至基础上部时插锚固螺栓固定，多用于一般厂房钢柱的固定。后者当钢柱插入杯口后，支承在钢垫板上找平，最后固定方法同钢筋混凝土柱，用于大、中型厂房钢柱的固定。为避免吊起的钢柱自由摆动，应在柱底上部用麻绳绑好，作为牵制溜绳调整方向。

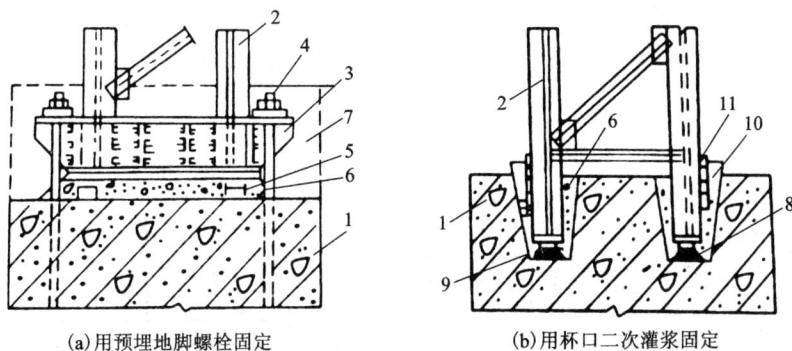

(a) 用预埋地脚螺栓固定　(b) 用杯口二次灌浆固定

1—柱基础；2—钢柱；3—钢柱脚；4—地脚螺栓；5—钢垫板；6—二次灌浆细石混凝土；7—柱脚外包混凝土；
8—砂浆局部粗找平；9—焊于柱脚上的小钢套墩；10—钢楔；11—35 mm 厚硬木垫块。

图 6-13　钢柱柱脚形式和安装固定方法

吊装前的准备工作就绪后，首先进行试吊。吊起一端高度为 100～200 mm 时应停吊，检查索具是否牢固和吊车稳定板是否位于安装基础上。

钢柱起吊后，在柱脚距地脚螺栓或杯口 30～40 cm 时扶正，使柱脚的安装螺栓孔对准螺栓或柱脚对准杯口，缓慢落钩、就位，经过初校，待垂直偏差在 20 mm 以内，拧紧螺栓或打紧木楔临时固定，即可脱钩。钢柱柱脚套入地脚螺栓。为防止其损伤螺纹，应用薄钢板卷成筒套到螺栓上，钢柱就位后去除套筒。

如果进行多排钢柱安装，可继续按此法吊装其余柱子。钢柱吊装调整与就位如图 6-14 所示。

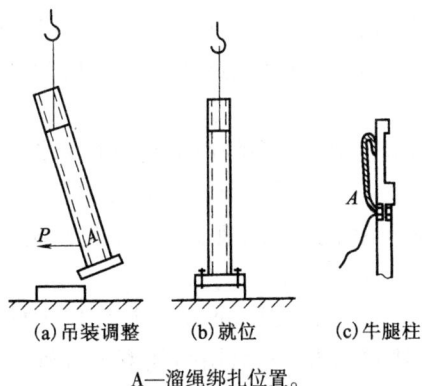

(a) 吊装调整　(b) 就位　(c) 牛腿柱

A—溜绳绑扎位置。

图 6-14　钢柱吊装调整与就位示意图

吊装钢柱时，还应注意起吊半径或旋转半径。钢柱底端应设置滑移设施，以防钢柱吊起扶直时由于拖动阻力作用，致使柱体产生弯曲变形或损坏底座板。当钢柱被吊装到基础平面就位时，应将柱底座板上中心线对准基础中心线(一般由地脚螺栓与螺孔来控制)，以防止其跨度尺寸产生偏差，致使柱头与屋架安装连接时，产生水平方向内向拉力或外向撑力，均使柱身弯曲变形。

5) 多节钢柱吊装作业

吊装前应做好柱基的准备，先进行找平，弹出纵横轴线，设置基础标高块，见图6-15 (a)，标高块的强度应不低于 30 N/mm²；顶面埋设 12 mm 厚钢板，并检查预埋地脚螺栓位置和标高。

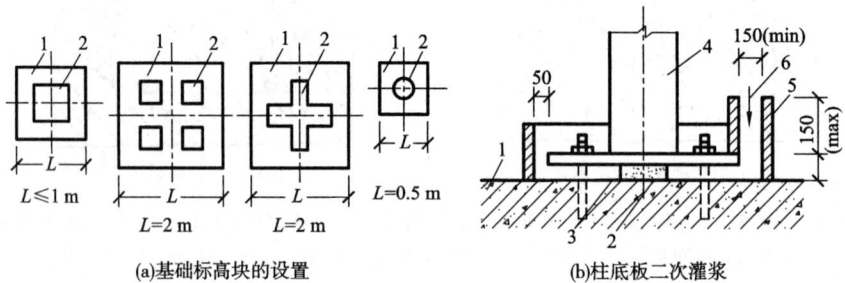

(a)基础标高块的设置　　　　　　(b)柱底板二次灌浆

1—基础；2—标高块(无收缩水泥浆)；3—12 mm 厚钢板；4—钢柱；5—模板；6—砂浆浇灌入口。

图6-15　基础标高块设置及柱底二次灌浆

钢柱多用宽翼缘工字型或箱型截面，前者用于高 6 m 以下柱子，多采用焊接 H 型钢，截面尺寸 300 mm×200 mm～1200 mm×600 mm，翼缘板厚为 10～14 mm，腹板厚度为 6～25 mm；后者多用于高度较大的高层建筑柱，截面尺寸为 500 mm×500 mm～700 mm×700 mm，钢板厚 12～30 mm。为充分利用吊车能力和减少连接，一般制成 3～4 层一节，节与节之间用坡口焊连接，一个节间的柱网必须安装三层的高度后再安装相邻节间的柱。

钢柱吊点应设在吊耳(制作时预先设置，吊装完成后割去)处；同时，在钢柱吊装前预先在地面安装好操作挂篮和爬梯等设施。

钢柱的吊装，据情况采用单机吊装或双机抬吊。单机吊装时，需在柱根部垫以垫木，用旋转法起吊，并防止柱根拖地和碰撞并损坏地脚螺栓；双机抬吊多采用递送法，吊离地面后，在空中翻身扶直，见图6-16。

钢柱就位后应立即对垂直度、轴线、牛腿面标高进行初校、安设临时螺栓，然后卸去吊索。钢柱上、下接触面间的间隙一般不得大于 1.5 mm；如间隙在 1.6～6.0 mm 之间时可用低碳钢的垫片垫实间隙。柱间间距偏差可用液压千斤顶与钢楔或倒链与钢丝绳或缆风绳进行校正。

在第一节框架安装、校正、螺栓紧固后，即应进行底层钢柱柱底灌浆。先在柱脚四周立模板，将基础表面清洗干净，清除积水；然后用高强度聚合砂浆从一侧自由灌入至密实。灌浆后用湿草袋或麻袋护盖养护。

6) 钢柱的校正

钢柱的校正工作一般包括平面位置、标高及垂直度这三个内容。

(1)测量工具

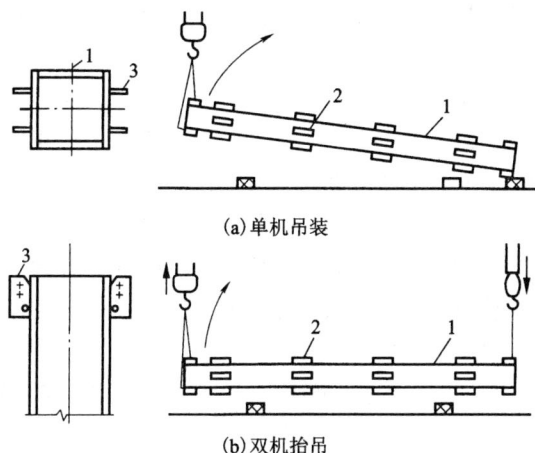

(a)单机吊装

(b)双机抬吊

1—钢柱；2—连接钢梁；3—吊耳。

图6-16　钢柱起吊方法

　　校正钢柱垂直度需用两台经纬仪联合观测，如图6-17(b)所示。首先将经纬仪安置在钢柱一侧，使纵中丝对准柱子基座的基线；然后固定水平度盘。由下而上观测钢柱的中心线，若纵中心线对准，即是柱子垂直；若不对准，则需调整柱子，直到对准经纬仪纵中丝为止。以同样的方法测量横轴，使柱子另一面中心线垂直于基线横轴。钢柱准确定位后，即可对柱子进行临时固定工作。

　　对钢柱垂直度进行校正还可以用线坠进行测量。当柱子高度较大时，如图6-17(c)所示，应采用1~2 kg质量的线坠。其测量方法是在柱的适宜高度，把型钢头事先焊在钢柱的侧面(也可用磁力吸盘)，将线坠上线头拴好，量得柱子侧面和线坠掉线之间的距离，如上下一致，则说明柱子垂直，反之则说明有误差。测量时，需设法稳住线坠，其做法是将线坠放入空水桶或盛水的水桶内，注意坠尖与桶底间保持悬空距离。

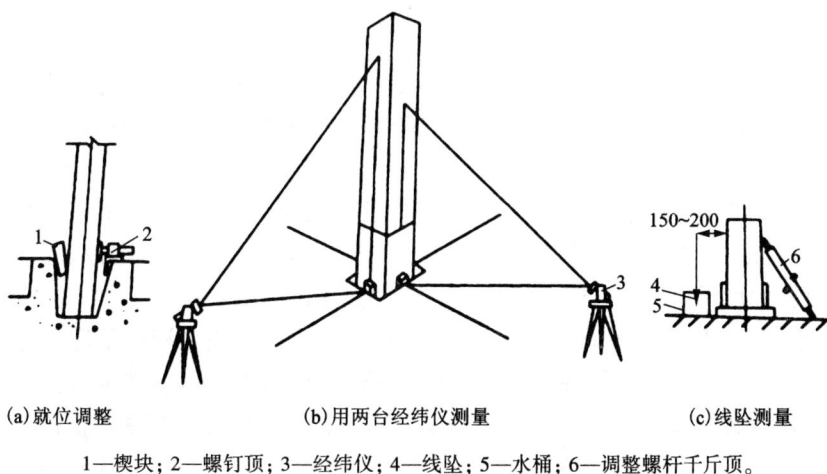

(a)就位调整　　　　(b)用两台经纬仪测量　　　　(c)线坠测量

1—楔块；2—螺钉顶；3—经纬仪；4—线坠；5—水桶；6—调整螺杆千斤顶。

图6-17　柱子校正示意图

柱子校正除采用上述测量方法外,还可用增加或减少垫铁来调整柱子垂直度,或采取倾斜值的方法进行校正。

(2)起吊初校与千斤顶复校法

钢柱吊装柱脚穿入基础螺栓后,柱子校正工作主要是对标高进行调整和对垂直度进行校正。钢柱垂直度的校正可采用起吊初校加千斤顶复校的办法。

①钢柱吊装到位后,应先利用起重机起重臂回转进行初校,初校垂直度一般应控制在 20 mm 以内。初校完成后,拧紧柱底地脚螺栓,起重机方可脱钩。

②在用千斤顶复核的过程中,必须不断观察柱底和砂浆标高控制块之间是否有间隙,以防校正过程中顶升过度造成标高产生误差。

③待垂直度校正完毕,再度紧固地脚螺栓,并塞紧柱子底部四周的承重校正块(每摞不得多于 3 块),并用电焊点焊固定,如图 6-18 所示。

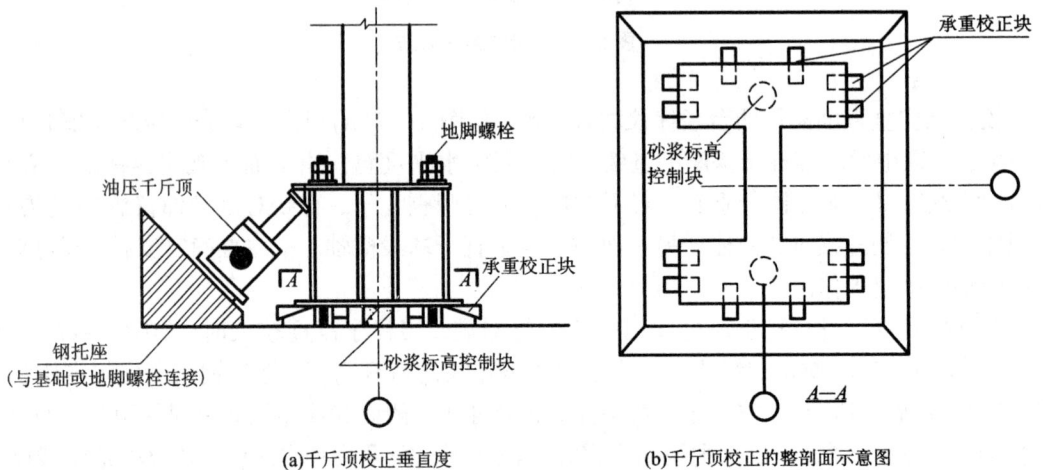

(a)千斤顶校正垂直度   (b)千斤顶校正的整剖面示意图

图 6-18 用千斤顶校正垂直度

(3)松紧楔子和千斤顶校正法

①柱平面轴线校正。在吊车脱钩前,将轴线误差调整到规范允许偏差范围以内,就位后有微小偏差,在一侧将钢楔稍松动,另一侧打紧钢楔或敲打插入口内的钢楔,或用千斤顶侧向顶移纠正,见图 6-19。

②标高校正。在柱安装前,根据柱实际尺寸(以牛腿面为准),用抹水泥砂浆或设钢垫板来校正标高,使柱牛腿标高偏差在允许范围内。如安装后还有偏差,则在校正吊车梁时,调整砂浆层、垫板厚度予以纠正,如偏差过大,则将柱拨出重新安装。

③垂直度校正。在杯口用紧松钢楔、设小型丝杠千斤顶或小型液压千斤顶等工具给柱身施加水平或斜向推力,使柱子绕柱脚转动来纠正偏差(见图 6-19)。在顶的同时,缓慢松动对面楔子,并用坚硬石子把柱脚卡牢,以防发生水平位移,校好后打紧两面的楔子,对大型柱横向垂直度的校正,可用内顶或外设卡具外顶的方法。校正以上柱应考虑温差的影响,宜在早晨或阴天情况下进行。柱子校正后,灌浆前应每边两点用小钢塞 2 ~ 3 块将柱脚卡住,以防受风力等影响转动或倾斜。

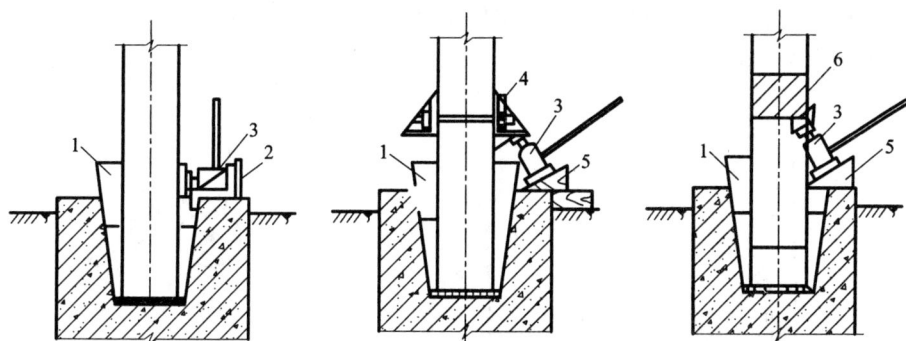

1—钢或木楔；2—钢顶座；3—小型液压千斤顶；4—钢卡具；5—垫木；6—柱水平肢。

图 6-19 用千斤顶校正柱子

（4）缆风绳校正法

采用缆风绳校正法进行钢柱校正时，柱平面轴线、标高的校正同松紧楔子和千斤顶校正。垂直度校正是在柱头四面各系一根缆风绳，缆风绳的布置见图 6-20 所示。校正时，将杯口楔子稍微松动、拧紧或放松缆风绳上的法兰螺栓或倒链，即可使柱子向要求方向转动。该方法需要较多的缆风绳，操作麻烦，占地场地大，常影响其他作业进行，校正后易回弹，影响精度，仅适用于柱长度不大，稳定性差的中、小型柱子。

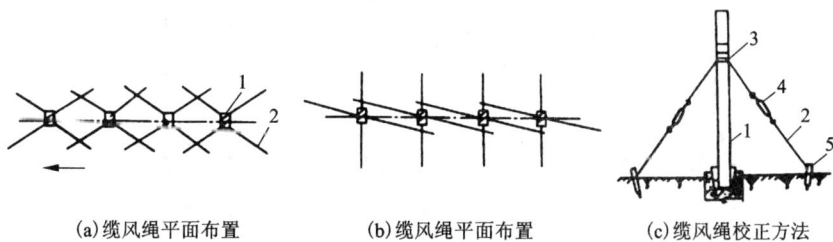

（a）缆风绳平面布置　（b）缆风绳平面布置　（c）缆风绳校正方法

1—柱；2—缆风绳；3—钢箍；4—法兰螺栓或 5 kN 倒链；5—木桩或固定在建筑物上。

图 6-20 缆风绳校正法

（5）撑杆校正法

采用撑杆校正法进行钢柱校正时，柱平面轴线、标高的校正同松紧楔子和千斤顶校正。垂直度校正是利用木杆或钢管支撑在牛腿下面校正，如图 6-21 所示。校正时敲打木楔，拉紧倒链或转动手柄即可给柱身施加该方向的侧向力，使柱子向箭头方向移动。同样应稍松动对面的楔子，待垂直后再楔紧两面的楔子。该法适用于 10 m 以下的矩形或工字型中小型柱的校正。

（6）垫铁校正法

垫铁校正法是指用经纬仪或吊线坠对钢柱进行检验，当钢柱出现偏差时，在底部空隙处塞入铁片或在柱脚和基础之间打入钢楔子，以增减垫板。采用此法校正时，钢柱位移偏差多用千斤顶校正；标高偏差可用千斤顶将底座少许抬高，然后增减垫板厚度使其达到设计要求。

钢柱校正和调整标高时，垫不同厚度垫铁或偏心垫铁的重叠数量不得多于2块，一般要求厚板在下面、薄板在上面。每块垫板要求伸出柱底板外5~10 mm，以备焊成一体，保证柱底板与基础板平稳牢固结合，见图6-22。

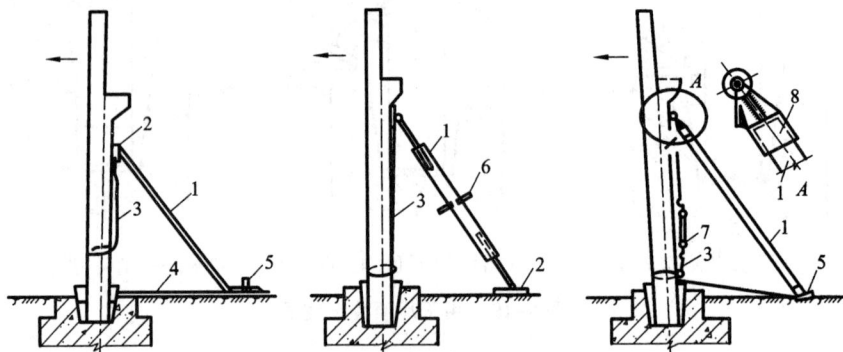

1—木杆或钢管；2—摩擦板；3—钢线绳；4—槽钢撑头；5—木楔或撬杆；6—转动手柄；7—倒链；8—钢套。

图6-21　木杆或钢管撑杆校正垂直度

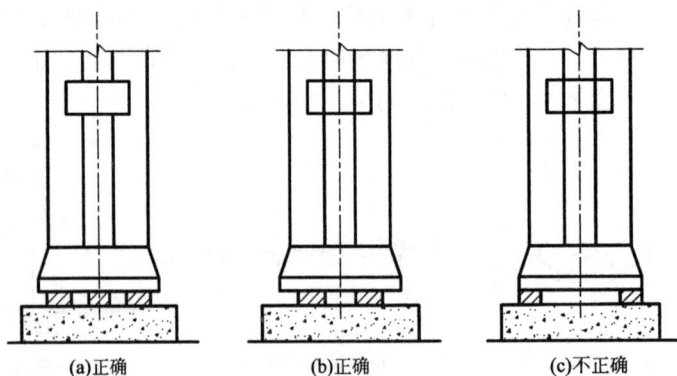

(a)正确　　　　　(b)正确　　　　　(c)不正确

图6-22　钢柱垫铁示意图

校正钢柱垂直度时，应以纵横轴线为准，先找正并固定两端边柱作为柱，然后以基准来校正其余各柱。调整垂直度时，垫放的垫铁厚度应合理，否则垫铁的厚度不均，也会造成钢柱垂直度产生偏差。可根据钢柱的实际倾斜数值及其结构尺寸，用下式计算所需增、减垫铁厚度来调整垂直度：

$$\delta = \frac{\Delta S \cdot B}{2L} \tag{6.5}$$

式中：δ——垫板厚度调整值，mm；

ΔS——柱顶倾斜的数值，mm；

B——柱底板的宽度，mm；

L——柱身高度，mm。

垫板之间的距离要以柱底板的宽度为基准，做到合理恰当，使柱体受力均匀，避免柱底板局部压力过大产生变形。

7）钢柱的固定

（1）钢柱临时固定

柱子插入杯口就位，使地脚螺栓对孔并初步校正后，即用钢（或硬木）楔临时固定。方法是当柱插入杯口使柱身中心线对准杯口（或杯底）中心线后刹车，用撬杠拨正，在柱与杯口壁之间的四周空隙，每边塞入两个钢（或硬木）楔，再将柱子落到杯底并复查对线，接着将每两侧的楔子同时打紧或拧上四角地脚螺栓作为柱的临时固定（如图 6-23 所示），然后起重机即可脱钩。

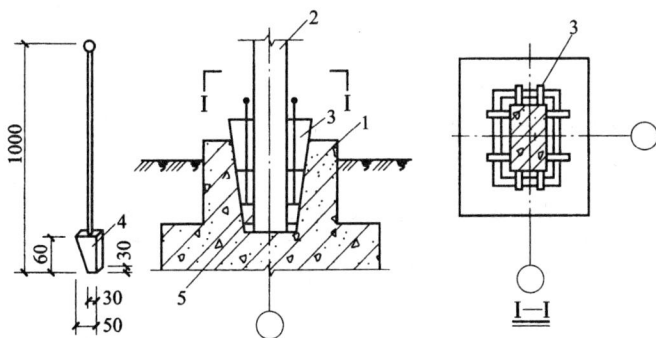

1—杯型基础；2—柱；3—钢或木楔；4—钢塞；5—嵌小钢塞或卵石。

图 6-23 钢柱临时固定方法

重型或高 10 m 以上细长柱及杯口较浅的柱，若遇大风天气还应在柱面两侧加缆风绳或支撑来临时固定。

（2）钢柱最后固定

钢柱校正完毕后，应立即进行最后固定。对无垫板安装钢柱的固定方法是在柱脚与杯口的空隙中浇筑比柱混凝土强度等级高一级的细石混凝土。灌注混凝土分两次进行，第一次灌至楔块底面，待混凝土强度达到 25% 后，拔出楔块，再将混凝土浇满杯口。待第二次浇筑的混凝土强度达 70% 后方可拆除缆风绳，吊装上部构件。

对有垫板安装钢柱的二次灌注法，通常有赶浆法或压浆法。

赶浆法是在杯口一侧灌强度等级高一级的无压缩砂浆（掺水泥用量 0.03‰ ~ 0.05‰ 的铝粉）或细石混凝土，用细振动棒振捣使砂浆从柱底另一侧挤出，待填满柱底周围约 10 mm 高，接着在杯口四周均匀地灌细石混凝土至与杯口平，如图 6-24（a）所示。

压浆法是于杯口空隙内插入压浆管与排气管，先灌 20 cm 高混凝土，并插捣实，然后开始压浆，待混凝土被挤压上拱，停止顶压；再灌 20 cm 高混凝土顶压一次即可拔出压浆管和排气管，继续灌注混凝土至杯口平，如图 6-24（b）所示。该法适用于截面很大、垫板高度较薄的杯底灌浆。

对采用地脚螺栓方式连接的钢柱，当钢柱安装最后校正后，拧紧螺母进行最后固定，如图 6-25 所示。

3. 钢柱安装质量要求

单层钢结构中柱子安装的允许偏差应符合表 6-6 的要求，检查数量按钢柱数量抽查10%，且不应少于 3 件，如有偏差必须校正。

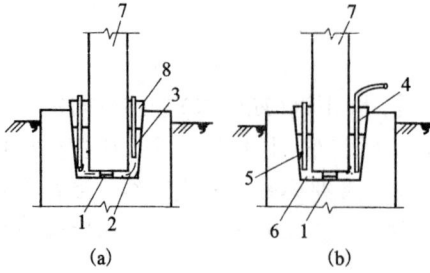

1—钢垫板；2—细石混凝土；3—插入式振动器；
4—压浆管；5—排气管；6—水泥砂浆；
7—柱；8—钢楔。

图 6-24　有垫板安装柱子灌浆方法

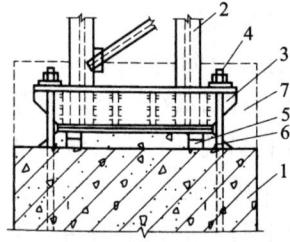

1—柱基础；2—钢柱；3—钢柱脚；
4—地脚螺栓；5—钢垫板；
6—二次灌浆细石混凝土；7—柱脚外包混凝土。

图 6-25　用预埋地脚螺栓固定

表 6-6　单层钢结构中柱子安装的允许偏差

项目			允许偏差/mm	图例	检验方法
柱脚底部中心线对定位轴线的偏移			5.0		用吊线和钢尺检查
柱基准点标高	有吊车梁的柱		+3.0 -5.0		用水准仪检查
	无吊车梁的柱		+5.0 -9.0		
弯曲矢高			$H/1200$，且不应大于 15.0		用经纬仪或拉线和钢尺检查
柱轴线垂直度	单层柱	$H \leqslant 10$ m	$H/1000$		用经纬仪或拉线和钢尺检查
		$H > 10$ m	$H/1000$，且不应大于 25.0		
	多节柱	单节柱	$H/1000$，且不应大于 10.0		
		柱全高	35.0		

多层及高层钢结构中柱子安装的允许偏差应用全站仪或激光经纬仪和钢尺实测并符合表6-7的要求。标准值柱全部检查，非标准柱抽查10%，且不应少于3根。

表 6-7 多层及高层钢结构中柱子安装的允许偏差

项目	允许偏差/mm	图例
底层柱柱底轴线对定位轴线的偏移	3.0	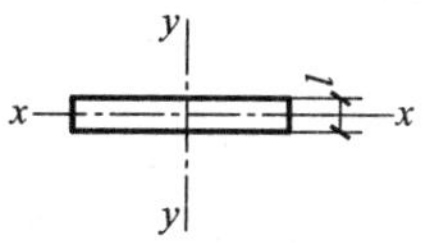
柱子定位轴线	1.0	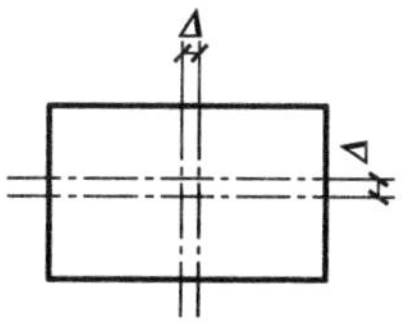
单节柱的垂直度	$h/1000$，且不应大于 10.0	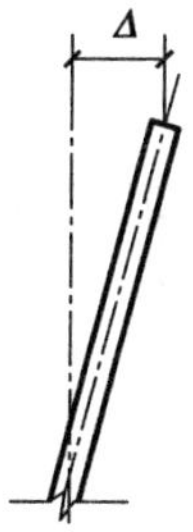

6.2.3 钢梁安装

1. 钢吊车梁安装

1) 搁置吊车梁牛腿面的水平标高调整

先用水准仪测出柱子校正后每根钢柱上标高基准线的实际变化值，在钢柱横向靠近牛腿处的两侧同时做好实测标记。根据各钢柱搁置吊车梁牛腿面的实测标高值，定出全部钢柱搁置吊车梁牛腿面的统一标高值。根据各标高差值和吊车梁的实际高差来加工不同厚度的钢垫板。在吊装吊车梁前应将精加工过的垫板点焊在牛腿面上。

2) 吊车梁纵横轴线的复测和调整

钢柱的校正应把有柱间支撑的单元作为标准排架，从而控制其他柱子纵向的垂直偏差和竖向构件吊装时的累计误差。在已吊装完的柱间支撑和竖向构件的钢柱上复测吊车梁的纵横轴线，并应进行调整。

3) 吊车梁吊装前应严格控制定位轴线

认真做好钢柱底部临时标高垫块的准备工作，密切注意钢柱吊装后的位移和垂直度偏差数值，实测吊车梁搁置端部梁高的制作误差。

4) 吊车梁的绑扎钢吊车梁一般绑扎两点

吊钩应对称于梁的重心，使梁起吊后保持水平，梁的两端用溜绳控制，避免梁体摆动碰撞柱子。梁上设有预埋吊环的吊车梁，可用带钢钩的吊索直接钩住吊环起吊；自重较大的梁，应用卡环与吊环吊索相互连接起吊；梁上未设吊环的，可在梁端靠近支点用轻便吊索配合卡环绕吊车梁(或梁)下部左右对称绑扎吊装，如图 6-26 所示；或用工具式吊耳吊装，如图 6-27 所示；当起重能力允许时也可将吊车梁与制动梁(或桁架)及支撑等组成一个大部件进行整体吊装，如图 6-28 所示。

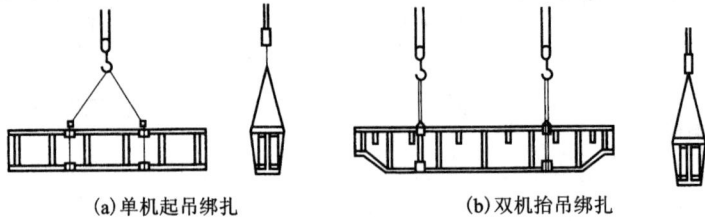

(a)单机起吊绑扎   (b)双机抬吊绑扎

图6-26　未设吊环的吊装

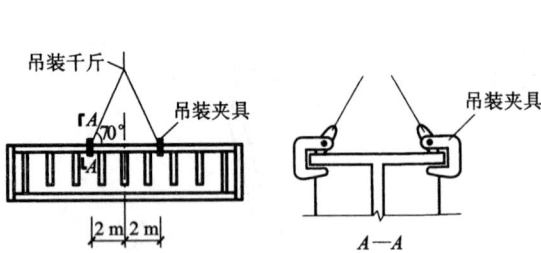

图6-27　利用工具式吊耳吊装

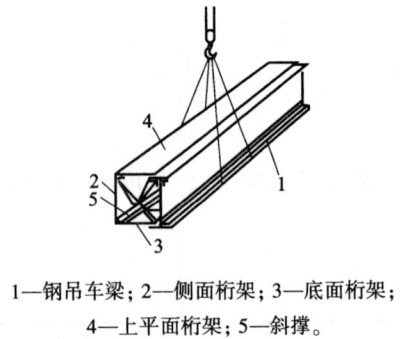

1—钢吊车梁；2—侧面桁架；3—底面桁架；
4—上平面桁架；5—斜撑。

图6-28　钢吊车梁的组合吊装

5）钢吊车梁吊装

（1）起吊就位和临时固定

吊车梁吊装须在柱子最后固定，柱间支撑安装后进行。如屋盖已吊装完成，则应用短臂履带式起重机或独脚桅杆吊装，起重臂杆高度应比屋架下弦低0.5 m以上；如无起重机，也可在屋架端头、柱顶栓倒链安装。吊车梁应布置在接近安装位置处，使梁重心对准安装中心。安装可由一端向另一端，或从中间向两端顺序进行。当梁吊至设计位置20 cm时，用人力扶正，使梁中心线与支撑面中心线（或已安相邻梁中心线）对准，并使两端搁置长度相等，然后缓慢落下。稍有偏差，可用撬杠和钢垫片校正。当梁高宽比大于4或遇五级以上大风时，脱钩前应用8号铁丝将梁临时固定，以防倾倒。

（2）梁的定位校正

钢吊车梁的校正应在梁全部安装完毕、屋面构件校正并最后固定后进行。质量较大的吊车梁亦可边安装边校正。钢吊车梁校正内容包括中心线（位移）、轴线间距（即跨距）、标高垂直度等。纵向位移在就位时已校正，故校正主要是指横向校正。

校正吊车梁中心线与吊车跨距时，先在吊车轨道两端的地面上，根据柱轴线放出吊车轨道轴线，用钢尺校正两轴线的距离，再用经纬仪放线、钢丝挂线坠或在两端拉钢丝等方法校正，如图6-29所示。如有偏差用撬杠拨正，或在梁端设螺栓、液压千斤顶侧向顶正，如图6-30所示；或在柱头挂倒链将吊车梁吊起或用杠杆将吊车梁抬起，如图6-31所示，再用撬杠配合移动拨正。

校正吊车梁的标高可将水准仪安设在厂房中部地面上或某一吊车梁上，在柱上测出统一标准高程，再用钢尺或样杆量测梁顶两端及跨中三点高程，根据测定标高进行校正。校正

178

时，用撬杠撬起或在柱头屋架上弦端头挂倒链将吊车梁一端吊起校正；重型柱在梁一端下部用千斤顶顶起填塞铁片校正。在校正标高的同时应校正吊车梁垂直度，当偏差超过允许偏差时用楔形钢板在一侧填塞纠正。

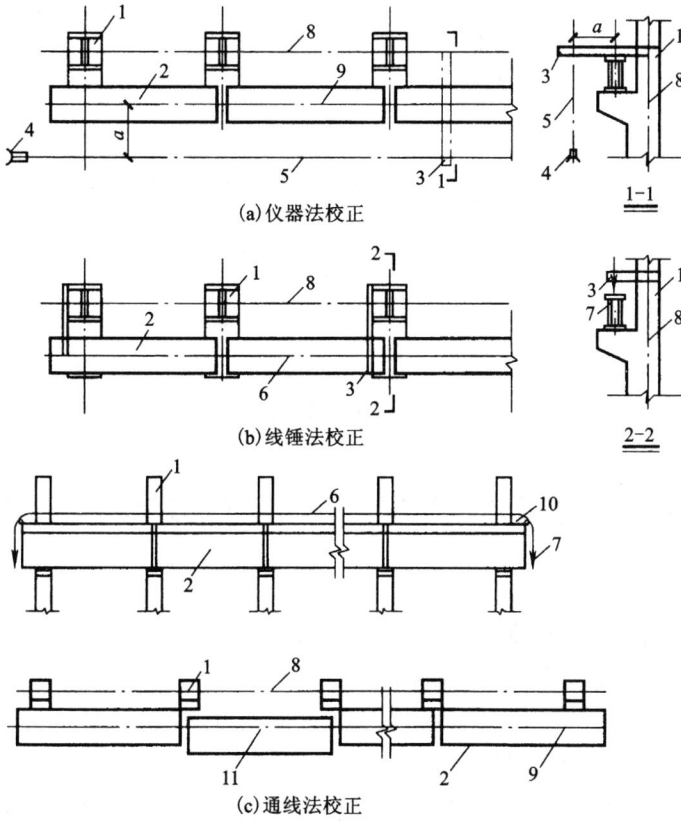

(a)仪器法校正

(b)线锤法校正

(c)通线法校正

1—柱；2—吊车梁；3—短木尺；4—经纬仪；5—经纬仪与梁轴线平行视线；6—铁丝；7—线坠；8—柱轴线；9—吊车梁轴线；10—钢管或圆钢；11—偏离中心线的吊车梁。

图 6-29 吊车梁轴线的校正

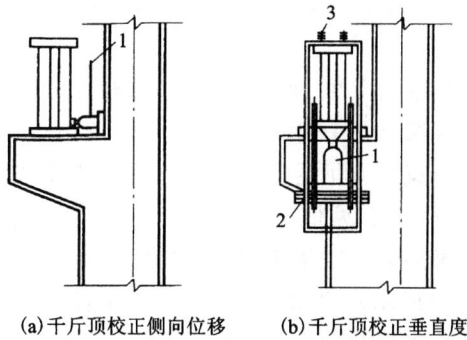

(a)千斤顶校正侧向位移 　　(b)千斤顶校正垂直度

1—液压(或螺栓)千斤顶；2—钢托架；3—螺栓。

图 6-30 用千斤顶校正的吊车梁

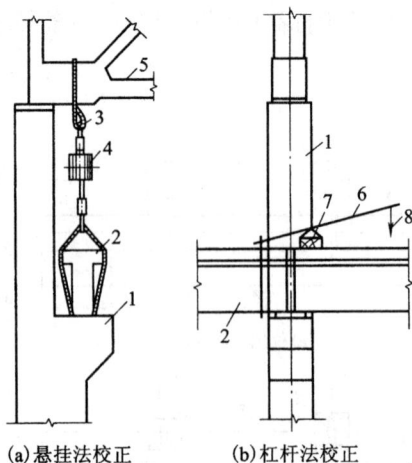

（a）悬挂法校正　　　　（b）杠杆法校正

1—柱；2—吊车梁；3—吊索；4—倒链；5—屋架；6—杠杆；7—支点；8—着力点。

图6-31　用悬挂法和杠杆法校正吊车梁

（3）最后固定

吊车梁校正完毕后，应立即将吊车梁与牛腿上的埋设件焊接固定，在梁柱接头处支侧模，浇筑细石混凝土并养护。

6）吊车轨道安装

吊车轨道安装前应严格复测吊车梁的安装质量，同时对轨道的总长和分段（接头）位置尺寸分别测量，以保证全长尺寸、接头间隙正确。

（1）轨道中心线与吊车梁中心线应控制在允许偏差范围内，使轨道受力重心与吊车梁腹板中心的偏移量不得大于腹板厚度的1/2。

（2）安装调整水平度或直线度用垫铁应分别与轨道和吊车梁接触紧密，每组垫铁不应超过2块；长度应小于100 mm；宽度应比轨道底宽10～20 mm；两组垫铁间的距离应不小于200 mm；垫铁应与吊车梁焊接牢固。

（3）固定轨道、矩形或桥形紧固螺栓应有防松措施，一般在螺母下应加弹簧垫圈或用副螺母，以防吊车工作时在荷载及振动等外力作用下使螺母松脱。

2. 框架钢梁安装

（1）吊装前应对钢梁的型号、长度、截面尺寸和牛腿位置、标高进行检查。框架钢梁安装应采用两点起吊。安装前应安装好扶手栏杆和扶手绳，就位后拴在两端上。钢梁吊装宜采用专用卡具，而且必须保证钢梁在起吊后为水平状态。主梁采用专用卡具，如图6-32（a）所示，卡具设置在钢梁端部500 mm的两侧。

框架梁安装原则上是一根一吊，次梁和小梁可采用多头吊索一次吊装数根，以充分发挥吊车起重能力，如图6-32（b）所示。梁间距离应考虑操作安全。水平桁架的安装基本同框架梁，但吊点位置选择应根据桁架形状而定，须保证起吊后平直，便于安装连接。

一节柱一般有2层、3层或4层梁，原则上沿竖向构件由上向下逐件安装，由于上部和周边都处于自由状态，易于安装且保证质量。

一般在钢结构安装实际操作中，同一列柱的钢梁从中间跨开始对称地向两端扩展安装；

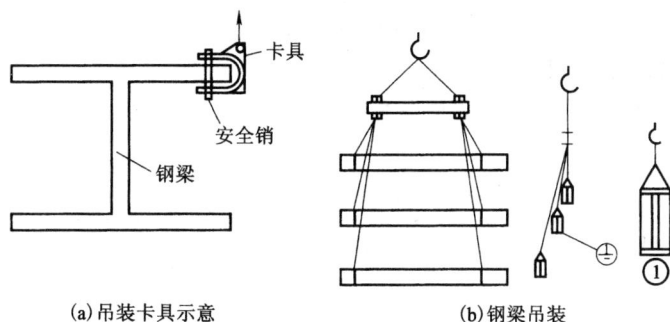

(a)吊装卡具示意　　　　(b)钢梁吊装

图6-32　钢梁吊装示意图

同一跨钢梁,先安装上层梁再安装中下层梁。

(2)在安装和校正柱与柱之间的主梁时,会使柱与柱之间的轴线尺寸发生变化。可先把柱子撑开,测量必须跟踪校正,预留偏差值,预留出节点焊接收缩量。梁校正完毕,用高强螺栓临时固定再进行柱校正,紧固连接高强螺栓,焊接柱节点和梁节点并进行超声波检验。

(3)主梁与钢柱的连接一般上、下翼缘用坡口电焊连接,而腹板用高强螺栓连接。次梁与主梁的连接基本上是在腹板处用高强螺栓连接,少量再在上、下翼缘处用坡口电焊连接,如图6-33所示。

柱与柱节点和梁与柱节点的焊接应相互协调,一般可以先焊接顶部柱梁节点,再焊接底部柱梁节点,最后焊接中间部分的柱梁节点。对整个框架而言,柱梁刚性接头焊接顺序应从整个结构的中间开始,先形成框架,然后再纵向继续施焊。梁应采取间隔焊接固定的方法,避免两端同时焊接,而使梁中产生过大的温度应力。柱与梁接头钢筋焊接全部采用V形坡口焊,也应采用分层轮流施焊,以减少焊接应力。

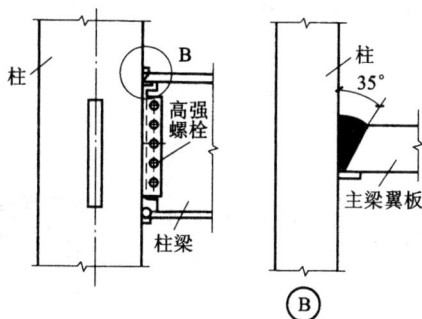

图6-33　柱与梁的连接构造

(4)各层次梁根据实际施工情况确定吊装顺序,逐层安装完成。同一根梁两端的水平度允许偏差(1/1000),最大不超过10 mm。若钢梁水平度超标,主要原因是连接板位置或螺栓位置有误差,可采取更换连接板或塞焊原孔重新制孔处理。

(5)当一榀框架吊装完毕,须对已吊装的柱、梁进行误差检查和校正。对于控制柱网的基准柱用线锤或激光仪观测,其他柱根据基准柱用钢卷尺测量。安装连接螺栓时严禁在情况不明的情况下任意扩孔，连接板必须平整。一节柱的各层梁安装校正后，应立即安装本节柱范围内的各层楼梯，并铺设压型钢板进行叠合楼板施工。

3. 钢吊车梁安装质量要求

钢吊车梁安装的允许偏差应满足表 6-8 的要求。

表 6-8　钢吊车梁安装允许偏差

项　目		允许偏差/mm	图　例	检验方法
梁的跨中垂直度		$h/500$	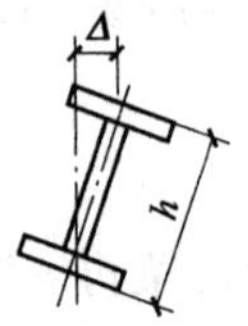	用吊线和钢尺检查
侧向弯曲矢高（l 为钢吊车梁长）		$l/1500$ 且应不大于 10.0	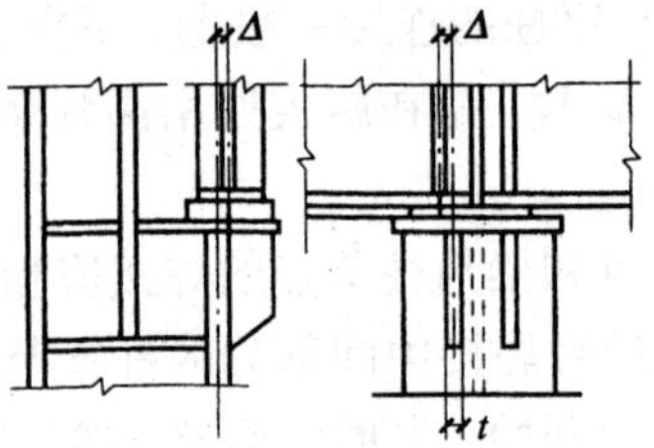	用拉线和钢尺检查
垂直上拱矢高		10.0		
两端支座中心位移 Δ	安装在钢柱上时，对牛腿中心的偏移	5.0		
	安装在混凝土柱上时，对定位轴线的偏移	5.0		
吊车梁支座加劲板中心与柱子承压加劲板中心的偏移 Δ_1（t 为加劲板厚度）		$t/2$		用吊线和钢尺检查
同跨间内同一横截面吊车梁顶面高差 Δ	支座处	10.0	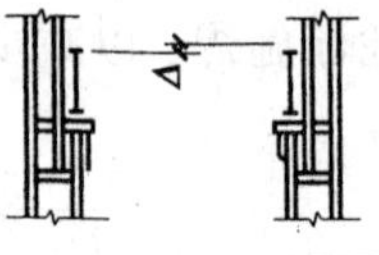	用经纬仪、水准仪和钢尺检查
	其他处	15.0		
同跨间内同一横截面下挂式吊车梁底面高差 Δ		10.0		
同列相邻两柱间吊车梁顶面高差 Δ		$l/1500$，且不应大于 10.0	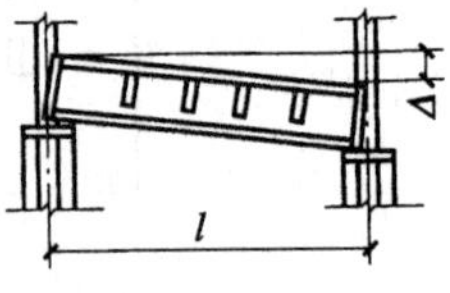	用水准仪和钢尺检查
相邻两吊车梁接头部位 Δ	中心错位	3.0	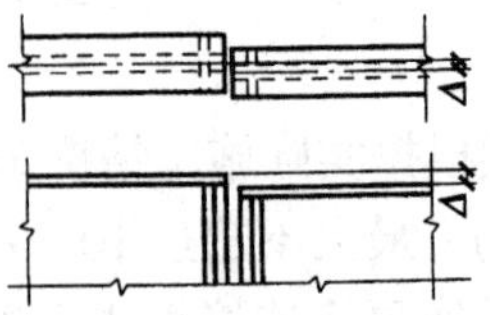	用钢尺检查
	上承式顶面高差	1.0		
	下承式顶面高差	1.0		

182

续表6-8

项　目	允许偏差/mm	图　例	检验方法
同跨间任一截面的吊车梁中心跨距 Δ	±10.0		用经纬仪和光电测距仪检查；跨度小时，可用钢尺检查
轨道中心对吊车梁腹板轴线的偏移 Δ（t 为吊车梁腹板厚度）	$t/2$		用吊线和钢尺检查

6.2.4　屋面系统的吊装

屋盖结构一般是以节间为单位进行综合吊装，即每安装一榀屋架，随即完成该节间其他构件安装，再进行下一节间的安装。

屋架吊装的施工顺序是：绑扎、扶直就位、吊升、对位、临时固定、校正和最后固定。

1. 一般规定

(1)钢屋架可用自行起重机(尤其是履带式起重机)、塔式起重机和桅杆式起重机等进行吊装。由于屋架的跨度、重量和安装高度不同，宜选用不同的起重机械和吊装方法。

(2)屋架为悬空吊装，为使屋架在起吊后不发生摇摆和其他构件碰撞，起吊前在屋架两端应绑扎溜绳，随吊随放松，以此保持其正确位置。

(3)钢屋架的侧向刚度较差，对翻身扶直与吊装作业，必要时应绑扎几道杉木杆作为临时加固措施(图6-34 所示)。

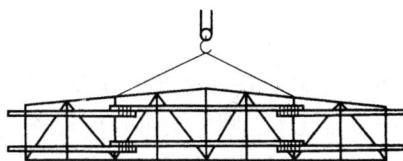

图6-34　屋架的临时加固

(4)钢屋架的侧向稳定性较差，如果起重机械的起重量和起重臂长度允许时，最好经扩大拼装后进行组合吊装，即在地面上将两榀屋架及其上的天窗架、檩条、支撑等拼装成整体，一次进行吊装。

(5)钢屋架要检查校正其垂直度和弦杆的平直度。屋架的垂直度可用垂球检验，弦杆的平直度则可用拉紧的测绳进行检验。

(6)屋架临时固定用临时螺栓和冲钉；最后固定宜用电焊或高强度螺栓。

2.钢屋架吊装

钢屋架吊装时，须对柱子横向进行复测和复校，并验算屋架平面外刚度。如刚度不足，采取增加吊点的位置或采取加铁扁担的施工方法。

屋架的吊点选择要保证屋架的平面刚度，应注意以下两点：

(1)屋架的重心应位于内吊点的连线之下，否则应采取防止屋架倾覆的措施；

(2)对外吊点的选择应使屋架下弦处于受拉状态。

屋架起吊时，离地50 cm时检查无误后再继续起吊。安装第一榀屋架时，在松开吊钩前应做初步校正，对准屋架基座中心线与定位轴线就位，并调整屋架垂直度、检查屋架侧向弯曲。第二榀屋架同样吊装就位后，不要松钩，用绳索临时与第一榀屋架固定，如图6-35所示，接着安装支撑系统及部分檩条，最后校正固定成整体。从第三榀开始，在屋架脊点及上弦中点装上檩条即可将屋架固定，同时将屋架校正好。

屋架分片运至现场组装时，拼装平台应平整，组拼时应保证屋架总长及起拱尺寸要求。焊接时一面检查合格后再翻身焊另一面。做好拼焊施工记录，全部验收后方准吊装。屋架及天窗架也可以在地面上组装好，进行综合吊装，但要临时加固，以保证有足够的刚度。

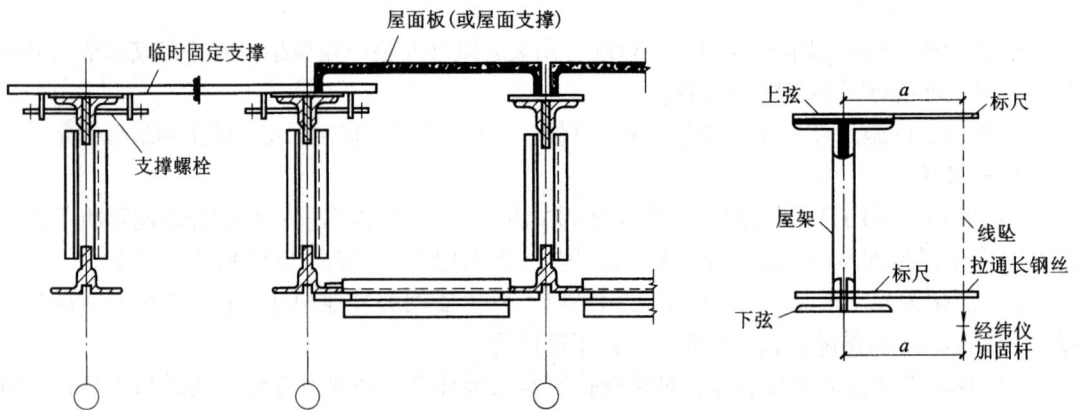

图6-35 钢屋架临时固定与校正

3.钢屋架校正

钢屋架校正可采用经纬仪校正屋架上弦垂直度的方法。在屋架上弦两端和中央夹三把标尺，待三把标尺的定长刻度在同一直线上，则屋架垂直度校正完毕。

钢屋架校正完毕后，拧紧屋架临时固定支撑的两端螺杆和屋架两端搁置处的螺栓，随即安装屋架永久支撑系统。

4.屋面构件吊装

1)屋面梁吊装

(1)屋面梁在地面拼装并用高强螺栓连接紧固。高强螺栓紧固检测应按规范规定进行。

(2)屋面梁宜采用两点对称绑扎吊装，绑扎点宜设软垫，以免损伤构件表面。

(3)屋面梁吊装前应设好安全绳，以方便施工人员高空操作；屋面梁吊升宜缓慢进行，吊升过柱顶后由操作工人扶正对位，用螺栓穿过连接板与钢柱临时固定，并进行校正。

(4)屋面梁的校正主要是垂直度检查，屋面梁跨中垂直度偏差不大于H/250(H为屋面梁高），并不得大于 20 mm。

（5）屋架校正后应及时进行高强螺栓紧固，做好永久固定。

2）屋面（墙面）檩条吊装

（1）檩条安装前，对构件进行检查，构件变形、缺陷超出允许偏差时，进行处理。构件表面的油污、泥沙等杂物应清理干净。

（2）屋面或墙面檩条统一吊装，空中分散进行安装。同一跨安装完后，检测檩条坡度，须与设计的屋面坡度相符。檩条的直线度须控制在允许偏差范围内。墙架、檩条、支撑系统钢构件外形尺寸应符合表 6-9 的要求。墙架、檩条等次要构件安装的允许偏差应符合表 6-10 的要求。

表 6-9　墙梁、檩条、支撑系统钢构件外形尺寸的允许偏差

项目	允许偏差/mm	检验方法
构件长度 l	±4.0	用钢尺检查
构件两端最外侧安装孔距离 l_1	±3.0	
构件弯曲矢高	$l/1000$，且不应大于 10.0	用拉线和钢尺检查
截面尺寸	+5.0 -2.0	用钢尺检查

表 6-10　墙梁、檩条等次要构件安装的允许偏差

项目		允许偏差/mm	检验方法
墙架立柱	中心线对定位轴线的偏移	10.0	用钢尺检查
	垂直度	$H/1000$，且不应大于 10.0	用经纬仪或吊线和钢尺检查
	弯曲矢高	$H/1000$，且不应大于 15.0	用经纬仪或吊线和钢尺检查
抗风桁架的垂直度		$h/250$，且不应大于 15.0	用吊线和钢尺检查
檩条、墙梁的间距		±5.0	用钢尺检查
檩条弯曲的矢高		$L/750$，且不应大于 12.0	用拉线和钢尺检查
墙梁弯曲的矢高		$L/750$，且不应大于 10.0	用拉线和钢尺检查

注：H 为墙架立柱的高度；h 为抗风桁架的高度；L 为檩条或墙梁的长度。

6.2.5　平台、钢梯和防护栏安装

1.钢直梯安装

（1）钢直梯应采用材质不低于 Q235A·F 的钢材。梯梁应采用不小于∟ 50 mm×50 mm ×5 mm 角钢或 -60 mm×9 mm 扁钢。踏棍宜采用不小于 ϕ20 mm 的圆钢，间距宜为 300 mm 等距离分布。钢直梯每级踏棍的中心线与建筑物或设备外表面之间的净距离不得小于 150 mm。支撑应采用角钢、钢板或钢板组焊成工字形钢，埋设或焊接时必须牢固可靠。

（2）无基础的钢直梯，至少焊两对支撑，支撑竖向间距，不宜大于 3000 mm，最下端的踏

棍距基准面距离不宜大于 450 mm。

（3）侧进式钢直梯中心线至平台或屋面的距离为 390～500 mm，梯梁与平台或屋面之间的净距离为 190～300 mm。

（4）钢直梯最佳宽度为 500 mm。由于工作面所限，攀登高度在 5.0 m 以下时，梯宽可适当缩小，但不得小于 300 mm。

（5）梯段高度超过 3.0 m 时应设护笼，护笼下端距基准面为 2.0～2.4 m，护笼上端高出基准面应与《固定式工业防护栏杆安全技术条件》（GB 4053.3—2009）中规定的栏杆高一致，护笼直径为 700 mm，其圆心距踏棍中心线为 350 mm。水平圈采用不小于 -40 mm×4 mm 扁钢，间距为 450～750 mm，在水平圈内侧均布焊接 5 根不小于 -25 mm×4 mm 扁钢垂直条。

（6）梯段高不宜大于 9 m。超过 9 m 时宜设梯间平台，以分段交错设梯。攀登高度在 15 m 以下时，梯间平台的间距为 5～9 m；超过 15 m 时，每 5 段设一个梯间平台，梯间平台应设安全防护栏杆。

（7）钢直梯上端的踏板应与平台或屋面平齐，其间隙不得大于 300 mm，并在直梯上端设置高度不低于 1050 mm 的扶手。

（8）钢直梯全部采用焊接连接，焊接要求应符合《钢结构工程施工质量验收标准》（GB50205—2020）的规定。所有构件表面应光滑无毛刺。安装后的钢直梯不应有歪斜、扭曲、变形及其他缺陷。

（9）固定在平台上的钢直梯，应下部固定，上部的支撑与平台梁固定，在梯梁上开设长圆孔，采用螺栓连接。钢直梯安装后必须认真除锈并做防腐涂装。

2. 固定钢斜梯安装

（1）不同坡度的钢斜梯，其踏步高 R、踏步宽 t 的尺寸见表 6-11，其他坡度按线性内插法取值。

表 6-11　钢斜梯踏步尺寸

α	30°	35°	40°	45°	50°	55°	60°	65°	70°	75°
R/mm	160	175	195	200	210	225	235	245	255	265
t/mm	290	250	230	200	190	150	135	115	95	75

（2）常用的坡度和高跨比（$H:L$），见表 6-12。

表 6-12　钢斜梯常用坡度和高跨比

坡度 α	45°	51°	55°	59°	73°
高跨比 $H:L$	1:1	1:0.9	1:0.7	1:0.6	1:0.3

（3）梯梁钢材采用性能不低于 Q235A·F 钢材，其截面尺寸应通过计算确定。踏步板采用厚度不小于 4 mm 的花纹钢板，或经防滑处理的普通钢板。或采用由 -25 mm×4 mm 扁钢和小角钢组焊成的格子板。

（4）立柱宜采用截面不小于∟40 mm×40 mm×4 mm 角钢或外径为 30～50 mm 的管材，从第一级踏步板开始设置，间距不宜大于 1000 m，横杆采用直径不小于 16 mm 圆钢或-30 mm×4 mm 扁钢，固定在立柱中部。

（5）梯宽宜为 700 mm，最大不宜大于 1100 mm，最小不得小于 600 mm。梯高不宜大于 5 m，否则宜设梯间平台，分段设梯。

（6）扶手高应为 90 mm，或与《固定式工业防护栏杆安全技术条件》（GB 4053.3—2009）中规定的栏杆高度一致，采用外径为 30～50 mm，壁厚不小于 2.5 mm 的管材。

（7）钢斜梯应全部采用焊缝连接。焊接要求符合《钢结构工程施工质量验收规范》（GB 50205—2011）的规定。所有构件表面应光滑无毛刺，安装后的钢斜梯不应有歪斜、扭曲、变形及其他缺陷。钢斜梯安装后，必须认真除锈并做防腐涂装。

3. 平台、栏杆安装

平台钢板应铺设平整，与承台梁或框架密贴、连接牢固，表面有防滑措施。栏杆安装连接应牢固可靠，扶手转角应光滑。梯子、平台和栏杆宜与主要构件同步安装。平台、梯子和栏杆安装的允许偏差应符合表 6-13 的规定。

表 6-13 钢平台、钢梯和防护栏杆安装的允许偏差

项目	允许偏差/mm	检验方法
平台高度	±15.0	用水准仪检查
平台梁水平度（l 为平台梁长）	l/1000，且不应大于 20.0	用水准仪检查
平台支柱垂直度（H 为平台支柱高度）	H/1000，且不应大于 15.0	用经纬仪、拉线和钢尺检查
承重平台梁侧向弯曲（l 为承重平台梁长）	l/1000，且不应大于 10.0	用钢尺检查
承重平台梁侧垂直度（h 为承重平台梁高）	h/00，且不应大于 15.0	用吊线和钢尺检查
直梯垂直度（l 为直梯长）	l/250，且不应大于 15.0	用吊线和钢尺检查
栏杆高度、栏杆立柱间距	±15.0	用钢尺检查

任务 6.3 单层厂房安装施工

6.3.1 单层厂房的构造

单层钢结构建筑可以分为民用建筑和工业建筑两种。目前，在我国单层钢结构多为工业建筑，单层民用房屋采用钢结构的还比较少。单层钢结构多采用轻钢结构，构件轻且质量高，结构抗震性能好，可建造大跨度（9～40 m）、大柱距（4～15 m）的房屋，并且建筑美观、屋面排水流畅、防水性能好。单层钢结构所用构件多在工厂制造，成品精确度高，易于保证施工质量。单层钢结构的构件既可采用高强螺栓连接，也可采用焊接，具有施工简单方便、安装迅速、占地面积小、不受季节限制等特点。

1. 轻钢单层厂房的构造

由于轻钢结构具有结构轻巧、自重轻的特点，与混凝土结构厂房相比，自重减少 70%～

80%, 用钢量仅为 20 ~ 30 kg/m², 节省投资, 可用于建造各类轻型工业厂房、公共设施和娱乐场所等建筑。

轻钢单层厂房主要由钢柱, 屋面钢梁或屋架, 屋面檩条, 墙梁(檩条)及屋面、柱间支撑系统, 屋面、墙面彩钢板等组装而成。图 6-36 是某轻钢结构单层厂房的构造示意图。

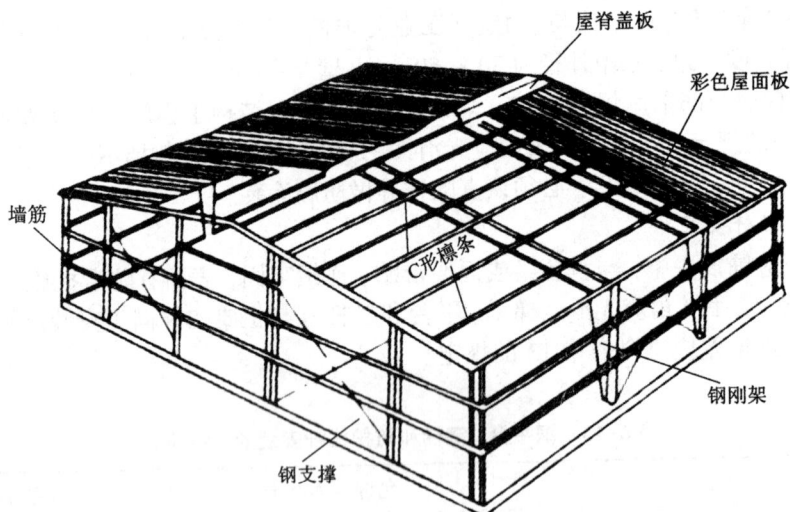

图 6-36　轻钢结构单层厂房构造

1) 钢柱

钢柱一般为 "H" 形断面, 采用热轧 H 型钢或用薄钢板经机器自动裁板、自动焊接制成, 其截面可制成直条型和变截面型两种, 断面尺寸应由设计计算确定。

钢柱通过地脚螺栓与钢筋混凝土基础连接, 通过高强螺栓与屋面钢梁连接, 其连接形式有斜面连接[图 6-37(a)]和直面连接[图 6-37(b)]两种。

2) 屋面梁

屋面梁一般为工字形截面, 根据构件各截面的受力情况, 可制成不同截面的若干段, 运至施工现场后, 在地面拼装并用高强螺栓连接, 如图 6-37 所示。

3) 檩条与墙梁

轻钢屋面檩条、墙梁采用高强镀锌彩色钢板经辊压成型, 其截面形状有 C 形(图 6-38)的和 "乙" 形。其采用的规格尺寸应根据国家标准《冷弯薄壁型钢结构技术规范》(GB 50018—2016)而定。表 6-14 是 C 形檩条常用的几种断面尺寸。檩条可通过高强螺栓直接连接在屋面梁翼缘上, 也可连接固定在屋面梁上的檩条挡板上, 如图 6-39 所示。

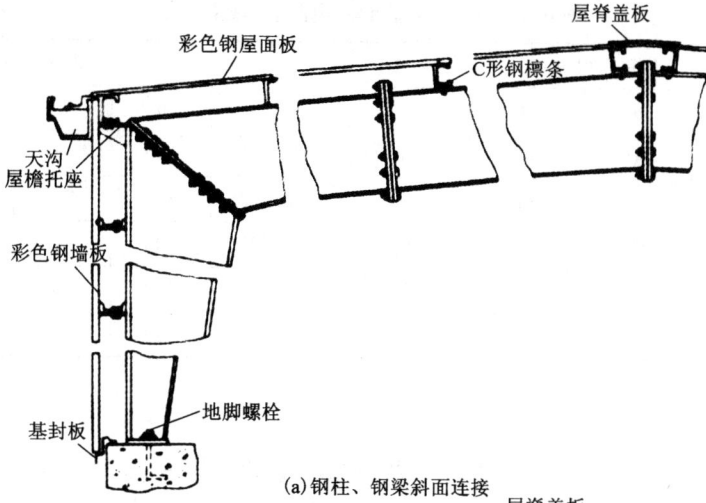

（a）钢柱、钢梁斜面连接

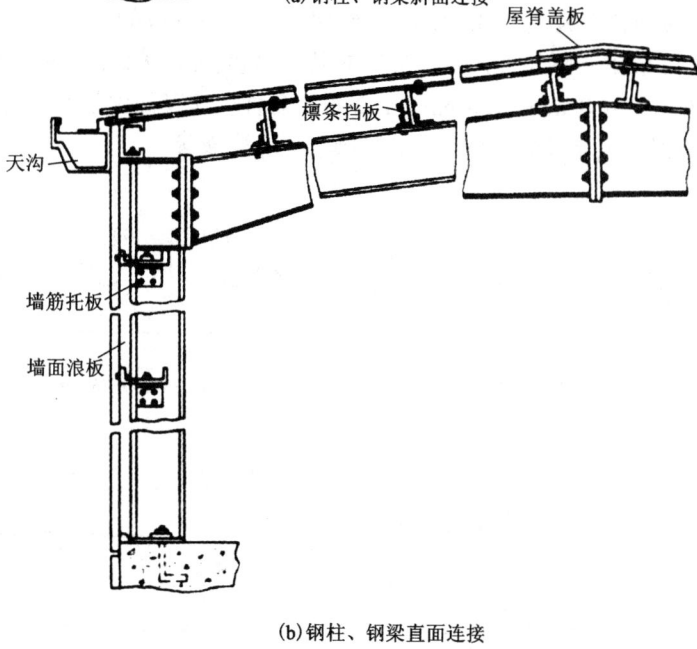

（b）钢柱、钢梁直面连接

图 6-37　轻钢构件连接大样图

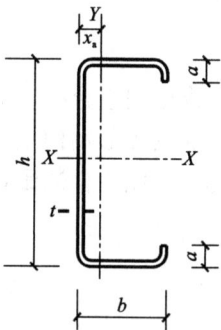

图 6-38　C 形檩条断面形状

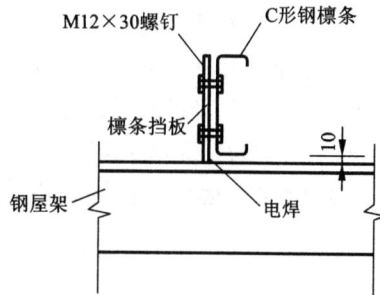

图 6-39　檩条、屋面梁连接节点图

表 6-14　C 形钢檩条常用型号、规格、尺寸

型号	断面尺寸/mm				型号	断面尺寸/mm			
	h	b	d	t		h	b	d	t
C10016	100	50	11	1.6	C15025	150	63	17	2.5
C10020	100	50	11	2.0	C20020	200	70	20	2.0
C12016	120	52	13	1.6	C20025	200	70	20	2.5
C12020	120	52	13	2.0	C25025	250	80	25	2.5
C15020	150	63	17	2.0	C25030	250	80	25	3.0

4）屋面、墙面彩钢板

彩色钢板是用高强优质薄钢卷板（热镀锌钢板、镀铝锌钢板），经连续热浸合金化镀层处理和特殊工艺的连续烘涂各彩色涂层处理，再经机器辊压而制成的。

彩钢板的长度可根据实际尺寸而定，常见的几种宽度及形状如图 6-40 所示。彩钢板厚度有 0.5 mm、0.7 mm、0.8 mm、1.0 mm、1.2 mm 几种，其表面涂层材料有普通双性聚酯、高分子聚酯、硅双性聚酯，金属 PVDF. PVF 贴膜、丙烯溶液等。

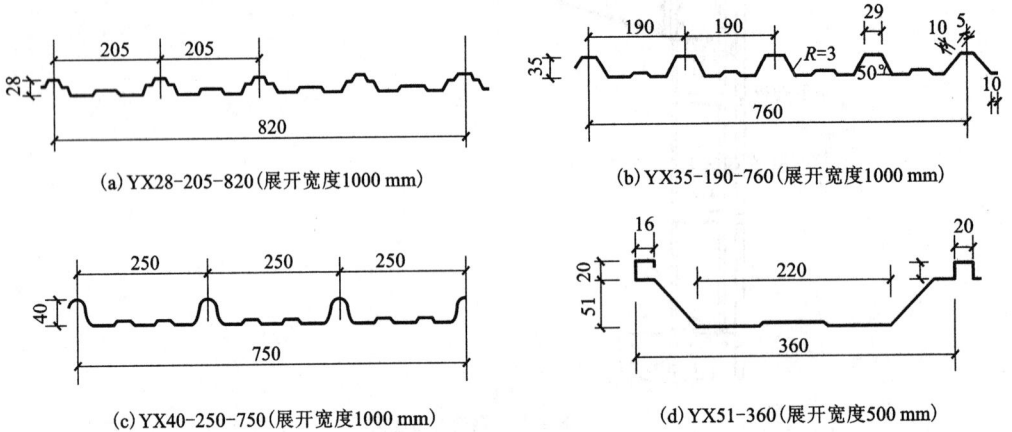

(a) YX28-205-820（展开宽度1000 mm）

(b) YX35-190-760（展开宽度1000 mm）

(c) YX40-250-750（展开宽度1000 mm）

(d) YX51-360（展开宽度500 mm）

图 6-40　彩钢板几种形状规格

2. 冷轧轻型房屋的构造

对于冷轧轻型房屋，其立体结构柱子多采用工字形实腹柱或型钢组合柱，屋架采用三角形或菱形钢屋架或人字式钢梁组合屋架，屋面和围护墙采用槽钢或 Z 形钢檩条和墙梁，用钢筋拉结，外表挂镀锌压型板或铝合金压型板，见图 6-41。钢构件之间用普通螺栓连接，屋面板用钩头螺栓连接，墙板用铝铆钉铆接。

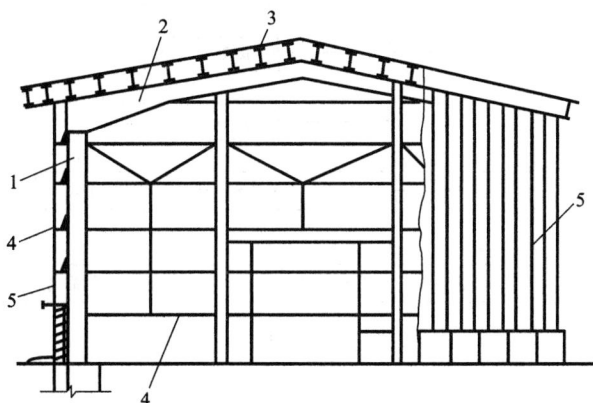

1—H形钢柱；2—H形钢梁；3—Z形薄壁形钢檩条；4—Z形薄壁形钢横梁；5—镀锌或铝合金压型板。

图6-41 轻型钢结构房屋构造

对于冷轧轻型钢结构住宅，其建筑布置要求楼层和屋顶隔间设计纵横比不得超过4∶1（隔间纵横比等于拉牢墙索之间的隔间长度除以隔间宽度）。拉牢墙索安装在所有外墙和有需要的内墙上。楼层和屋顶隔间设计偏移量不得超过1.22 m；当偏移量超出1.22 m，任意一侧的墙都要考虑为各自分开的拉牢墙索。

6.3.2 单层厂房安装工艺

单层厂房构件吊装应先吊装竖向构件，后吊装平面构件，这样施工的目的是减小建筑物的纵向长度安装累积误差，保证工程质量。单跨结构宜从跨端一侧向另一侧、中间向两端或两端向中间进行吊装。多跨结构，宜先吊主跨、后吊副跨；当有多台起重设备共同作业时，也可多跨同时吊装。

单层钢结构在安装过程中，应及时安装临时柱间支撑或稳定缆绳，应在形成空间结构稳定体系后，再扩展安装。单层钢结构安装过程中形成的临时空间结构稳定体系应能承受结构自重、风荷载、雪荷载、施工荷载以及吊装过程中的冲击荷载的作用。

1.单层厂房吊装基本原则

(1)并列高低跨吊装：考虑屋架下弦伸长后柱子向两侧偏移问题，先吊高跨后吊低跨。

(2)并列大跨度与小跨度：先吊装大跨度，后吊装小跨度。

(3)并列间数多的与间数少的屋盖吊装：先吊间数多的，后吊间数少的。

(4)并列有屋架跨与露天跨吊装：先吊有屋架跨，后吊露天跨。

2.竖向构件吊装顺序

柱(混凝土、钢)—连系梁(混凝土、钢)—柱间钢支撑—吊车梁(混凝土、钢)—制动拖架—托架(混凝土、钢)等，单种构件吊装流水作业，既保证体系纵列形成排架、稳定性好又能提高生产效率。

3.平面构件吊装顺序

平面构件吊装顺序主要以形成空间结构稳定体系为原则，工艺流程如图6-42所示。

第一榀钢屋架 → 纵横十字线位移

第一榀钢屋架 → 屋架垂直偏差

第一榀钢屋架 → 与挡风钢柱固定

第二榀钢屋架 ← 位移、垂偏与第一榀屋架临时加固

屋架间上下水平支撑、垂直支撑 ← 继续观察屋架垂偏情况

屋面板

第一榀钢天窗架 ← 位移、垂偏临时固定

第三榀屋架 ← 位移、垂偏与第一榀屋架临时固定

屋盖支撑

屋面板

依次循环

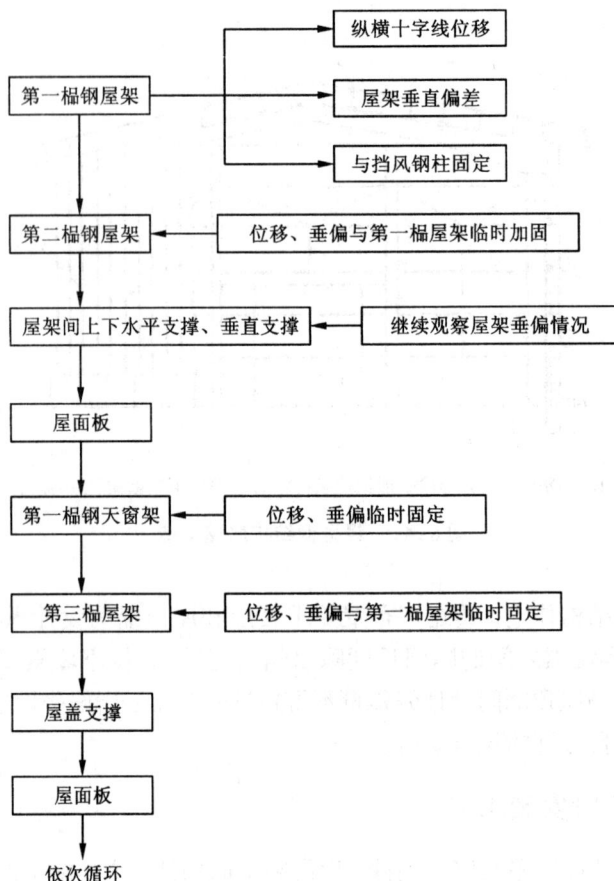

图 6-42 平面构件吊装顺序工艺流程

6.3.3 单层厂房安装质量要求

(1)钢构件在运输、堆放和吊装过程中造成的钢构件变形及涂层脱落应进行矫正和修补。

(2)设计要求顶紧的节点,接触面不应少于 70% 紧贴,且边缘最大间隙不应大于 0.8 mm。

(3)钢屋(托)架、桁架、梁及受压杆件的垂直度和侧向弯曲矢高的允许偏差应符合表 6-15 的要求。同类型构件抽查 10%,且不少于 3 根。

表 6-15 钢屋(托)架、桁架、梁及受压杆件的垂直度和侧向弯曲矢高的允许偏差

项目	允许偏差/mm	图例
跨中的垂直度	$h/250$,且不应大于 15.0	

续表6-16

项目		允许偏差/mm	图例
侧向弯曲矢高 f	l≤30 m	l/1000，且不应大于 10.0	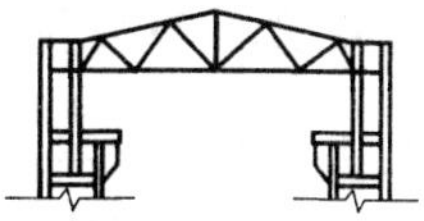
	30 m<l≤60 m	l/1000，且不应大于 30.0	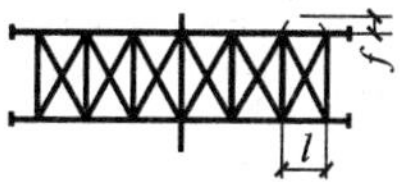
	l>60 m	l/00，且不应大于 50.0	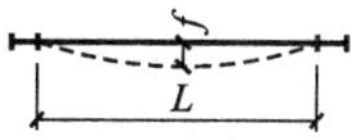

（4）单层钢结构主体结构的整体垂直度和整体平面弯曲的允许偏差应符合表 6-16 的要求。

表6-16　单层钢结构主体结构的整体垂直度和整体平面弯曲的允许偏差

项目	允许偏差/mm	图例
主体结构的整体垂直度	H/1000，且不应大于 25.0	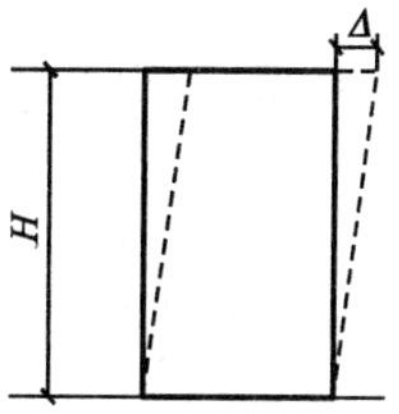
主体结构的整体平面弯曲	L/1500，且不应大于 25.0	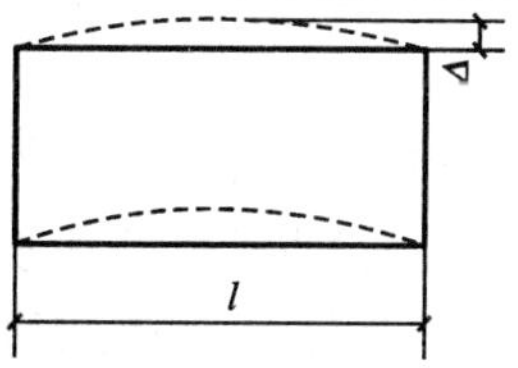

任务6.4　多层及高层钢结构安装施工

6.4.1　多层及高层钢结构安装流水施工段划分

多层及高层钢结构宜划分多个流水作业段进行安装，流水段宜以每节框架为单位。流水段划分应符合下列规定：

（1）流水段内的最重构件应在起重设备的起重能力范围内；

（2）起重设备的爬升高度应满足下节流水段内构件的起吊高度；

（3）每节流水段内的柱长度应根据工厂加工、运输堆放、现场吊装等因素确定，长度宜取 2~3 个楼层高度，分节位置宜在梁顶标高以上 1.0~1.3 m 处；

（4）流水段的划分应与混凝土结构施工相适应；

（5）每节流水段可根据结构特点和现场条件在平面上划分流水区进行施工。

6.4.2 多层及高层钢结构柱的连接

1.多节柱的连接

在多、高层钢结构中，钢框架一般采用工字形、H形柱或箱形截面柱。为减少柱的拼接连接节点数量，一般钢柱的安装单元以2~4个楼层高度为一根，特大或特重的钢柱须根据起重、运输、吊装等机械设备的能力来划分安装单元。理论上拼接连接节点应设置在内力较小位置，为提高安装效率，通常柱的拼接节点设置在距楼板顶面约1.1~1.3 m的位置。

当为H形钢柱，可用高强度螺栓连接也可以采用焊接连接，或高强螺栓与焊接共同使用的混合连接，如图6-43所示；如为箱形截面，应采用完全焊透的V形坡口焊缝，如图6-44所示。柱与柱的对接焊缝应采用对称同时焊接方式，柱与梁的焊缝亦应在柱的两侧同时对称焊接，以减少焊接变形和残余应力。

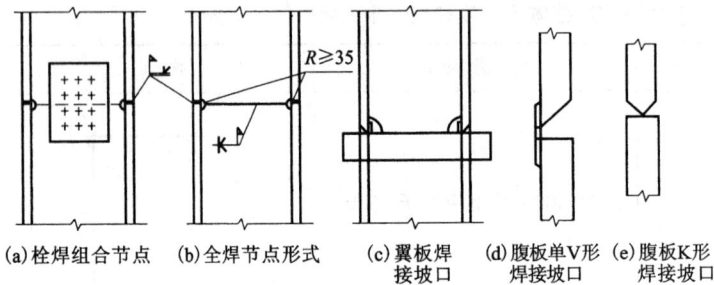

(a)栓焊组合节点　(b)全焊节点形式　(c)翼板焊接坡口　(d)腹板单V形焊接坡口　(e)腹板K形焊接坡口

图6-43　H形框架柱安装拼接节点及坡口形式示

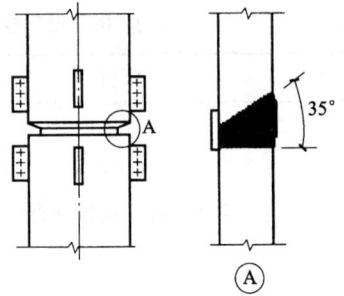

图6-44　箱型截面焊接连接构

当钢柱需改变截面时，一般应尽可能地保持截面高度不变，而采用改变翼缘厚度（或板件厚度）的办法。若需改变钢柱截面高度时，一般将变截面段设于梁与柱节点处，使柱在层间保持等截面。变截面段的坡度一般可在1:6~1:4的范围内采用。图6-45为箱形变截面柱接头形式举例。

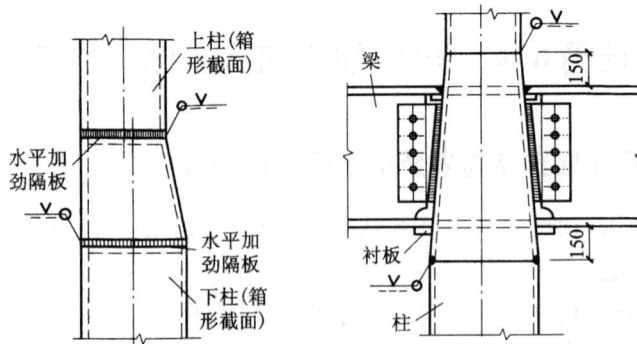

图6-45　箱形钢柱变截面接头

194

2.多节钢柱校正

多节钢柱校正比普通钢柱校正更为复杂，实践中要对每根下节柱进行重复多次校正和观测垂直偏移值。其主要校正步骤如下：

(1)多节钢柱初校应在起重机脱钩后电焊前进行，电焊完毕后，应做第二次观测。

(2)电焊施焊应在柱间砂浆垫层凝固前进行，以免因砂浆垫层的压缩而减少钢筋的焊接应力。接头坡口间隙尺寸宜控制在规定的范围内。

(3)梁和楼板吊装后，柱子因增加了荷载，以及梁柱间的电焊，又会使柱产生偏移。在这种情况下，对荷载不对称的外侧柱更为明显，故需再次进行观测。

(4)对数层一节的长柱，每层梁板吊装前后，均需观测垂直偏移值，使柱最终垂直偏移值控制在允许值以内。如果超过允许值，则应采取有效措施。

(5)当下节柱经最后校正后，偏差在允许范围以内时，可不进行调整。

此时，吊装上节柱时，如果根据标准中心线，在柱子接头处钢筋往往对不齐，若按照下节柱的中心线，则会产生积累误差。一般解决的方法是：上节柱底部就位时，应对准上述两条中心线(下柱中心线和标准中心线)的中点，各借一半(如图6-46所示)；校正上节顶部时，仍以标准中心线为准。

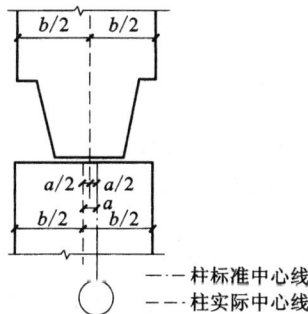

图 6-46　上、下节柱校正时中心线偏差调整示意图

(6)钢柱校正后，其垂直度允许偏差为 $h/1000$(h 为柱高)，但不大于 20 mm。中心线对定位轴线的位移不得超过 5 mm，上、下节柱接口中心线位移不得超过 3 mm。

(7)若柱垂直度和水平位移均有偏差，且垂直度偏差较大时，就应先校正垂直度偏差，然后校正水平位移，以减少柱倾覆的可能性。

(8)多层装配式结构的柱，特别是一节到顶、长细比较大、抗弯能力较弱的柱，杯口要有一定的深度。如果杯口过浅或锚固不够，会使柱倾覆，校正时要特别注意顶撑与敲打钢楔的方向。

此外，钢柱校正时，还应注意风力和日照温度、温差的影响，一般当风力超过 5 级时不宜进行校正工作，已校正的钢柱应进行侧向梁安装或采取加固措施。对受温差影响较大的钢柱，宜在无阳光影响时进行校正。

6.4.3　多层及高层钢结构安装工艺

多层及高层钢结构安装施工包括现场总平面布置、起重机选择、测量工艺及控制、钢框架吊装顺序、工艺流程、现场焊接工艺、高强螺栓施工工艺、结构安装及校正等。

1．现场总平面布置

总平面布置主要包括结构平面纵横轴线尺寸、主要塔式起重机的布置及工作范围、机械开行路线、配电箱及电焊机布置、现场施工道路、消防道路、排水系统、构件堆放位置等。如果现场堆放构件场地不足，可选择中转场地。

2．起重机选择

（1）起重机性能选择。根据吊装范围的最重构件、位置及高度，选择相应塔式起重机，其最大起重力矩（或双机起重力矩的80%）所具有的起重量、回转半径、起重高度应满足要求。此外，还应考虑塔式起重机高空使用的抗风性能、起重卷扬机滚筒的钢丝绳容绳量、吊钩的升降速度。

（2）起重机数量选择。根据建筑物平面、施工现场条件、施工进度、塔吊性能等，布置1台、2台或多台。在满足起重机性能的情况下，尽可能就地取材。

（3）起重机类型选择。在多层及高层钢结构施工中，其主要吊装机械一般都是选用自升式塔吊，自升式塔吊又分为内爬式和外附着式两种。

3．测量工艺及控制

选择合理的测量监控工艺。多层及高层钢结构安装时，楼层标高可采用相对标高或设计标高进行控制，并应符合下列规定：

（1）当采用设计标高控制时，应以每节柱为单位进行柱标高调整，并应使每节柱的标高符合设计的要求。

（2）建筑物总高度的允许偏差利用一层内各节柱的柱顶高度差，应符合《钢结构工程施工质量验收标准》（GB 50205—2020）的有关规定。

4．钢框架吊装顺序

流水作业段内的构件吊装宜符合下列规定：

（1）吊装可采用整个流水段内先柱后梁或局部先柱后梁的顺序；单柱不得长时间处于悬臂状态。

（2）钢楼板及压型金属板安装应与构件吊装进度同步。

（3）特殊流水作业段内的吊装顺序应按安装工艺确定，并应符合设计文件的要求。

5．多层、高层钢结构安装工艺流程

在安装施工中应注意以下问题：

(1)合理划分流水作业区段。

(2)确定构件安装顺序。

(3)在起重机起重能力允许的情况下，为减少高空作业、确保安装质量与安全、减少吊次、提高生产率，能在地面组拼的，尽量在地面组拼好，如钢柱与钢支撑、层间柱与钢支撑、钢桁架组拼等，一次吊装就位。

(4)安装流水段，可按建筑物平面形状、结构形式、安装机械的数量、工期、现场施工条件等划分。

(5)构件安装顺序，平面上应从中间核心区及标准节框架向四周发展，竖向应由下向上逐件安装。

(6)确定流水区段，且构件安装、校正、固定(包括预留焊接收缩量)后，确定构件接头焊接顺序，平面上应从中部对称地向四周发展，竖向根据有利于工艺间协调、方便施工、保证焊接质量原则，确定焊接顺序。

（7）一节柱的一层梁安装完后，立即安装本层的楼梯及压型钢板。楼面堆放物不能超过钢梁和压型钢板的承载力。

（8）钢构件安装和楼层钢筋混凝土楼板的施工，两项作业间距不宜超过5层；当必须5层时，应通过主管设计者验算而定。

6.现场焊接工艺

多层及高层钢结构的焊接顺序，应从建筑平面中心向四周扩展，采取结构对称、节点对称和全方位对称焊接，如图6-47所示。

柱与柱的焊接应由两名焊工在两相对面等温、等速对称施焊；一节柱的竖向焊接顺序是先焊顶部梁柱节点，再焊底部梁柱节点，最后焊接中间部分梁柱节点。梁和柱接头的焊缝，一般先焊梁的下翼缘板，再焊上翼缘板；梁的两端先焊一端，待其冷却至常温后再焊另一端，不宜对一根梁的两端同时施焊。

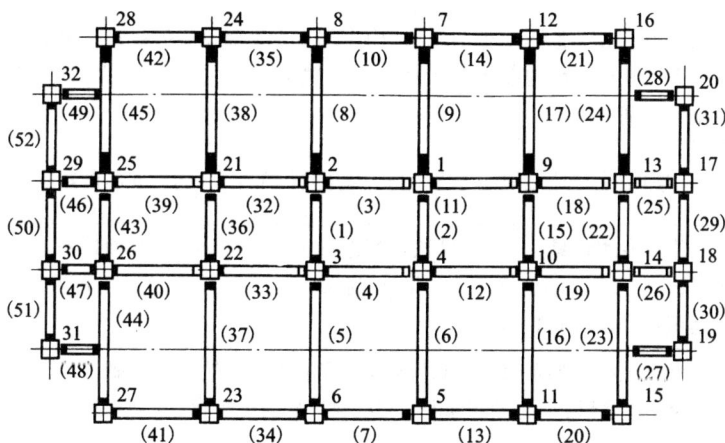

1.2、3……—钢柱安装顺序；（1）、（2）、（3）……—钢梁安装顺序。

图6-47　多层及高层钢结构的焊接顺序

7.高强螺栓施工工艺

（1）高强螺栓在施工前必须有材质证明书（质量保证书），必须在使用前检测复试。

（2）高强螺栓设专人管理，妥善保管，不得乱扔乱放，在安装过程中，不得碰伤螺纹及污染脏物，以防扭矩系数发生变化。

（3）高强螺栓的存放应防潮、防腐蚀。

（4）安装螺栓时，应用光头撬棍及冲钉对正上下（或前后）连接板的螺孔，使螺栓能自由插入。

（5）对于箱形截面部件的接合部，全部从内向外插入螺栓，在外侧进行紧固。如操作不便，可将螺栓从反方向插入。

（6）若连接板螺孔的误差较大，应检查分析并酌情处理，若属调整螺孔无效或剩下局部螺孔位置不正，可使用电动绞刀或手动绞刀进行扩孔。

（7）在同一连接面上，高强螺栓应按同一方向插入，高强螺栓安装后，应当天终拧完毕。

8. 结构安装及校正

同一流水作业段、同一安装高度的一节柱，当各柱的全部构件安装、校正、连接完毕并验收合格后，应再从地面引上一节柱的定位轴线。高层钢结构安装时，应分析竖向压缩变形对钢结构的影响，并应根据钢结构特点和影响程度采取预调安装标高、设置后连接构件等相应措施。

特殊框架结构的安装要求见表6-17。

表6-17　特殊框架结构的安装要求

结构名称	安装要求
顶部钢塔（桅杆）	顶部钢塔（桅杆）是特殊的高耸结构物，从制作到安装，难度相当大。其下部呈框架形式，拿一根变截面钢管通向空中，所有管与管之间都是相贯节点。由于塔吊的起重能力和爬升高度所限，一般采取倒装顶升法及其他方法施工以确保满足质量、安全、进度要求
停机坪	在大城市，比较重要的超高层钢结构顶部，一般会设有停机坪。因此，顶层结构设计荷载会大于其他层结构设计荷载，柱、梁布置结构形式、节点形式也较为特殊，给安装增加了很大难度
水平加强层（或设备层）	由于增加了柱与柱之间的垂直支撑系统（或称布架），构件安装的精度要求就更高
旋转餐厅层	在制作厂专用台具上，将每区段梁都进行试拼组成环梁，全面检查其同心位置、圆弧和水平标高，并试运转，把问题消减在制作厂内，直至运转无误，再编号、拆开，按安装顺序运至现场进行安装
观光电梯框架	由于观光电梯框架垂直精度高，必须为安装电梯导轨打下基础。但由于单个构件长细比大，为防止变形，一般拼成框架，组成刚度较大的整体钢框架安装，安装后进行校正和水平固定

多层及高层钢结构安装校正应依据基准柱进行，并应符合下列规定：

（1）基准柱应能够控制建筑物的平面尺寸并便于其他柱的校正，宜选择角柱为基准柱。

（2）钢柱校正宜采用合适的测量仪器和校正工具。

（3）基准柱应校正完毕后，再对其他柱进行校正。

9. 多层及高层钢结构安装工艺

（1）多层及高层钢结构柱安装允许偏差应满足6.2.2部分的相关要求。

（2）多层及高层钢结构主体结构的整体垂直度和整体平面弯曲的允许偏差应符合表6-18的要求。

表 6-18　多层及高层钢结构主体结构的整体垂直度和整体平面弯曲的允许偏差

项目	允许偏差/mm	图例
主体结构的整体垂直度	$(H/1000+10.0)$，且不应大于 50.0	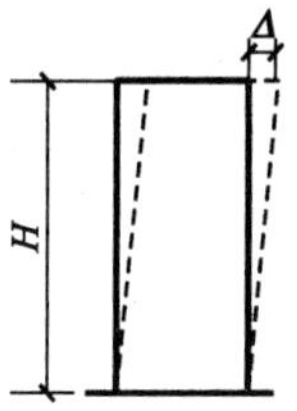
主体结构的整体平面弯曲	$L/1500$，且不应大于 25.0	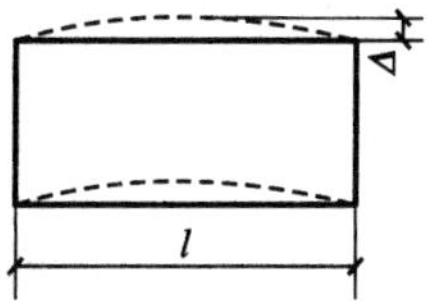

任务 6.5　大跨度空间钢网架结构工程安装施工

6.5.1　钢网架结构的类型及其选择

钢网架是一种新型的结构形式，是现代钢结构中广泛应用的一种空间钢结构形式，不仅具有跨度大、覆盖面广、结构轻、省料经济等特点，还具有良好的稳定性和安全性，多用于体育馆、俱乐部、展览馆、影剧院、候车大厅等公共建筑，也可用于大型文化娱乐中心等。

1. 网架结构的类型

在钢结构工程中，网架结构主要有以下几种：

(1)由平面桁架组成的两向正交正放网架、两向反交斜放网架、两向斜交斜放网架和单向折线形网架；

(2)由四角锥体组成的正放四角锥网架、正放抽空四角锥网架、棋盘形四角锥网架、斜放四角锥网架、星形四角锥网架；

(3)由三角锥体组成的三角锥网架、抽空三角锥网架和蜂窝形三角锥网架。

2. 网架结构的选择

选择网架结构形式时，应根据建筑物的平面形状和尺寸、支承情况、荷载大小、屋面构造、建筑要求、制造和安装方法、以及材料供应情况等因素综合考虑。当平面接近正方形时，以斜放四角锥网架最经济，其次是正放四角锥网架和两向正交网梁(正放或斜放)；当跨度及荷载均较大时，采用三向网架较经济合理，而且刚度也较大；当平面为矩形时，则以两向正交斜放网架和斜放四角锥网架最为经济。

6.5.2　钢网架结构的尺寸与节点构造

1. 钢网架结构的尺寸确定

1)网架高度的确定

(1)在确定网架高度时，不仅要考虑上、下弦杆内力的大小，还需充分发挥腹杆的受力作用，一般应使腹杆与弦杆的夹角为 $30° \sim 60°$。

（2）根据国内工程实践的经验综合分析，网架的高度与跨度之比应符合表 6-19 的规定。

表 6-19　网架高度

网架短边跨度 L_2/m	网架高度
<30	$(1/10 \sim 1/14)L_2$
$30 \sim 60$	$(1/12 \sim 1/16)L_2$
>60	$(1/14 \sim 1/20)L_2$

（3）在不同的屋面体系中，对于周边支承的各类网架，按经济和刚度要求控制网格数及跨高比可按表 6-20 选用。当符合表 6-20 中的规定时，一般可不验算网梁的挠度。

表 6-20　网架的上弦网格数和跨度比

网架形式	混凝土屋面体系		钢檩条屋面体系	
	网格数	跨高比	网格数	跨高比
两向正交正放网架、正放四角锥网架、正放抽空四角锥网架	$(2 \sim 4)+0.2L_2$	10 ~ 14	$(6 \sim 8)+0.07L_2$	$(13 \sim 17)$ $-0.03L_2$
两向正交斜放网架、棋盘形四角锥网架、斜放四角锥网架、屋形四角锥网架	$(6 \sim 8)+0.08L_2$			

注：1、L2 为网架短向跨度，单位为 m；2、当跨度小于 18 m 时，网格数可适当减少。

（4）当屋面荷载较大时，为满足网架相对刚度的要求（控制挠度 $\leq L_2/250$），网架高度应适当提高；当屋面采用轻型材料时，网架高度可适当降低；当网架上设有悬挂的吊车或有吊重时，应满足悬挂吊车轨道对挠度的要求，在这种情况下，网架的高度就应适当地取高一些。

2）网格的尺寸

（1）平板网架网格的大小与屋面板种类及材料有关，因此，网格的尺寸应符合下列规定：

①当选用钢筋混凝土屋面板时，板的尺寸不宜过大，一般以不超过 3 m² 为宜，否则会带来吊装的困难；

②若采用轻型屋面板材，如压型钢板、太空网架板等，一般需加设檩条，此时檩距不宜小于 1.5 m，网格尺寸应为檩距的倍数。

（2）不同材料的屋面体系，网架上弦网格数和跨高比应满足表 6.20 的规定。

（3）为减少或避免出现过多的构造杆件，网格的尺寸应尽可能大一些。网格尺寸 a 与网架短向跨度 L_2 之间的关系如下：

①当网架短向跨度 $L_2 < 30$ m 时，网格尺寸 $a = (1/6 \sim 1/12)L_2$；

②当网架短向跨度 $30 \text{ m} \leqslant L_2 \leqslant 60$ m 时，$a = (1/10 \sim 1/16)L_2$；

③当网架短向跨度 $L_2 > 60$ m 时， $a = (1/12 \sim 1/20)L_2$ 。

（4）网格的大小与杆件材料有关：当网架杆件采用钢管时，由于钢管截面性能好，杆件可以长一些，即网格尺寸可以大一些；当网架杆件采用角钢时，杆件截面可能要由长细比控制，故杆件不宜太长，即网格尺寸不宜过大。

2.钢网架节点构造

在网架结构中，节点起着连接会交杆件、传递内力的作用，同时也是网架与屋面结构、天棚吊顶、管道设备、悬挂吊车等连接之处，起着传递荷载的作用。

1）螺栓球节点

螺栓球节点是在设有螺纹孔的钢球体上，通过高强螺栓将会交于节点的焊有锥头或封板的圆钢杆件连接起来的节点（图6-48）。螺栓球节点适用性强，杆件对中方便，连接不产生偏心，可避免大量现场焊接，易于保证质量，运输和安装方便，可适用于任何形式的网架。

连接杆件最大拉力以不超过 700 kN 为宜，杆件长度以不超过 3 m 为宜。套管的外形尺寸应符合扳手开口尺寸系列，端部要保持平整，内孔径一般比螺栓直径大 1 mm。套筒端部到开槽端部距离不应小于 1.5 倍的开槽宽度，且该处有效截面抗剪力不低于销子（或螺钉）抗剪力。

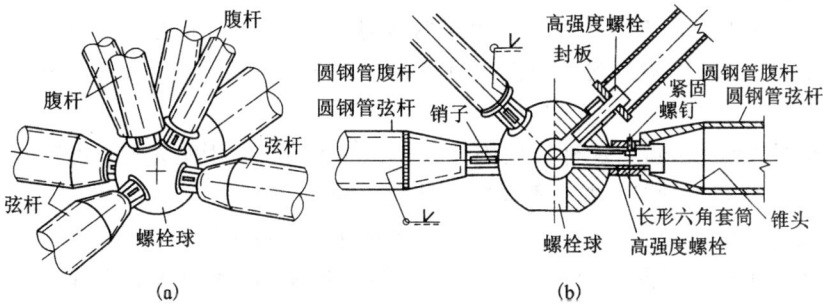

图 6-48　普通螺栓球节点

杆件可采用封板或锥头连接。为避免会交于节点的杆件相互干扰并使其传力顺畅，当管径≥76 mm 时，一般宜采用锥头的连接形式；当<76 mm 时，可采用封板的形式。

2）焊接空心球节点

焊接空心球节点是我国采用最早也是目前应用较广的一种节点。它由两个半球对焊而成，分加肋和不加肋两种（图6-49）。只要是将圆钢管垂直于本身轴线切割，杆件就会和空心球自然对中而不产生节点偏心。球体无方向性，可与任意方向的杆件连接，其构造简单、受力明确、连接方便，适用于钢管杆件的各种网架。

空心球壁厚一般为其外径的 $1/25 \sim 1/45$（空心球壁厚一般不小于 4 mm）；空心球壁厚与相连钢管最大壁厚的比值宜为 $1.2 \sim 2.0$。当空心球外径≥300 mm，且杆件内力较大需提高其承载力时，可在球内两半球对焊处增设肋板，使肋板与两半球焊成一体。加肋板后球体的承载力可提高 10%～40%。为方便两半球的拼装，肋板可采用凸台，凸台的高度不得大于 1 mm。内力较大的杆件应位于肋板平面内。肋板的厚度不宜小于球体壁厚。

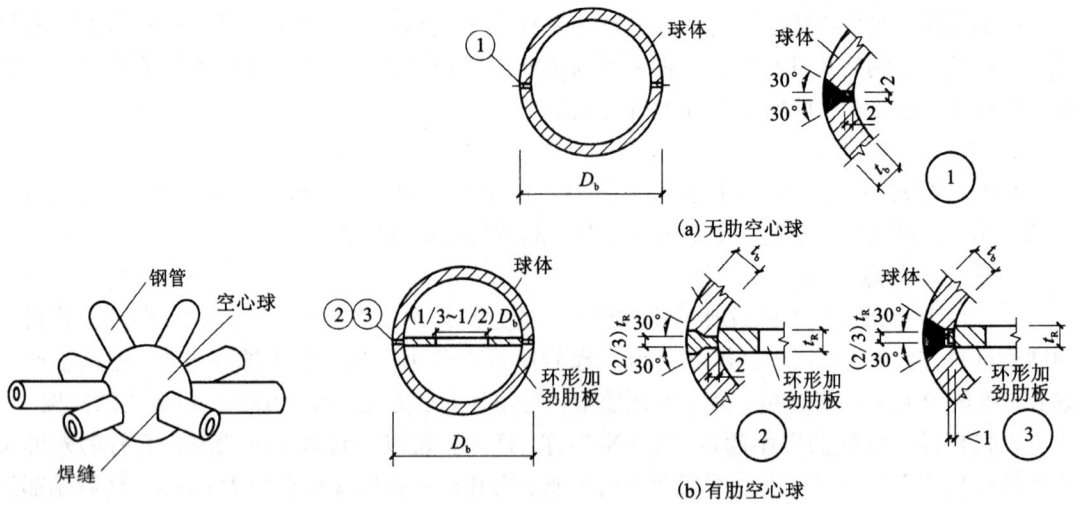

图 6-49　焊接空心球节点

3) 支座节点

网架结构一般都支承在柱顶或圈梁等支承结构上,支座节点即指位于支承结构上的网架节点,根据受力状态,一般分为压力支座节点和拉力支座节点两类。常用的压力支座节点有下列四种。

(1) 平板压力支座节点。这种节点构造简单,加工方便,用钢量省,但支承底板与结构支承面间的应力分布不均匀,支座不能完全转动。为使支座节点有微量移动,可以将支承底板上的螺孔直径放大或做成椭圆孔。该支座节点适用于支座无明显不均匀沉陷、温度应力影响不大的较小跨度的轻型网架。为便于安装,在支承底板与结构支承面间加设一块带有埋头螺栓的过渡钢板。安装定位后,将过渡钢板的两侧与支承底板面的顶部焊接,并将过渡钢板上的埋头螺栓与支承底板相连(图 6-50)。

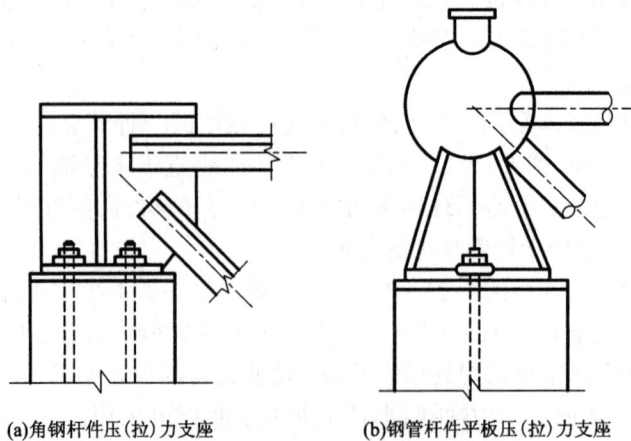

(a) 角钢杆件压(拉)力支座　　　　(b) 钢管杆件平板压(拉)力支座

图 6-50　网架平板支座节点图

（2）单面弧形压力支座节点。这种支座在压力作用下，支座弧形面可以转动，支承板下的反力比较均匀，但弧形支座的摩擦力仍很大，支座与支承板间须用锚栓连接。这种支座节点主要适用于周边支承的中、小跨度网架。

为了保证支座的转动，可将锚栓放在弧形支座的中心线位置上，并把支座底板的螺栓孔做成椭圆形[图6-51(a)]。当支座反力较大，螺栓数目需要四个时，为了使螺栓锚固后不影响支座的转动，可在锚栓上部加放弹簧[图6-51(b)]。

（3）双面弧形压力支座节点。在网架支座上部支承板和下部支承底板间，设置一个上下均为圆弧曲面的特制钢铸件，在钢铸件两侧分别从支座上部支承板和下部支承底板焊接带有椭圆孔的梯形连接板，并采用螺栓将三者连接成整体（图6-52）。当网架端部受到挠度和温度应力影响时，支座可沿上下两个圆弧曲面做一定的转动和移动。适用于大跨度、支承约束较强、温度应力影响较显著的大型网架。

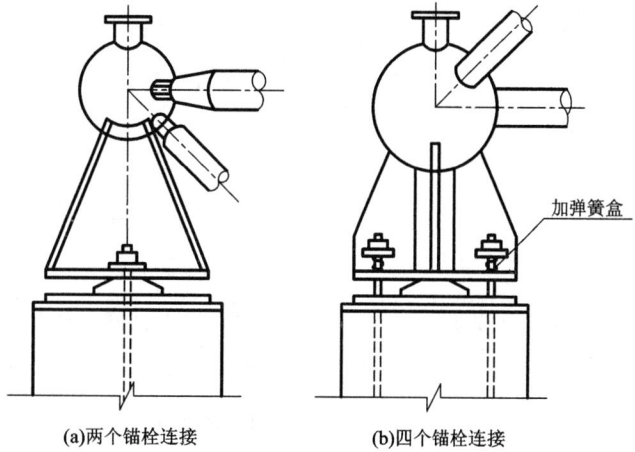

(a)两个锚栓连接　(b)四个锚栓连接

图6-51　单面弧形压力支座

（4）球铰压力支座节点。对于多跨或有悬臂的大跨度网架在柱上的支座节点，为了使它能适应各个方向的自由转动，需使支座与柱顶铰接而不产生弯矩，常做成球铰压力支座，如图6-53所示。这种支座节点主要是以一个凸出的实心半球，嵌合在一个凹进的半球内，在任何方向都可以自由转动，而不会产生弯矩，并在 x、y、z 三个方向都不会产生线位移。为承受地震作用和其他外力，防止凸面球从凹面球内脱出，四周应用锚栓固定。

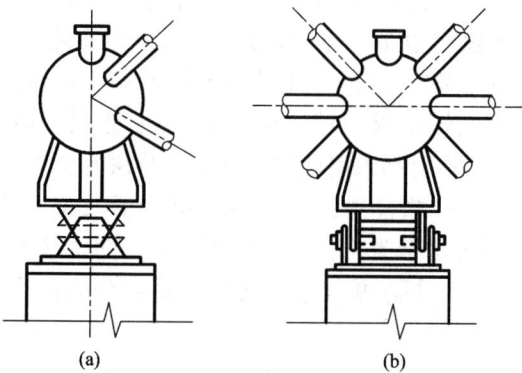

(a)　(b)

图6-52　双面弧形压力支座

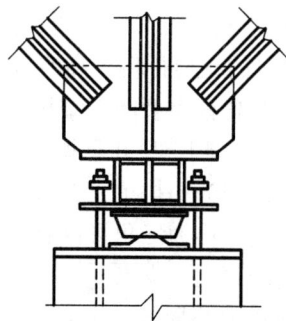

图6-53　球铰压力支座

6.5.3 钢网架结构的安装

网架常用的安装方法有七种,各种安装方法及其使用范围见表 6-21。无论采用何种施工方法,在正式施工前均应进行试拼装及试安装。

表 6-21 网架典型安装方法

安装方法	内容	适用范围
高空散装法	单杆件拼装	螺栓连接的各类型网架与网壳
	小拼单元拼装	
分条或分块吊装法	条状单元组装	两向正交网架或正放四角锥网架与网壳
	块状单元组装	
高空滑移法	单条高空滑移法	
	逐条积累高空滑移法	
移动支架安装法	支架移动进行网架或网壳安装	支撑点平行的结构
整体吊装法	单机、多机吊装	各种类型网架与网壳
	单根、多根拔杆吊装	
整体提升法	利用拔杆提升	周边支撑及多点支撑的网架与网壳
	利用结构提升	
网架顶升法	利用支撑柱作为顶升的支撑结构	支点较少的多点支撑网架与网壳
	在原支点处或其附近设置临时顶升支架	

1. 高空散装法

将网架与网壳的杆件和节点(或小拼单元)直接在高空设计位置总拼成整体的方法称为高空散装法。这种安装方法只需要有一般的起重机械和扣件式钢管脚手架即可进行安装,对设计施工无特殊要求,是一种较为合理的网架与网壳安装方法。其缺点是现场及高空作业量大,需要大量的支架材料。高空散装法适用于非焊缝连接(螺栓球节点或高强螺栓连接)的各种类型网架和各种类型网壳结构,特别是单层网壳基本上都采用此法。高空散装法有全支架法(即搭设满堂脚手架)和悬挑法两种。全支架法可将一根杆件、一个节点的散件在支架上总拼或以一个网格为小拼单元在高空总拼。悬挑法是为了节省支架,将部分网架或网壳悬挑。当网架或网壳结构为三角形网格时,宜采用少支架的悬挑法施工。为控制悬挑部分的标高,可相隔一定距离设一支点。

1)小拼单元的划分与拼装

将网架根据实际情况合理地分割成各种单元体:直接由单根杆件、单个节点、一球一杆、两球一杆总拼成网架;由小拼单元:一球四杆(四角锥体)、一球三杆(三角锥体)总拼成网架;由小拼单元和中拼单元总拼成网架。

划分小拼单元时,应考虑网架结构的类型及施工方案等条件。小拼单元一般可分为平面桁架型和锥体型两种。斜放四角锥型网架小拼单元划分成平面桁架型小拼单元时,该桁架缺少上弦,需要加设临时上弦。如采取锥体型小拼单元,则在工厂中的电焊工作量占75%左右,因此,斜放四角锥网架以划分成锥体型小拼单元较有利。两向正交斜放网架小拼单元划分时,考虑到总拼时标高控制,每行小拼单元的两端均应在同一标高上。

2)网架单元预拼装

采取先在地面预拼装后拆开,再行吊装的措施。但当场地不够时,也利用"套拼"的方法,即两个或三个单元,在地面预拼装,吊取一个单元后,再拼装下一个单元。

3)确定合理的高空拼装顺序

网架结构高空拼装顺序的确定应综合考虑网架形式、支承类型、结构受力特征、杆件小拼单元、临时稳定的边界条件、施工机械设备的性能和施工场地情况等诸多因素。选定的高空拼装顺序应能保证拼装精度,减少积累误差。对于平面是矩形的周边支承两向正交斜放网架,总的安装顺序是由建筑物的一端向另一端呈三角形推进,为避免积累的误差,应由网脊线分别向两边安装;对于平面呈矩形的三边支承两向正交斜放网架,总的安装顺序是由建筑物的一端向另一端呈平行四边形推进,在横向由三边框架内侧逐渐向大门方向(外侧)逐条安装。

平面呈方形由两向正交正放桁架和两向正交斜放拱、索桁架组成的周边支承网架,总的安装顺序是,应先安装拱桁架,再安装索桁架,在拱索桁架已固定且已形成能够承受自重的结构体系后,再对称安装周边四角形、三角形网架。

4)严格控制基准轴线位置、标高及垂直偏差

网架安装应对建筑物的定位轴线(即基准轴线)、支座轴线和支承标高、预埋螺栓(锚栓)位置进行检查,做好检查记录,办理交接验收手续。

网架安装过程中,应对网架支座轴线、支承面标高(或网架下弦标高、网架屋脊线、檐口线位置和标高)进行跟踪控制,如发现误差积累,要及时纠正。采用网片和小拼单元进行拼装时,要严格控制网片和小拼单元的定位线和垂直度。各杆件与节点连接时,中心线应会交于一点;螺栓球、焊接球应汇交于球心。

网架结构总拼完成后,纵横向长度偏差、支座中心偏移、相邻支座偏移、相邻支座高差、最低最高支座差等指标均应符合规程要求。

5)拼装支架的设置

支架既是网架拼装成型的承力架,又是操作平台支架(图6-54)。因此,支架搭设位置必须对准网架下弦节点。支架一般用扣件和钢管搭设。它应具有整体稳定性和在荷载作用下有足够的刚度。应将支架本身的弹性压缩、接头变形、地基沉降等引起的总沉降值控制在5 mm以下,因此,为了调整沉降值和卸荷方便,可在网架下弦节点与支架之间设置调整标高用的千斤顶。拼装支架必须牢固,设计时应对单肢稳定、整体稳定进行验算,并估算沉降量。其中单肢稳定验算可按一般钢结构设计方法进行。

6)拼装操作

总的拼装顺序是从建筑物的一端开始向另一端以两个三角形同时推进,当两个三角形相交后,则按人字形逐榀向前推进,最后在另一端的正中合拢(图6-55)。每榀块体的安装顺序,在开始两个三角形部分是由屋脊部分开始分别向两边拼装,两个三角形相

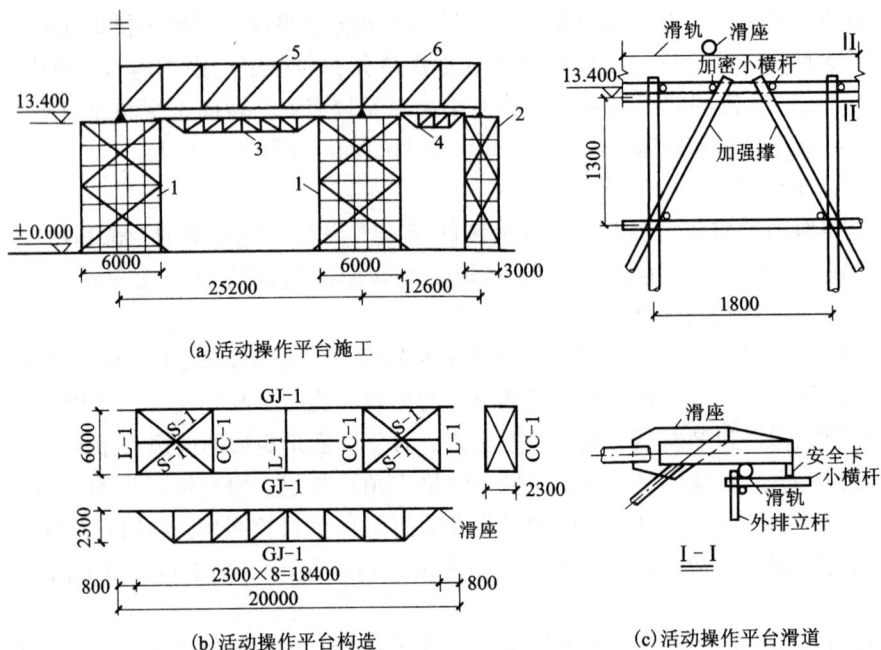

(a)活动操作平台施工

(b)活动操作平台构造

(c)活动操作平台滑道

1—条状主承重架；2—条状檐口承重架；3—20 m 活动架；

4—9 m 活动架；5—25.2 m 网片；6—12.6 m 网片。

图 6-54 活动操作平台施工实例

交后，则由交点开始同时向两边拼装。分块吊装用两台履带式或塔式起重机进行，钢制拼装支架可局部搭设成活动式，也可满堂搭设。分块拼装后，在支架上分别用方木和千斤顶顶住网架中央竖杆下方进行标高调整，其他分块则随之拼装并拧紧高强螺栓，与已拼好的分块连接即可。

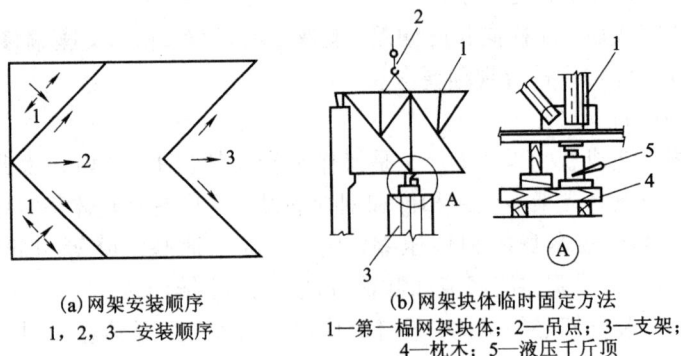

(a)网架安装顺序

1，2，3—安装顺序

(b)网架块体临时固定方法

1—第一榀网架块体；2—吊点；3—支架；

4—枕木；5—液压千斤顶

图 6-55 高空散装法安装网架

7）焊接

在钢管球节点的网架结构中，当钢管厚度大于 6 mm 时，必须开坡口。在要求钢管与球全焊透连接时，钢管与球壁之间必须留有 1~2 mm 的间隙并加衬管，来保证焊缝与钢管的等强连接。若将坡口(不留根)钢管直接与球壁顶紧后焊接，则必须用单面焊接双面成型的焊接工艺。

8)支顶点的拆除

为防止临时支座超载失稳或者网架结构局部甚至整体受损，拼装支承点(临时支座)的拆除应遵循"变形协调，卸载均衡"的原则。

临时支座拆除应将中央、中间和边缘三个区分阶段按比例下降。由中间向四周，中心对称进行。为防止个别支承点集中受力应根据各支承点的结构自重挠度值，采用分区分阶段按 2∶1.5∶1 的比例下降或用每步不大于 10 mm 的等步下降法拆除临时支承点。拆除临时支承点应注意检查千斤顶行程是否满足支承点下降高度，关键支承点要增设备用千斤顶。

9)螺栓球节点网架总拼

螺栓球节点网架的拼装一般是先拼下弦，将下弦的标高和轴线调整好后，拧紧全部螺栓，起定位作用。开始连接腹杆，螺栓不应拧紧，但必须使其与下弦连接端的螺栓吃上劲若吃不上劲，在周围螺栓都拧紧后，这个螺栓就可能偏歪(因锥头或封板的孔较大)，导致无法拧紧。连接上弦时，开始不能拧紧。当分条拼装时，安装好三行上弦球后，即可将首两行抄到中轴线，这时可通过调整下弦球的垫块高低进行，然后固定第一排锥体的两端支座，同时将第一排锥体的螺栓拧紧。后面的拼装按以上各条循环进行。在整个网架拼装完成后，必须进行一次全面检查，检查螺栓是否拧紧。高空拼装时，一般从一端开始，以一个网格为一排，逐排推进。拼装顺序为：下弦节点—下弦杆腹杆及上弦节点—上弦杆—校正—全部拧紧螺栓。校正前的各个工序螺栓均不拧紧。若经试拼确有把握时，也可以一次拧紧。

10)空心球节点网架总拼

空心球节点网架高空拼装是将小单元或散件(单根杆件及单节点)直接在设计位置进行总拼。为保证网架在总拼过程中具有较少的焊接应力和利于调整尺寸，合理的总拼顺序应该是从中间向两边或从中间向四周进行。由于固定在封闭圈中焊接会产生很大的收缩应力。因此，焊接网架结构严禁形成封闭圈。为确保安装精度，在操作平台上选一个适当位置进行一组试拼，检查无误后，开始正式拼装。网架焊接时一般先焊下弦，使下弦收缩而略向上拱，然后焊接腹杆及上弦。如果先焊上弦，则易导致不易消除的人为挠度。为防止网架在拼装过程中(因网架自重和支架刚度较差)出现挠度，可预设 10~15 mm 施工预拱度。

11)防腐处理

网架的防腐处理包括制作阶段对构件及节点的防腐处理和拼装后最终的防腐处理。焊接球与钢管连接时，钢管及球均不与大气相通。对于新轧制钢管，内壁可不除锈，直接刷防锈漆即可；对于旧钢管，内外均应认真除锈，并刷防锈漆。螺栓球与钢管的连接应属于与大气相通的状态，特别是拉杆，杆件在受拉力后变形，必然产生缝隙，南方地区较潮湿，水汽有可能进入高强螺栓或钢管中。网架承受大部分荷载后，对各个接头用油腻子将所有空余螺孔及接缝处填嵌密实，并补刷防锈漆，以保证不留渗漏水汽的缝隙。电焊会对已刷油漆破坏及焊缝漏刷油漆的情况，应按规定补刷油漆。

2.分条或分块吊装法

分条或分块吊装法是高空散装的组合扩大。为适应起重机械的起重能力和减少高空拼装工作量，将屋盖划分为若干个单元，在地面拼装成条状或块状扩大组合单元体后，用起重机械或设在双肢柱顶的起重设备(钢带提升机、升板机等)，垂直吊升或提升到设计位置上，拼装成整体网架结构。

本法高空作业较高空散装法减少，同时只需搭设局部拼装平台，拼装支架量大大减少，并可充分利用现有起重设备，比较经济。但施工应注意保证条(块)状单元制作精度和起拱，以免造成总拼困难。适用于分割后刚度和受力状况改变较小的各种中小型网架，尤其是起重场地狭小或跨越其他结构，起重机无法进入网架安装区域时尤为适用，其施工示意图如图6-56所示。

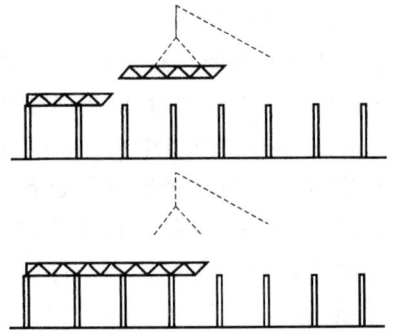

图6-56 分条或分块安装示意图

1)单元组合体的划分

(1)条状单元组合体的划分。条状单元组合体是沿着屋盖长方向切制的。对桁架结构来说，是将一个节间或两个节间的两榀或三榀桁架组成条状单元体；对网架结构来说，则是将一个或两个网格组装成条状单元体。切割组装后的网架条状单元体往往是单向受力的两端支承结构。网架分割后的条状单元体刚度，要经过验算，必要时采取相应的临时加固措施。通常条状单元的划分有下列几种形式：

①网架单元相互靠紧，把下弦双角钢分在两个单元上，此法适用于正放四角锥网架，如图6-57所示。

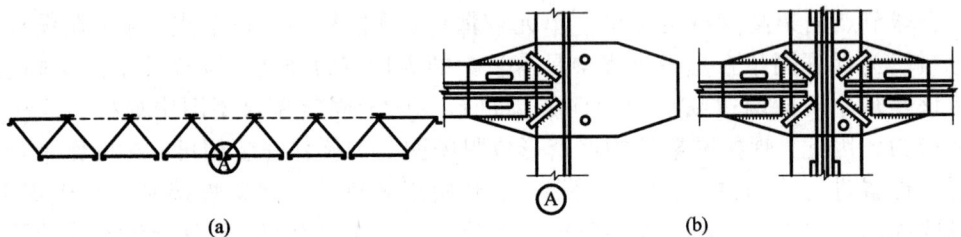

(a)　　　　　　　　　(b)

图6-57 正放四角锥网架条状单元划分方法

②网架单元相互靠紧，单元间上弦用剖分式安装节点连接。此法适用于斜放四角锥网架，如图6-58、图6-59所示。

③单元之间空一节间，该节间在网架单元吊装后再在高空拼装，此法适用于两向正交正放网架，如图6-60所示。

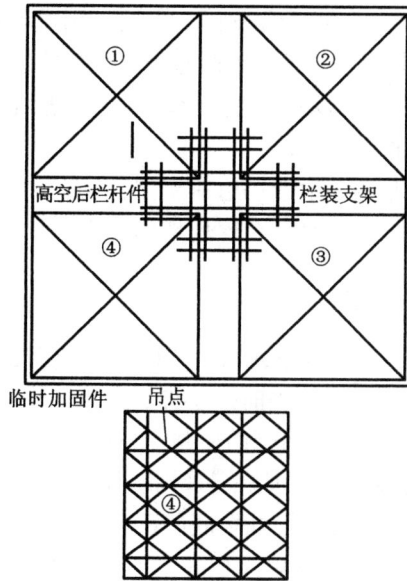

注：①~④为块状单元。

图 6-58　斜放四角锥网架条状单元划分方法

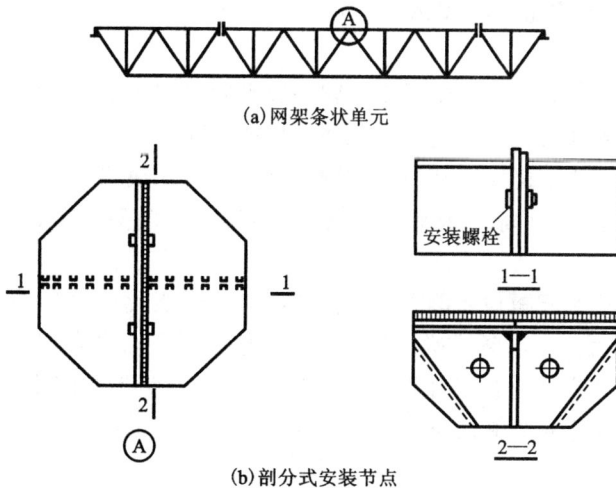

(a)网架条状单元

(b)剖分式安装节点

图 6-59　斜放四角锥网架块状单元划分方法

注：实线部分为条状单元；虚线部分为在高空后拼的杆件。

图 6-60　两向正交正放网架条状单元划分方法

对于正放类网架而言，在分割成条(块)状单元后，由于自身在自重作用下能形成几何不变体系，同时也有一定的刚度，一般不需要加固。但对于斜放类网架而言，在分割成条(块)状单元后，由于上弦为菱形结构可变体系，因而必须加固后方能吊装。

(2)块状单元组合体的划分。块状单元组合体的分块一般是在网架平面的两个方向均有切割，其大小由起重机的起重能力而定。

切制后的块状单元体大多是两邻边或一边有支撑，一角点或两角点要增设临时顶撑予以支承。也有将边网格切除的块状单元体，在现场地面对准设计轴线组装，边网格在垂直吊升后再拼装成整体网架。

2)拼装方法和技术措施

分条或分块法涉及地面制作、小拼单元网架或网壳和高空总拼成整体结构。为确保地面小拼单元质量和高空整体拼装质量。总拼前，可在地面采用预拼装或其他保证措施(如测量复核措施等)，以确保总拼后的网架与网壳的质量。网架或网壳用高强螺栓连接时，按有关规定拧紧螺栓后并按钢结构防腐要求处理。当采用螺栓球节点连接时，在拧紧螺栓后，应将多余的螺孔封口，并用油腻子将所有接缝处填嵌严密，补刷防腐漆两道或按设计要求进行涂装。将网架或网壳分成条状单元或块状单元在高空连成整体时，单元应具有足够刚度，并能保证自身的几何不变形，否则，应采取临时加固措施。各种加固杆件必须在结构形成整体后才能拆除，拆除部位必须进行二次表面处理和补涂装。为保证网架或网壳顺利拼装，在条与条或块与块合拢处，可采用安装螺栓等装配措施。合拢时，可用千斤顶将单元顶到设计标高，然后连接。小拼单元应尽量减少中间过程，如中间运输、翻身起吊、重复堆放等。如确需中间过程，应采取措施防止单元变形。

3)网架挠度控制

网架条状单元在吊装就位过程中的受力状态属平面结构体系，而网架结构是按空间结构设计的。因而条状单元在总拼前的挠度要比网架形成整体后该处的挠度低，故在总拼前必须在合拢处用支撑顶起，调整挠度使其与整体网架挠度符合。块状单元在制作后，应模拟高空支承条件，拆除全部地面支承后观察施工挠度，必要时也应调整其挠度。

4)网架尺寸控制

根据网架结构形式和起重设备能力决定分条或分块网架尺寸的大小，在地面台具上拼装好。分条(块)网架单元尺寸必须准确，以保证高空总拼时节点吻合和减少偏差。如前所述，一般可采用预拼法或套拼法进行尺寸控制。另外，还应尽量减少中间转运，若需中间运输，应用特制专用车辆，避免网架单元变形。

3.高空滑移法

高空滑移法是指分条的网架或网壳单元在事先设置的滑轨上单条滑移到设计位置拼接成整体的安装方法。通常，在地面或支架上扩大条状单元拼装，在将网架条状单元提升到预定高度后，利用安装在支架或圈梁上的专用滑行轨道，水平滑移对位拼装成整体网架。高空滑移法主要适用于网架支承结构为周边承重墙或柱上有现浇钢筋混凝土圈梁等情况。

高空滑移在土建完成框架后进行，而且网架或网壳是架空作业，可以与下部土建施工平行立体作业，大大加快了工期。此外，高空滑移法对起重设备、牵引设备要求不高，可用小型起重机或卷扬机，甚至不用。所以，我国许多大跨度网架和网壳结构都采用此法施工。但高空滑移法必须具备拼装平台、滑移轨道和牵引设备，同时会存在网架或网壳的落位问题，如图 6-61 所示。

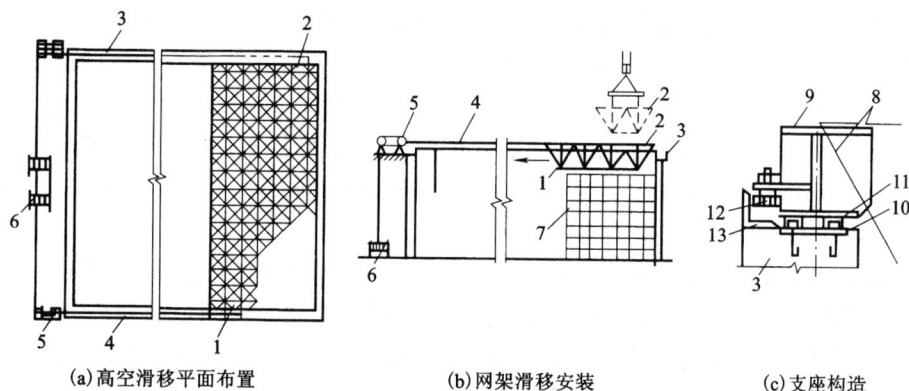

(a)高空滑移平面布置　　　　(b)网架滑移安装　　　　(c)支座构造

1—网架；2—网架分块单元；3—天沟梁；4—牵引线；5—滑车组；6—卷扬机；7—拼装平台；
8—网架杆件中心线；9—网架支座；10—预埋铁件；11—型钢轨道；12—导轮；13—导轨。

图 6-61　高空滑移法安装网架

1)滑移方式的选择

网架采用高空滑移法安装时，采用的滑移方式主要有单条滑移、逐条累计滑移、滚动式滑移、滑动式滑移、水平滑移、下坡滑移、上坡滑移、牵引滑移和顶推滑移等。

单条高空滑移法是将条状单元一条一条地分别从一端滑移到另一端就位安装，各条之间分别在高空再行连接，即逐条滑移，逐条连成整体。

逐条累计高空滑移法是先将条状单元滑移一段距离(能连接上第一单元的宽度即可)，连接好第二单元后，两条一起再滑移一段距离(宽度同上)，再连接第三条，三条又一起滑移一段距离，如此循环操作，直到接上最后一单元为止。

滚动式和滑动式滑移是按摩擦方式不同划分的滑移方式，前者网架装上滚轮，网架滑移时，通过滚轮与滑轨的滚动摩擦方式进行；后者是将网架支座直接搁置在滑轨上，网架滑移时，通过支座底板与滑轨的滑动摩擦方式进行。

水平滑移、下坡滑移和上坡滑移是按滑移坡度划分的滑移方式，当建筑平面为矩形时，可采用水平滑移或下坡滑移；当建筑平面为梯形时，短边高、长边低、上弦节点支承式网架，则可采用上坡滑移。

牵引法和顶推法滑移是按滑移时力的作用方向不同划分的，牵引法即将钢丝绳钩扎于网架前方，用卷扬机或手扳葫芦拉动钢丝绳，牵引网架前进，作用点受拉力；顶推法即用千斤顶顶推网架后方，使网架前进，作用点受压力。

2)架设拼装平台

高空平台一般设在网架的端部、中部或侧部，应尽可能搭在已建结构物上，利用已建结构物的全部或局部作为高空平台。滑移平台由钢管脚手架或升降调平支撑组成，起始点尽量利用已建结构物，如门厅、观众厅，高度应比网架下弦低 40 cm，便于在网架下弦节点与平台之间设置千斤顶，用来调整标高。平台上面铺设安装模架，平台宽应略大于两个节间。高空拼装平台的搭设宽度应由网架分割条(块)状尺寸确定，一般应大于两个网架节间的宽度。高空拼装平台标高应由滑轨顶面标高确定。

3)滑移轨道设置

滑移轨道一般设置在网架或网壳结构两边支柱上或框架上，设在支承柱上的轨道，应尽量利用柱顶钢筋混凝土连系梁作为滑道，当连系梁强度不足时，可加强其断面或设置中间支撑。对于跨度较大（一般大于60 m）或在施工过程中不能利用两侧连系梁作为滑道时，滑轨可在跨度内设置，设置位置根据结构力学计算得到，一般可使单元两边各悬挑 L/6，即滑轨间距为 L/3。对于跨度特别大的，跨中还需增加滑轨。滑轨用材应根据网架或网壳跨度、质量和滑移方式选用。对于小跨度，可选用扁钢、圆钢和角钢构成；对于中跨度，常采用槽钢、工字钢等；对于大跨度，须采用钢轨构成。

滑移轨道的铺设其允许误差必须符合下列规定：滑轨顶面标高1 mm，且滑移方向无阻挡的正偏差；滑轨中心线错位3 mm（指滑轨接头处）；同列相邻滑轨间顶面高差 L/500（L 为滑轨长度），且不大于10 mm，同跨任一截面的滑轨中心线距离+10 mm；同列轨道直线性偏差不大于10 mm。滑轨应焊于钢筋混凝土梁面的预埋件上，预埋件应经过计算确定，轨道面标高应高于或等于网架或网壳支座设计标高。设中间轨道时，其轨道面标高应低于两边轨道面标高20～30 mm，滑轨接头处应垫实，若用电焊连接，应锉平高出轨道面的焊缝。当支座板直接在滑轨上滑移时，其两端应做成圆倒角，滑轨两侧应无障碍。滑轨的接头必须垫实、光滑。当采用滑动式滑移时，还应在滑轨上涂刷润滑油。滑橇前后都应做成圆弧倒角，否则易产生"卡轨"。滑轨两侧应设置宽度不小于1.5 m 的安全通道，确保滑移操作人员高空安全作业。当围护栏杆高度影响滑移时，可随滑随拆，滑移过后立即补装栏杆。常用的牵引设备有手拉葫芦、环链电动葫芦和电动卷扬机。

4)网架滑移安装

先在地面将杆件拼装成两球一杆和四球五杆的小拼构件，然后用悬臂式桅杆、塔式或履带式起重机，按组合拼接顺序吊到拼接平台上进行扩大拼装。先就位点焊，焊接网架下弦方格，再点焊立起横向跨度方向角腹杆。每节间单元网架部件点焊拼接顺序，由跨中向两端对称进行，焊完后临时加固。滑移准备工作完毕，进行全面检查无误，开始试滑50 cm，再检查无误，正式滑行。牵引可用慢速卷扬机或铰链进行，并设减速滑轮组。牵引点应分散设置，滑移速度不宜大于1 m/min，并要求做到两边同步滑移。当网架跨度大于50 m 时，应在跨中增设一条平稳滑道或辅助支顶平台。

5)同步控制

当拼装精度要求不高时，为控制同步，可在网架两侧的梁面上标出尺寸，牵引时，同时报滑移距离。当同步要求较高时，可采用自整角机同步指示装置，以便集中于指挥台随时观察牵引点移动情况，读数精度为1 mm。当网架滑移时，两端不同步值不应大于50 mm。

6)支座降落

当网架滑移完毕，经检查各部件尺寸、标高和支座位置等符合设计要求后，可用千斤顶或起落器抬起网架支承点，抽出滑轨，使网架平稳过渡到支座上。待网架下挠稳定，装配应力释放完后，方可进行支座固定。

7)挠度控制

当网架单条滑移时，施工挠度情况与分条安装法相同。当逐条累计滑移时，滑移过程中仍然是两端自由搁置立体桁架。若网架设计时未考虑分条滑移的特点，网架高度设计得较小，这时网架滑移时的挠度将会超过形成整体后的挠度，处理办法是增加施工起拱度、开口

212

部分增加三层网架、在中间增设滑轨等。组合网架由于无上弦而是钢筋混凝土板，不得在施工中产生一定挠度后又再抬高等反复调整，因此，设计时应验算组合网架分条后的挠度值，一般应适当加高，施工中不应进行抬高调整。

8）导向轮

导向轮是保险装置。在正常情况下，滑移时导向轮是脱开的，只有当同步差超规定值或拼装偏差在某处较大时，才顶上导轨。但在实际工程中，由于制作拼装上的偏差，卷扬机不同时间的启动或停车也会导致导向轮顶上导轨。导向轮一般安装在导轨内侧，间隙为 10 ~ 20 mm。

9）牵引力与牵引速度

（1）牵引力

网架水平滑移时的牵引力可按下式计算。

①当为滑动摩擦时：

$$F_\tau \geqslant \mu_1 \zeta G_{0k} \qquad (6.6)$$

式中：F_τ——总启动牵引力；

　　G_{0k}——网架总自重标准值；

　　μ_1——滑动摩擦系数，在自然轧制表面经粗除锈充分润滑的钢与钢之间可取 0.12 ~ 0.15；

　　ζ——阻力系数，当有其他因素影响牵引力时，可取 1.3 ~ 1.5。

②当为滚动摩擦时：

$$F_\tau \geqslant \left(\frac{k}{r_1} + \mu_2 \frac{r}{r_1}\right) G_{0k} \qquad (6.7)$$

式中：k——钢制轮与钢之间滚动摩擦系数，取 5 mm；

　　μ_2——摩擦系数，在滚轮与滚轮轴之间或经机械加工后充分润滑的钢与钢之间可取 0.1；

　　r——轴的半径，mm。

计算的结果是指总的牵引力。若选用两点牵引滑移，将上式结果除以 2 得每边卷扬机所需的牵引力。两台卷扬机牵引力在滑移过程中是不等的，当正常滑移时，两台卷扬机牵引力之比约为 1∶0.7，个别情况为 1∶0.5。

（2）牵引速度

为了保证网架滑移时的平稳性，牵引速度不宜太快。根据经验，牵引速度控制在 1 m/min 左右较好。因此，若采用卷扬机牵引，应通过滑轮组降速。为使网架滑移时受力均匀和滑移平稳，当滑移单元逐条积累较长时，宜增设钩扎点。

4. 整体提升法

整体提升法是指在结构柱上安装提升设备直接提升网架，或利用滑模浇筑柱子的同时进行网架提升。该方法能充分利用现有结构和小型机具（如液压千斤顶、升板机等）进行施工，可节省安装设施的费用，适用于周边支承及多点支承的网架。整体提升法与整体吊装法的区别在于：整体提升法只能做垂直起升，不能做水平移动或转动；而整体吊装法不仅能做垂直起升，还可在高空做水平移动或转动。因此，采用整体提升法安装网架时应注意：一是网架必须按高空安装位置在地面就位拼装，即高空安装位置和地面拼装位置必须在同一投影面上；二是周边与柱子(或连系梁)相碰的杆件必须预留，待网架提升到位后再进行补装。图 6-62 为整体提升法示意图。

当采用整体提升法施工时，应尽量将下部支承柱设计为稳定的框架体系，否则应进行稳定性验算，如稳定性不足，应采取措施加强。提升设备的使用负荷能力，为额定负荷能力乘以折减系数：穿心式液压千斤顶为 0.5～0.6；电动螺杆升板机为 0.7～0.9。网架提升时，应采取措施尽量做到同步，一般情况下应符合下列要求：相邻两个提升点，当用穿心式液压千斤顶时，为相邻点距离的 1/250，且不大于 25 mm，当用升板机时，为相邻点距离的 1/400，且不大于 15 mm；最高与最低点，当用穿心式液压千斤顶时为 50 mm，当用升板机时为 30 mm。

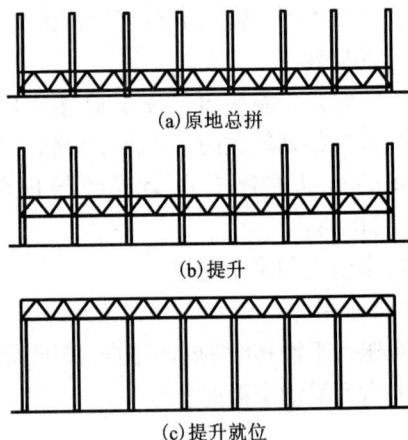

图 6-62　整体提升法示意图

5. 整体吊装法

整体吊装法是指网架或网壳在地面总拼后，采用单根或多根拔杆、一台或多台起重机进行吊装就位的方法。这种施工方法易于保证焊接质量和几何尺寸的准确性，但需要起重能力大的设备，吊装技术较为复杂，适用于各种形式的网架和网壳。

1) 多机吊装作业

多机吊装作业适用于跨度 40 m 左右，高度 25 m 左右，质量不是很大的中、小型网架屋盖的吊装。安装前应先在地面上对网架进行错位拼装(即拼装位置与安装轴线错开一定距离，以避开柱子的位置)。然后用多台起重机(多为履带式起重机或汽车式起重机)将拼装好的网架整体提升到柱顶以上，在空中移位后落下就位固定。

多机抬吊施工中布置起重机时，需要考虑各台起重机的工作性能和网架在空中移位的要求。起吊前要测出每台起重机的起吊速度，以便于起吊时掌握，或将每两台起重机的吊索用滑轮连通。当起重机的起吊速度不一致时，可由连通滑轮的吊索自行调整。

多机抬吊一般用四台起重机联合作业。一般有两侧抬吊和四侧抬吊两种方法(图 6-63)。如网架质量较轻，或四台起重机的起重量均能满足要求时，宜将四台起重机布置在网架的两侧，这样只要四台起重机将网架垂直吊升超过柱顶后，旋转一个小角度，即可完成网架空中移位。

四侧抬吊为防止起重机因升降速度不一致而产生不均匀荷载，在每台起重机设两个吊点，每两台起重机的吊索互相用滑轮串通，使各吊点受力均匀，网架平稳上升。当网架提到比柱顶高 30 cm 时，进行空中移位，网架支座中心线对准柱子中心时，四台起重机同时落钩，并通过设在网架四角的拉索和倒链拉动网架进行对线，将网架落到柱顶就位。

2) 单根拔杆吊装作业

(1) 施工布置。拔杆正确地竖立在事先设计的位置上，底座的球形方向接头(俗称"和尚头")支承在牢固基础上，其顶端应对准拼装网架中心的脊点；网架拼装时，个别杆件暂不组装，预留出拔杆位置。网架吊点的设置应根据计算确定。若个别吊点与柱相碰，可增加辅助吊点。为保证网架平衡起吊，应在网架四角分别用八台绞车进行围溜。在提升过程中，必须配合做到随吊随溜。网架起吊过程是否需要采取临时加固措施，应由设计计算确定。

214

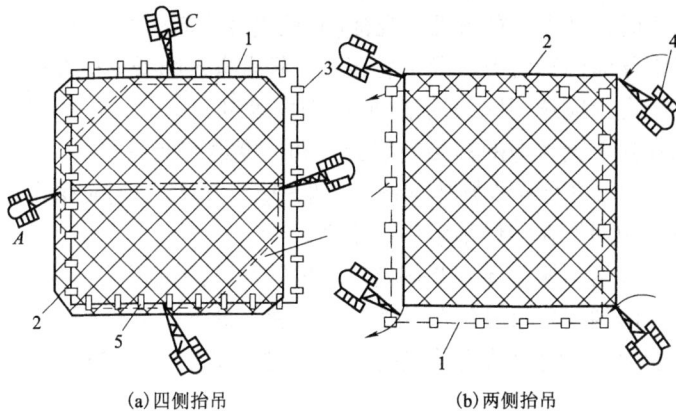

(a)四侧抬吊   (b)两侧抬吊

1—网架安装位置；2—网架拼装位置；3—柱子；4—履带起重机；5—吊点；6—吊索。

图 6-63 多机台吊钢网架

（2）试吊。试吊的目的主要是检验起重设备的安全可靠性能、检查吊点对网架整体刚度的影响及协调指挥、起吊、缆风、溜绳和卷扬机等操作的统一配合。试吊过程是全面落实和检验整个吊装方案完善性的重要保证。

（3）整体起吊。利用数台电动卷扬机同时起吊网架，关键要做到起吊同步。

（4）网架横移就位。当网架提升越过柱顶安装标高 0.5 m（如支承柱有外包小柱时，应越过小柱顶 0.5 m 时）应停止提升。调整缆风和滑轮组、溜绳，将网架横移到柱顶或围柱内，再进行下降 0.5 m/次（指支承柱设有外包小柱时）或 0.1 m/次的降差调整，直至网架就位到设计位置。

（5）支座固定。网架就位后各支座总有偏差，可用千斤顶和填板来调整，进行支座固定。

（6）拔杆拆除及外装预留杆件。拔杆可用"依附式拔杆"逐节进行拆除。最后，补装因预留拔杆位置而未组装的杆件或檩条等构件。

3）多根拔杆吊装作业

此法是采用拔杆集群悬挂多组复式滑轮组（目的是降低速度、减小牵引力）与网架各吊点吊索相连接，由多台卷扬机组合牵引各滑轮组，带动网架同步上升的方法。

（1）多根拔杆整体吊装网架法的关键是空中位移。当采用多根拔杆吊装方案时，利用每根拔杆两侧起重机滑轮组产生水平分力不等原理推动网架移动或转动进行就位。但存在缆风绳、地锚、拔杆受力较大的情况，容易导致起重设备、工具和索具超载，降低安全度。因此，可采用改进的移位方法，将原拔杆上几对起重机组的位置由平行移位改为垂直移位。起重滑轮及卸甲的安全系数 $k \geqslant 2.5$。吊装前必须对起重滑轮及卸甲进行探伤、试验鉴定。

（2）缆风绳与地锚。缆风绳是由平缆风绳和斜缆风绳构成的整体。斜缆风绳与地面夹角应不大于 30°。每根斜缆风绳用一个地锚固定。

（3）卷扬机的选择。应对卷扬机的工作性能进行调查分析，计算其工作参数。卷扬机的工作参数是指牵引力、钢丝绳速度和绳容量等。卷扬机尽量选用工作性能（工作参数）相同的慢速卷扬机。

（4）基础处理要求。确保拔杆基础以下的地基在拔杆自重、缆风绳对拔杆垂直度、拔杆的计算荷载和基础自重等荷载的最不利效应组合作用下，不能产生较大的沉陷。

（5）在网架整体吊装时，应保证各吊点在起升和下降过程中同步。

①在选用卷扬机时,应注意卷扬机的规格(卷筒直径和转速)是否一致;

②起重滑轮组钢丝绳的穿绕方法及滑轮组数、起重有效绳长应完全一致;

③起重钢丝绳的直径应选用同一规格(同一强度等级);

④起吊卷扬机卷筒上钢丝绳的初始缠绕圈数和长度最好能一致;

⑤在正式起吊前,须进行同步操作训练,在集中统一指挥下同时操作;

⑥用自整角机监测网架在整体吊装中的平衡。

⑦拔杆的拆除。网架结构整体安装固定后,拔杆可采用倒拆法拆除。采用倒拆法时,应在网架上弦节点处挂两副起重滑轮组吊住拔杆,然后由最下一节开始一节节拆除拔杆。必须验算网架结构承载能力,当网架结构承载能力许可时,方可采用在其上设置滑轮组、拔杆逐段拆除的方法。

6. 网架顶升法

网架顶升安装是利用支承结构和千斤顶将网架整体顶升到设计位置,见图6-64。这种安装法主要适用于多支点支承的各种四角锥网架屋盖安装。

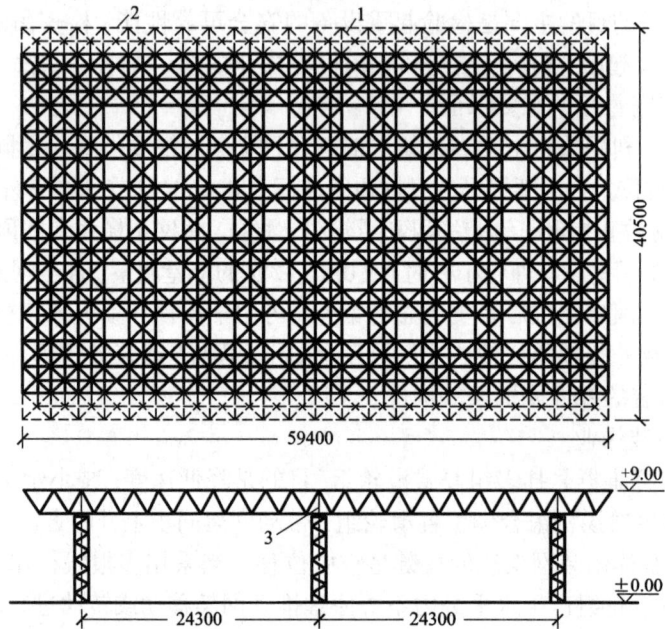

(a)结构平面及立面图

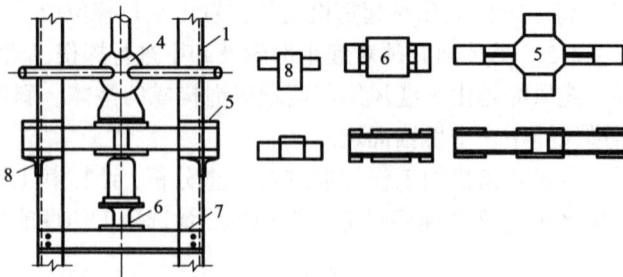

(b)顶升装置及安装图

1—柱;2—网架;3—柱帽;4—球支座;5—十字梁;6—横梁;7—下缀板;8—上缀板。

图6-64 某屋架顶升施工图

本法设备简单,不用大型吊装设备,顶升支承结构可利用结构永久性支承柱,拼装网架不需搭设拼装支架,可节省大量机具和脚手架、支墩费用,降低施工成本;操作简便、安全,但顶升速度较慢,应严格控制结构顶升误差,以防失稳。

1)网架顶升准备

(1)顶升用的支承结构一般多利用网架的永久性支承柱,在原支点处或其附近设备临时顶升支架。

(2)顶升千斤顶可采用普通液压千斤顶或螺栓千斤顶,要求各千斤顶的行程和起重速度一致。

(3)网架多采用伞形柱帽的方式,在地面按原位整体拼装。由四根角钢组成的支承柱(临时支架)从腹杆间隙中穿过,在柱上设置缀板作为搁置横梁、千斤顶和球支座用。

(4)上下临时缀板的间距根据千斤顶的尺寸、冲程、横梁等尺寸确定,应恰为千斤顶使用行程的整数倍,其标高偏差不得大于 5 mm,如用 320 kN 普通液压千斤顶,缀板的间距为 420 mm,即顶一个循环的总高度为 420 mm,千斤顶分 3 次(150 mm+150 mm+120 mm)顶升到该标高。

2)网架顶升施工

网架顶升施工时,应加强同步控制,以减少网架的偏移,同时还应避免引起过大的附加杆力。网架顶升时,应以预防网架偏移为主,严格控制升差,并设置导轨。网架顶升施工的顶升循环过程如图 6-65 所示。

顶升应做到同步,各顶升点的升差不得大于相邻两个顶升用的支承结构间距的 1/1000且不大于 30 mm;在一个支承结构上设有两个或两个以上千斤顶时,不大于 10 mm。当发现网架偏移过大,可采用在千斤顶垫斜垫或有意造成反向升差逐步纠正。顶升过程中,网架支座中心对柱基轴线的水平偏移值不得大于柱截面短边尺寸的 1/50 及柱高的 1/500,以免导致支承结构失稳。由于网架的偏移是一种随机过程,纠偏时,柱的柔度、弹性变形又给纠偏以干扰,因而纠偏的方向及尺寸并不完全符合主观要求,不能精确地纠偏。

7. 移动支架安装法

高空散装法需要搭设满堂支撑架,而移动支架安装法无固定的支撑脚手架。网架或结构在可移动的支撑架上进行安装,对于已安装好的结构部分有必要设置若干固定的临时支撑,以分散内力和控制位移,在结构安装完毕后再撤去临时支撑。移动支架安装法示意如图 6-66 所示。

移动支架的稳定性比固定支架差;脚手架的使用量少,节约了劳动力,加快了施工进度;施工不需要大型起重机,施工方法简单,施工费用较低。一般用于支撑点平行的结构。

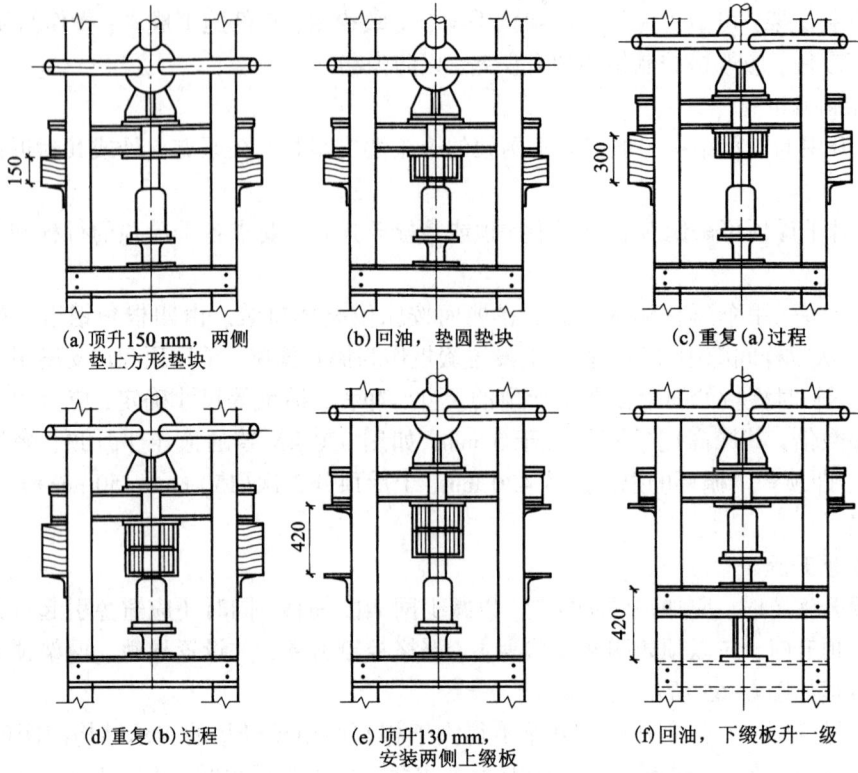

(a)顶升150 mm，两侧
垫上方形垫块

(b)回油，垫圆垫块

(c)重复(a)过程

(d)重复(b)过程

(e)顶升130 mm，
安装两侧上缀板

(f)回油，下缀板升一级

图 6-65　顶升过程图

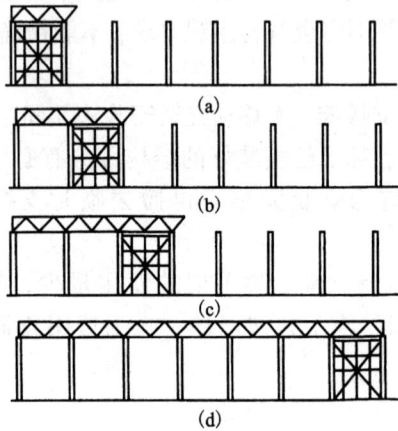

(a)

(b)

(c)

(d)

图 6-66　移动支架安装顺序示意图

6.5.4　钢网架结构的安装质量要求

钢网架结构安装完成后，其节点及杆件表面应干净，不应有明显的疤痕、泥沙和污垢。螺栓球节点应将所有接缝和多余螺孔用油腻子嵌填严密。其允许偏差应符合表6-22所示。

表6-22　钢网架结构安装允许偏差

项目	允许偏差/mm	检验方法
纵向、横向长度	$L/2000$，且不应大于30.0 $-L/2000$，且不应大于-30.0	用钢尺实测
支座中心偏移	$L/3000$，且不应大于30.0	用钢尺和经纬仪实测
周边支撑网架相邻支座高差	$L/400$，且不应大于15.0	用钢尺和水准仪实测
支座最大高差	30.0	
多点支撑网架相邻支座高差	$L_1/800$，且不应大于30.0	

能力训练题

1. 钢结构吊装作业前准备工作有哪些内容？
2. 钢结构测量验线主要哪些工作内容？
3. 简述钢柱安装工艺。
4. 简述吊车梁及钢屋架安装工艺。
5. 简述框架梁及钢架柱安装工艺。
6. 试分析多层及高层钢结构柱接长工艺及注意事项。
7. 压型金属板连接件有哪些？压型金属板连接有哪些要求？
8. 大跨度网架结构安装方法有几种？分别说明其适用范围。

实训项目六 钢结构安装工程施工

钢结构安装工程施工职业活动实习内容、教学设计实训项目详见表6-23。

表6-23 钢结构安装工程施工职业活动实训教学设计项目卡

项目		实训场所：校内外实训基地		学期： 日期：
安装工程		计划学时：4学时		班级：
教学目标	能力目标	能进行钢结构安装前准备工作；能选择吊装机械；能编制钢结构主要构件的安装方案并能校正		
	知识目标	掌握钢结构安装前准备工作内容；吊装机械的原则和参数选择；掌握钢结构主要构件的安装方案和校正方法		
教学重点难点		钢结构安装前准备工作内容；吊装机械的原则和参数选择；钢结构主要构件的安装方案和校正方法		
设计思路		在教师的引导和讲解钢结构吊装方案案例的基础上，让学生观看钢结构构件安装录像，引出钢结构构件安装的教学内容，业余时间穿插安排学生实地参观		

序号	工作任务	教学设计与实施		参考学时
		课程内容和要求	活动设计	
1	安装方案	学习钢结构安装施工工艺	活动1：学习钢结构安装施工方案案例 活动2：仿效写一份钢结构安装施工方案	
2	施工准备	熟悉钢结构安装的施工前准备内容	活动1：现场学习钢结构施工方案中施工前准备内容 活动2：现场检查钢结构安装的准备工作情况	4
3	吊装机械	吊装机械认知	活动1：现场了解施工吊装机械 活动2：复核现场选用的吊装机械的吊装参数	
4	构件安装	构件安装与校正	活动1：到现场进行钢结构构件安装"学徒"实训 活动2：熟悉各种安装仪器设备的使用	
5	学时总计			4

课前回顾	钢结构的典型过程应用特点
教学引入	先识读钢结构图纸，通过观看钢结构构件安装录像、图片，引入钢结构构件安装的内容
实训小结	根据本实习内容写出自己掌握哪些，哪些还有欠缺，做一个全方位总结
课外训练	到钢结构施工工地等参观钢结构构件安装施工过程

项目七　钢结构质量验收与保证措施

【知识目标】

1. 熟悉钢结构施工质量验收的项目；

2. 熟悉钢结构各分项工程质量验收的标准；

3. 掌握钢结构工程竣工验收资料组成。

【能力目标】

1. 能进行钢结构质量验收；

2. 会如何保证钢结构质量。

【素质目标】

1. 培养学生的职业道德；

2. 培养学生的严谨科学态度；

3. 培养学生团队协作精神和爱岗敬业精神。

任务7.1　钢结构质量验收的划分

根据现行国家标准《建筑工程施工质量验收统一标准》（GB50300—2013）的规定，钢结构作为主体结构之一应按子分部工程竣工验收；当主体结构均为钢结构时应按分部工程竣工验收。大型钢结构工程可划分成若干个子分部工程进行竣工验收。

7.1.1　钢结构验收项目层次划分

钢结构施工质量验收应在施工单位自检的基础上，按照分部工程、分项工程和检验批三个层次进行。

钢结构分部工程划分：一般地讲，钢结构工程是作为主体结构分部工程中的子分部工程，当所有主体结构均为钢结构时，钢结构工程就是分部工程。制作与安装中的空间刚度单元划分，每个分部工程中有数个分项工程。

钢结构分项工程划分：是按主要工种、施工方法及专业系统划分，主要分为焊接工程、紧固件连接工程、钢零件及钢部件加工工程、钢构件组装工程、钢构件预拼装工程、钢结构安装（单层、多层及高层、高耸钢结构）、大跨度空间钢结构安装工程、压型金属板工程、钢结构涂装工程10个分项工程。

检验批的划分：检验批的验收是最小的验收单位，也是最基本、最重要的验收内容，其他分部工程、分项工程及单位工程的验收都是基于检验批验收合格的基础上进行验收。钢结构检验批的划分遵照如下原则：

（1）单层钢结构可按变形缝划分检验批；

（2）多层及高层钢结构可按楼层或施工段划分检验批；

（3）钢结构制作可根据制造厂（车间）的生产能力按工期段划分检验批；

（4）钢结构安装可按安装形成的空间刚度单元划分检验批；

（5）材料进场验收可根据工程规模及材料实际情况合并成 1 个检验批或分解成若干个检验批；

（6）压型金属板工程可按屋面、墙面、楼面划分。

7.1.2 钢结构质量验收等级的划分

钢结构分项工程的质量等级按表 7-1 划分。钢结构分部工程的质量等级按表 7-2 划分。钢结构单位工程的质量等级按表 7-3 划分。

表 7-1 分项工程的质量等级

等级	合格	优良
保证项目	全部符合标准	全部符合标准
基本项目	全部合格	60% 以上优良，其余合格
允许偏差项目	90% 及以上实测值在标准规定允许偏差范围内，其余值基本符合标准规定	90% 及以上实测值在标准规定允许偏差范围内，其余值基本符合标准规定

注：一个基本项目所抽检的处（件）中 60% 及以上达到优良标准规定，其余处（件）为合格，该基本项目即为优良。

表 7-2 分部工程的质量等级

等级	合格	优良
所含分项工程	全部合格	包括主体分项工程在内的 60% 及以上分项工程为优良，其余合格

表 7-3 单位工程的质量等级

等级	合格	优良
所含分部工程	全部合格	60% 以上优良，其余合格
质量保证资料	齐全	齐全
观感质量评分	70% 及以上	90% 及以上

任务 7.2 钢结构质量控制流程

钢结构工程施工过程中各个环节需严格控制。原材料采购质量控制流程见图 7-1；钢结构制作安装控制流程见图 7-2；钢结构安装质量控制流程见图 7-3；焊接工程质量控制流程见图 7-4。

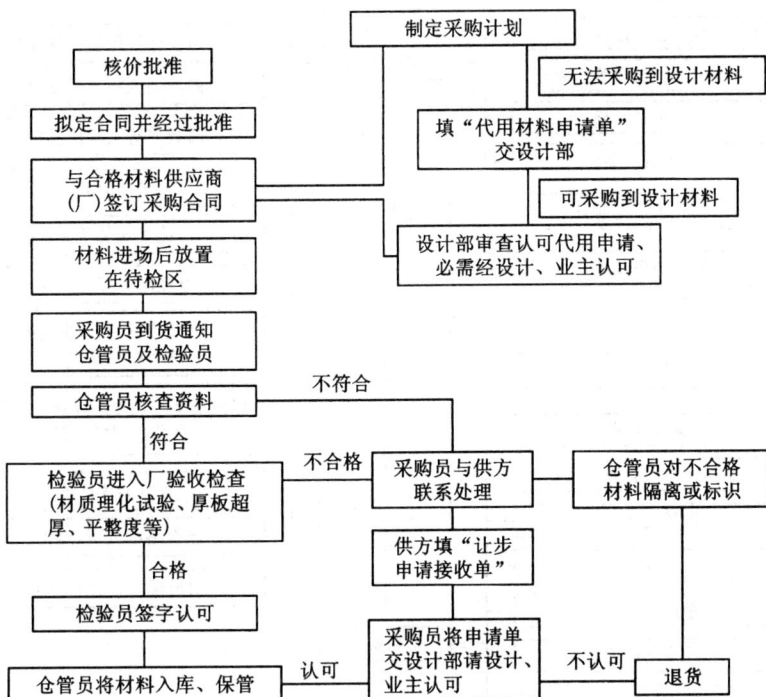

图 7-1　原材料采购质量控制流程图

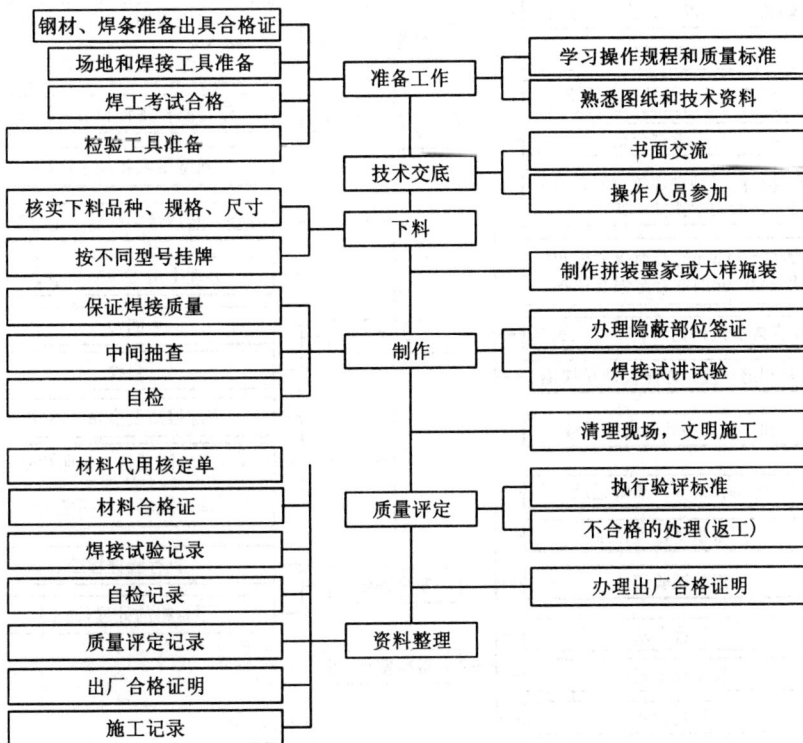

图 7-2　钢结构制作质量控制流程图

图 7-3 钢结构安装质量控制流程图

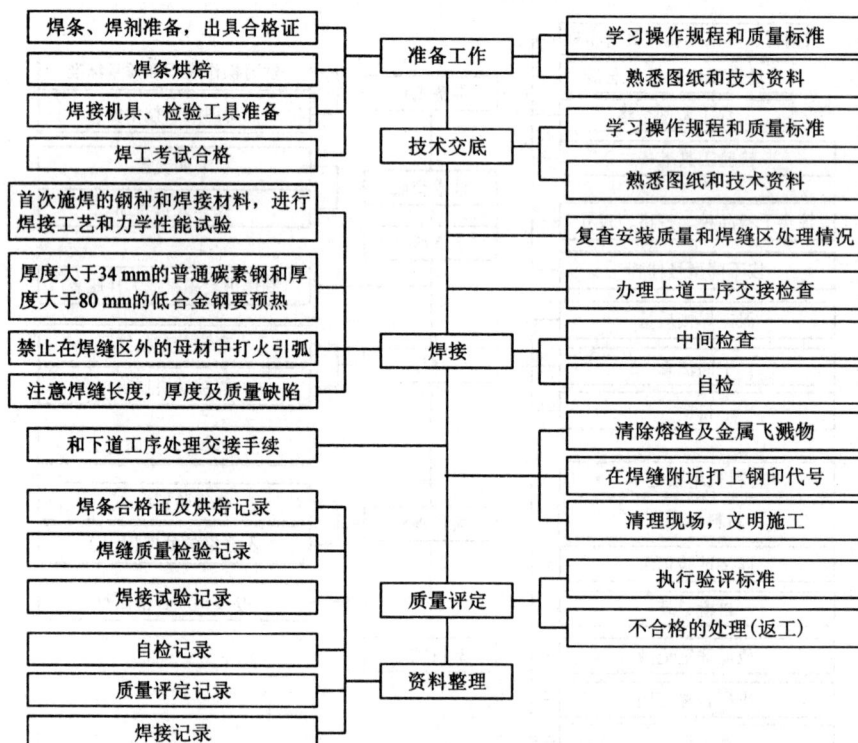

准备工作
- 焊条、焊剂准备，出具合格证
- 钢构件就位，出具质量合格证
- 电焊工考试合格
- 焊接工具准备
- 学习操作规程和质量标准
- 熟悉图纸和技术资料
- 吊装前对钢构件复检

技术交底
- 按图纸要求下料制作
- 书面交流
- 施工人员参加

安装
- 按不同型号挂牌
- 中间抽查
- 自检
- 办理隐蔽部位签证
- 构件安装标高、垂直度及平面位置检查
- 焊接高度、长度及焊瘤、夹渣、气孔、裂缝等检查

质量评定
- 焊条合格证
- 钢构件出厂合格证
- 测量记录
- 自检记录
- 质量评定记录
- 出厂合格证明
- 施工记录
- 执行验评标准
- 不合格的处理（返工）
- 清理现场，文明施工

资料整理

图 7-3 钢结构安装质量控制流程图

图 7-4 焊接工程质量控制流程图

准备工作
- 焊条、焊剂准备，出具合格证
- 焊条烘焙
- 焊接机具、检验工具准备
- 焊工考试合格
- 学习操作规程和质量标准
- 熟悉图纸和技术资料

技术交底
- 学习操作规程和质量标准
- 熟悉图纸和技术资料

焊接
- 首次施焊的钢种和焊接材料，进行焊接工艺和力学性能试验
- 厚度大于34 mm的普通碳素钢和厚度大于80 mm的低合金钢要预热
- 禁止在焊缝区外的母材中打火引弧
- 注意焊缝长度，厚度及质量缺陷
- 复查安装质量和焊缝区处理情况
- 办理上道工序交接检查
- 中间检查
- 自检
- 清除熔渣及金属飞溅物
- 在焊缝附近打上钢印代号
- 清理现场，文明施工

质量评定
- 和下道工序处理交接手续
- 执行验评标准
- 不合格的处理（返工）

资料整理
- 焊条合格证及烘焙记录
- 焊缝质量检验记录
- 焊接试验记录
- 自检记录
- 质量评定记录
- 焊接记录

图 7-4 焊接工程质量控制流程图

任务7.3 钢结构质量验收

7.3.1 钢结构工程质量验收记录

钢结构的验收是在分项工程各检验批验收合格的基础上进行。分项工程验收纪录参照《建筑工程施工质量验收统一标准》(GB 50300—2013)中表 F 进行,参照表 7-4。

表 7-4 分项工程质量验收记录

单位(子单位)工程名称				分部(子分部)工程名称			
分项工程数量				检验批数量			
施工单位				项目负责人		项目技术负责人	
分包单位				分包单位项目负责人		分包内容	
序号	检验批名称	检验批容量	部位	施工单位检查结果		监理单位验收结论	
1							
2							
3							
4							
…							
说明:							
施工单位 检查结果	年月日		项目专业技术负责人:				
监理单位 检查结果	年月日		专业监理工程师:				

钢结构分部工程合格的质量标准应符合:所含分项工程的质量均应验收合格,检查每个分项工程验收是否正确;注意查对所含分项工程有无漏缺,归纳是否完全,或有没有进行验收;分项工程资料和文件应完整,每个验收资料的内容是否有缺漏项,签字是否齐全及符合规定;有关观感质量和安全及功能的检验和见证检测结果应符合规范的相应合格质量标准的要求。即在所有分项工程验收合格的基础上,增加了质量控制资料和文件检查、有关安全及功能的检验和见证及有关观感质量检验 3 项。

分部工程验收应由总监理工程师组织施工单位项目负责人和有关的勘察设计单位项目负责人等进行验收,记录参照《建筑工程施工质量验收统一标准》(GB 50300—2013)中表 G 进行,参见表 7-5 和表 7-6。

表 7-5 分部工程质量验收记录

单位(子单位)工程名称				子分部工程数量		分项工程数量	
分项工程数量				项目负责人		技术负责人	
分包单位				分包单位负责人		分包内容	
序号	子分部工程名称		分项工程名称	检验批数量	施工单位检查结果	监理单位验收结论	
1							
2							
3							
…							
质量控制资料							
安全和功能检验结果							
观感质量检验结果							
综合验收结论							
施工单位 项目负责人： 年 月 日		勘察单位 项目负责人： 年 月 日		设计单位 项目负责人： 年 月 日		监理单位 总监理工程师： 年 月 日	

表 7-6 单位工程安全和功能检验资料核查记录

工程名称					施工单位			
序号	项目	安全和功能检查项目	份数	施工单位		监理单位		
				核查意见	核查人	核查意见	核查人	
1		见证取样送样试验项目 1.钢材及焊接材料复验 2.高强度螺栓预应力、扭矩系数复验 3.摩擦面抗滑移系数复验 4.网架节点承载力试验						
2		焊缝质量检测报告 1.内部缺陷 2.外观缺陷 3.焊缝尺寸						
3		高强度螺栓施工质量检查记录 1.终拧扭矩 2.梅花头检查 3.网架螺栓球节点						

续表7-6

工程名称					施工单位			
序号	项目	安全和功能检查项目	份数		施工单位		监理单位	
					核查意见	核查人	核查意见	核查人
4		柱脚及网架支座检查记录 1.螺栓紧固 2.垫板、垫块 3.二次灌浆						
5		主要构件变形检查记录 1.钢屋架、桁架、钢梁、吊车梁等垂直和侧向弯曲 2.钢柱垂直度 3.网架结构挠度						
6		主体结构尺寸检查记录 1.整体垂直度 2.整体平面弯曲						

结论：

施工单位项目负责人：

年　月　日

总监理工程师：

年　月　日

注：抽查项目由验收组协商确定。

7.3.2　钢结构工程观感质量验收记录

1.钢结构工程观感质量检查记录

观感质量应由3人或3人以上共同检验评定。检验人员应对每个项目随机确定10处（件）进行检验，然后打分评定。钢结构工程观感质量检查记录见表7-7。

表7-7　钢结构工程观感质量检查记录

工程名称			完工日期			
施工单位			项目经理			
监理单位			总监理工程师			
序号	项目		抽查情况	质量评价		
				好	一般	差
1	普通涂层表面					
2	防火涂层表面					
3	压型金属板表面					
4	钢平台、钢梯、钢栏杆					
观感质量综合评价						

检查结论：

施工单位项目经理：

年　月　日

总监理工程师：

（建设单位项目负责人）年　月　日

注：质量评价为差的项目应进行返修。

2．评定方法举例

钢结构安装工程观感质量检验评定标准见表7-8。钢结构制作项目观感质量检验评定标准见表7-9。钢结构制作和安装工程观感质量检验评定见表7-10。

表7-8　钢结构安装单位工程观感质量检验评定表

单位工程名称：　　　　　　　　　　　　　　　　　　　施工单位：

序号	项目名称	标准分	评定等级				
			一级	二级	三级	四级	五级
1	高强度螺栓连接	10	10	9	8	7	-10
2	焊接接头安装螺栓连接	10	10	9	8	7	0
3	焊接缺陷	10	10	9	8	7	-25
4	焊渣飞溅	10	10	9	8	7	0
5	结构外观	10	10	9	8	7	-10
6	涂装缺陷	10	10	9	8	7	-25
7	涂装外观	10	10	9	8	7	0
8	标记基准点	10	10	9	8	7	0
9	金属压型板	10	10	9	8	7	-25
10	梯子、栏杆、平台	10	10	9	8	7	0

表7-9　钢结构制作项目观感质量检验评定标准

单位工程名称：　　　　　　　　　　　　　　　　　　　施工单位：

序号	项目名称	标准分	评定等级				
			一级	二级	三级	四级	五级
1	切割缺陷	10	10	9	8	7	-10
2	切割精度	10	10	9	8	7	0
3	钻孔	10	10	9	8	7	0
4	焊缝缺陷	10	10	9	8	7	-25
5	焊渣飞溅	10	10	9	8	7	0
6	结构外观	10	10	9	8	7	-10
7	涂装缺陷	10	10	9	8	7	-25
8	涂装外观	10	10	9	8	7	0
9	高强度螺栓连接面	10	10	9	8	7	-10
10	标记	10	10	9	8	7	0

表 7-10 钢结构制作和安装工程观感质量检验评定项目表

编号	钢结构制作	钢结构安装
1	切割缺陷:断面无裂纹、夹层和超过规定的缺口	高强螺栓连接:螺栓、螺母、垫圈安装正确,方向一致,已做好终拧标记
2	切割精度:粗糙度、平整度、上边缘熔化符合规定	焊接、螺栓连接:螺栓齐全或基本齐全,初次未按螺栓已按规定处理
3	钻孔:成形良好,孔边无毛刺	金属压型板:表面平整清洁,无明显凹凸,檐口屋脊平行,固定螺栓牢固,布置整齐,密封材料敷设良好
4	焊缝缺陷:焊缝无致命缺陷、严重缺陷	焊缝缺陷:焊缝无致命缺陷、严重缺陷
5	焊渣飞溅:飞溅清除干净,表面缺陷已按规定处理	焊渣飞溅:飞溅清除干净,表面缺陷已按规定处理
6	结构外观:构件无变形,现场切割口平整;表面无焊疤、油污等	同左,且结构上的临时附加物已拆除
7	涂装缺陷:涂层无脱落和返修,无误涂、漏涂	涂装缺陷:涂层无脱落和返修,无误涂、漏涂
8	涂装外观:涂刷均匀,色泽无明显差异,无流挂起皱,构件因切割,焊接而变形的漆膜已处理	涂装外观:涂刷均匀,色泽无明显差异,无流挂起皱,构件因切割、焊接面烘烤变形的漆膜已处理
9	高强螺栓摩擦面:无氧化铁皮,毛刺、焊疤、不该有的涂料和油污	梯子、栏杆、平台连接牢固、平直、光滑
10	标记:杆件号、中心、标高、吊装标志齐全,位置准确,色泽鲜明	标记基准点:大型重要钢结构应设置沉降观测基准点、构筑物中心标高和柱中心标志齐全

　　单位工程质量竣工验收中的验收记录由施工单位填写,检查记录由监理单位填写。综合验收结论经参加验收各方共同商定,由建设单位填写,应对工程质量是否符合设计文件和相关标准的规定及总体质量水平做出评价。单位工程质量竣工验收记录见表 7-11。

表 7-11 单位工程质量竣工验收记录

工程名称		结构类型		层数/建筑面积	
施工单位		技术负责人		开工日期	
项目负责人		项目技术负责人		完工日期	
序号	项目	验收记录			验收结论
1	分部工程	共　分部,经查　分部,符合设计及标准规定　分部			
2	质量控制资料核查	共　项,经核查符合规定　项,经核查不符合规定　项			

工程名称		结构类型		层数/建筑面积	
序号	项目	验收记录			验收结论
3	安全和使用功能核查及抽查结果	共核查 项，符合规定 项，共抽查 项，符合规定 项 经返工处理符合规定 项			
4	观感质量验收	共抽查 项，符合规定 项，不符合规定 项			
5	综合验收结论				

参加验收单位	建设单位	监理单位	施工单位	设计单位	勘察单位
	（公章）项目负责人：年 月 日	（公章）项目负责人：年 月 日	（公章）项目负责人：年 月 日	（公章）项目负责人：年 月 日	（公章）项目负责人：年 月 日

钢结构制作项目的观感检验应视构件交货情况，分一次或数次进行。对观感质量评为五级项目，一旦发生分项工程质量不符合合格规定时，必须按规定及时进行处理，经处理后的分项工程，再重新确定其质量等级。

7.3.3 钢结构验收标准

钢结构施工各分项工程中的保证项目、基本项目及允许偏差项目在《钢结构工程施工质量验收标准》（GB 50205—2020）中有详细规定。

1.原材料及成品进场的验收标准

适用于进入钢结构各分项工程实施现场的主要材料、零（部）件、成品件、标准件等产品的进场验收。原材料检测流程如图7-5所示。

1）钢材

（1）主控项目

钢材、钢铸件的品种、规格、性能等应符合现行国家产品标准和设计要求。进口钢材产品的质量应符合设计和合同规定标准的要求。

检查数量：全数检查

检验方法：检查质量合格证明文件、中文标志及检验报告等。

说明：近些年，钢铸件在钢结构（特别是大跨度空间钢结构）中的应用逐渐增加，故对其规格和质量提出明确规定是完全必要的。另外，各国进口钢材标准不尽相同，所以规定对进口钢材应按设计和合同规定的标准验收。本条为强制性条文。

对属于下列情况之一的钢材，应进行抽样复验，其复验结果应符合现行国家产品标准和设计要求。

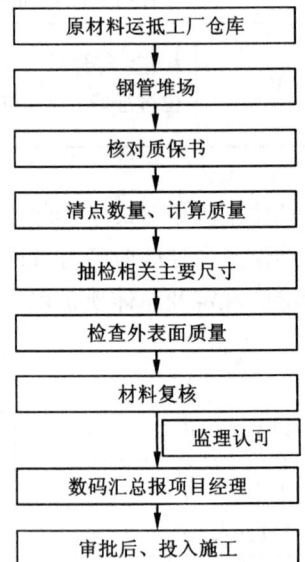

图7-5 原材料检测流程图

原材料运抵工厂仓库

钢管堆场

核对质保书

清点数量、计算质量

抽检相关主要尺寸

检查外表面质量

材料复核

监理认可

数码汇总报项目经理

审批后、投入施工

①国外进口钢材；

②钢材混批；

③板厚等于或大于 40 mm，且设计有 Z 向性能要求的厚板；

④建筑结构安全等级为一级，大跨度钢结构中主要受力构件所采用的钢材；

⑤设计有复验要求的钢材；

⑥对质量有疑义的钢材。

检查数量：全数检查。

检验方法：检查复验报告。

（2）一般项目

①钢板厚度及允许偏差应符合其产品标准的要求。

检查数量：每一品种、规格的钢板抽查 5 处。

检验方法：用游标卡尺量测。

②型钢的规格尺寸及允许偏差应符合其产品标准的要求。

检查数量：每一品种、规格的型钢抽查 5 处。

检验方法：用钢尺和游标卡尺量测。

③钢材的表面外观质量除应符合国家现行有关标准的规定外，尚应符合下列规定：

当钢材的表面有锈蚀、麻点或划痕等缺陷时，其深度不得大于该钢材厚度负允许偏差值的 1/2；

钢材表面的锈蚀等级应符合现有国家标准《涂装前钢材表面锈蚀等级和除锈等级》（GB 8923—2011）规定的 C 级及 C 级以上；

钢材端边或断口处不应有分层、夹渣等缺陷。

检查数量：全数检查。

检验方法：观察检查。

说明：由于许多钢材基本上是露天堆放，受风吹雨淋和污染空气的侵蚀，钢材表面会出现麻点和片状锈蚀，严重者不得使用，因此对钢材表面缺陷作了本条的规定。

2）焊接材料

（1）主控项目

焊接材料的品种、规格、性能等应符合现行国家产品标准和设计要求。

检查数量：全数检查。

检验方法：检查焊接材料的质量合格证明文件、中文标志及检验报告等。

说明：焊接材料对焊接质量的影响重大，因此，钢结构工程中所采用的焊接材料应按设计要求选用，同时产品应符合相应的国家现行标准要求。本条为强制性条文。

重要钢结构采用的焊接材料应进行抽样复验，复验结果应符合现行国家产品标准和设计要求。

检查数量：全数检查。

检验方法：检查复验报告。

说明：由于不同的生产批号质量往往存在一定的差异，本条对用于重要的钢结构工程的焊接材料的复验作出了明确规定。该复验应为见证取样、送样检验项目。本条中"重要"是指：

①建筑结构安全等级为一级的一、二级焊缝。

②建筑结构安全等级为二级的一级焊缝。

③大跨度结构中一级焊缝。

④重级工作制吊车梁结构中一级焊缝。

⑤设计要求。

（2）一般项目

焊钉及焊接瓷环的规格、尺寸及偏差应符合现行国家标准《电弧螺栓焊用圆柱头焊钉》（GB/T 10433—2002）中的规定。

检查数量：按量抽查1%，且不应少于10套。

检验方法：用钢尺和游标卡尺量测。

焊条外观不应有药皮脱落、焊芯生锈等缺陷；焊剂不应受潮结块。

检查数量：按量抽查1%，且不应少于10包。

检验方法：观察检查。

说明：焊条、焊剂保管不当，容易受潮，不仅影响操作的工艺性能，而且会对接头的理化性能造成不利影响。对于外观不符合要求的焊接材料，不应在工程中采用。

3）连接用紧固标准件

（1）主控项目

钢结构连接用普通螺栓、铆钉、自攻钉、拉铆钉、射钉、锚栓（机械型和化学试剂型）、地脚锚栓等紧固标准件及螺母、垫圈等标准配件，其品种、规格、性能等应符合现行国家产品标准和设计要求。

检查数量：全数检查。

检验方法：检查产品的质量合格证明文件、中文标志及检验报告等。

（2）一般项目

普通螺栓，应按包装箱配套供货，包装箱上应标明批号、规格、数量及生产日期。螺栓、螺母、垫圈外观表面应涂油保护，不应出现生锈和沾染脏物，螺纹不应损伤。

检查数量：按包装箱数抽查5%，且不应少于3箱。

检验方法：观察检查。

4）焊接球

（1）主控项目

焊接球及制造焊接球所采用的原材料，其品种、规格、性能等应符合现行国家产品标准和设计要求。

检查数量：全数检查。

检验方法：检查产品的质量合格证明文件、中文标志及检验报告等。

焊接球焊缝应进行无损检验，其质量应符合设计要求，当设计无要求时应符合《钢结构工程施工质量验收标准》（GB 50205—2020）中规定的二级质量标准。

检查数量：每一规格按数量抽查5%，且不应少于3个。

检验方法：超声波探伤或检查检验报告。

（2）一般项目

焊接球直径、圆度、壁厚减薄量等尺寸及允许偏差应符合《钢结构工程施工质量验收标准》(GB 50205—2020)的规定。

检查数量：每一规格按数量抽查5%，且不应少于3个。

检验方法：用卡尺和测厚仪检查。

焊接球表面应无明显波纹及局部凹凸不平不大于1.5 mm。

检查数量：每一规格按数量抽查5%，且不应少于3个。

检验方法：用弧形套模、卡尺和观察检查。

说明：本节是指将焊接空心球作为产品看待，在进场时所进行验收项目。焊接球焊缝检验应按照国家现行标准《钢结构超声波探伤及质量分级法》(JG/T 203—2007)执行。

5)螺栓球

(1)主控项目

螺栓球及制造螺栓球节点所采用的原材料，其品种、规格、性能等应符合现行国家产品标准和设计要求。

检查数量：全数检查。

检验方法：检查产品的质量合格证明文件、中文标志及检验报告等。

螺栓球不得有过烧、裂纹及褶皱。

检查数量：每种规格抽查5%，且不应少于5只。

检验方法：用10倍放大镜观察和表面探伤。

(2)一般项目

螺栓球螺纹尺寸应符合现行国家标准《普通螺纹基本尺寸》(GB 196—2003)中粗牙螺纹的规定，螺纹公差必须符合现行国家标准《普通螺纹公差与配合》(GB 197—2003)中6H级清度的规定。

检查数量：每种规格抽查5%，且不应少于5只。

检验方法：用标准螺纹规。

螺栓球直径、圆度、相邻两螺栓孔中心线夹角等尺寸及允许偏差应符合《钢结构工程施工质量验收标准》(GB 50205—2020)的规定。

检查数量：每种规格抽查5%，且不应少于3只。

检验方法：用卡尺和分度头仪检查。

说明：本节是指将螺栓球节点作为产品看待，在进场时所进行的验收项目。在实际工程中，螺栓球节点本身的质量问题比较严重，特别是表面裂纹比较普遍，因此检查螺栓球表面裂纹是本节的重点。

6)封板、锥头和套筒

(1)主控项目

封板、锥头和套筒及制造封板、锥头和套筒所采用的原材料，其品种、规格、性能等应符合现行国家产品标准和设计要求。

检查数量：全数检查。

检验方法：检查产品的质量合格证明文件、中文标志及检验报告等。

(2)一般项目

封板、锥头、套筒外观不得有裂纹、过烧及氧化皮。

检查数量：每种规格抽查5%，且不应少于10只。

检验方法：用放大境观察检查和表面探伤。

说明：本节将螺栓球节点钢网架中的封板、锥头、套筒视为产品，在进场时所进行的验收项目。

7）金属压型板

（1）主控项目

金属压型板及制造金属压型板所采用的原材料，其品种、规格、性能等应符合现行国家产品标准和设计要求。

检查数量：全数检查。

检验方法：检查产品的质量合格证明文件、中文标志及检验报告等。

压型金属泛水板、包角板和零配件的品种、规格以及防水密封材料的性能应符合现行国家产品标准和设计要求。

检查数量：全数检查。

检验方法：检查产品的质量合格证明文件、中文标志及检验报告等。

（2）一般项目

压型金属板的规格尺寸及允许偏差、表面质量、涂层质量等应符合设计要求和《钢结构工程施工质量验收标准》（GB 50205—2020）的规定。

检查数量：每种规格抽查5%，且不应少于3件。

检验方法：观察和用10倍放大镜检查及尺量。

说明：本节将金属压型板系统产品看作成品，金属压型板包括单层压型金属板、保温板、扣板等屋面、墙面围护板材零配件。这些产品在进场时，均应按本节要求进行验收。

8）涂装材料

（1）主控项目

钢结构防腐和防火涂料、稀释剂和固化剂等材料的品种、规格、性能等符合现行国家产品标准和设计要求。

检查数量：全数检查。

检验方法：检查产品的质量合格证明文件、中文标志及检验报告等。

（2）一般项目

防腐涂料和防火涂料的型号、名称、颜色及有效期应与其质量证明文件相符。开启后，不应存在结皮、结块、凝胶等现象。

检查数量：每种规格抽查5%，且不应少于3桶。

检验方法：观察检查。

说明：涂料的进场验收除检查资料文件外，还要开桶抽查。开桶抽查除检查涂料结皮、结决、凝胶等现象外，还要与质量证明文件对照涂料的型号、名称、颜色及有效期等。

9）其他

钢结构工程所涉及的其他材料原则上都要通过进场验收检验。

主控项目如下。

钢结构用橡胶垫的品种、规格、性能等应符合现行国家产品标准和设计要求。

检查数量：全数检查。

检验方法：检查产品的质量合格证明文件、中文标志及检验报告等。

钢结构工程所涉及的其他特殊材料，其品种、规格、性能等应符合现行国家产品标准和设计要求。

检查数量：全数检查。

检验方法：检查产品的质量合格证明文件、中文标志及检验报告等。

2.钢结构焊接工程的验收标准

一般规定如下。

钢结构焊接工程可按相应的钢结构制作或安装工程检验批划分为一个或若干个检验批。

说明：钢结构焊接工程检验批的划分应符合钢结构施工检验批的检验要求。考虑不同的钢结构工程验收批其焊缝数量有较大差异，为了便于检验，可将焊接工程划分一个或几个检验批。

碳素结构应在焊缝冷却到环境温度、低合金结构钢应在完成焊接24 h以后，进行焊缝探伤检验。

说明：在焊接过程中、焊缝冷却过程及以后的相当长的一段时间可能产生裂纹。普通碳素钢产生延迟裂纹的可能性很小，因此规定在焊缝冷却到环境温度后即可进行外观检查。低合金结构钢焊缝的延迟时间较长，考虑到工厂存放条件、现场安装进度、工序衔接的限制以及随着时间延长，产生延迟裂纹的几率逐渐减小等因素，《钢结构工程施工质量验收标准》（GB 50205—2020）以焊接完成24 h后外观检查的结果作为验收的论据。

焊缝施焊后应在工艺规定的焊缝及部位打上焊工钢印。

本条规定的目的是为了加强焊工施焊质量的动态管理，同时使钢结构工程焊接质量的现场管理更加直观。

1）主控项目

（1）焊条、焊丝、焊剂、电渣焊熔嘴等焊接材料与母材的匹配应符合设计要求及国家现行行业标准《钢结构焊接规范》（GB 50661—2011）的规定。焊条、焊剂、药芯焊丝、熔嘴等在使用前，应按其产品说明书及焊接工艺文件的规定进行烘焙和存放。

检查数量：全数检查。

检验方法：检查质量证明书和烘焙记录。

说明：焊接材料对钢结构焊接工程的质量有重大影响。其选用必须符合设计文件和国家现行标准的要求。对于进场时经验收合格的焊接材料，产品的生产日期、保存状态、使用烘焙等也直接影响焊接质量。本条即规定了焊条的选用和使用要求，尤其强调了烘焙状态，这是保证焊接质量的必要手段。

（2）焊工必须经考试合格并取得合格证书。持证焊工必须在其考试合格项目及其认可范围内施焊。

检查数量：全数检查。

检验方法：检查焊工合格证及其认可范围、有效期。

说明：在国家经济建设中，特殊技能操作人员发挥着重要作用。在钢结构工程施工焊接中，焊工是特殊工种，焊工的操作技能和资格对工程质量起到保证作用，必须充分予以重视。本条所指的焊工包括手工操作焊工、机械操作焊工。从事钢结构工程焊接施工的焊工，应根据所从事焊接工程的具体类型，按国家现行行业标准《钢结构焊接规范》（GB 50661—2011）等技术规程的要求对施焊焊工进行考试并取得相应证书。

（3）施工单位对其首次采用的钢材、焊接材料、焊接方法、焊后热处理等，应进行焊接工艺评定，并应根据评定报告确定焊接工艺。

检查数量：全数检查。

检验方法：检查焊接工艺评定报告。

说明：由于钢结构工程中的焊接节点和焊接接头不可能进行现场实物取样检验，而探伤仅能确定焊缝的几何缺陷，无法确定接头的理化性能。为保证工程焊接质量，必须在构件制作和结构安装施工焊接工艺规范。本条规定了施工企业必须进行工艺评定的条件，施工单位应根据所承担钢结构的类型，按国家现行行业标准《钢结构焊接规范》（GB 50661—2011）等技术规程中的具体规定进行相应的工艺评定。

（4）设计要求全焊透的一、二级焊缝应采用超声波探伤进行内部缺陷的检验，超声波探伤不能对缺陷做出判断时，应采用射线探伤，其内部缺陷分级及探伤方法应符合现行国家标准《钢焊缝手工超声波探伤方法和探伤结果分级》（GB/T 11345—2013）或《钢熔化焊对接接头射结照相和质量分级》（GB/T 3323—2005）的规定。

焊接球节点网架焊缝、螺栓球节点网架焊缝及圆管T、K、Y形点相贯线焊缝，其内部缺陷分级及探伤方法应分别符合国家现行标准《钢结构超声波探伤方法及质量分级法》（JG/T 203—2007）和《钢结构焊接规范》（GB 50661—2011）的规定。一级、二级焊缝的质量等级及缺陷分级应符合表7-12的规定。

检查数量：全数检查。

检验方法：检查超声波或射线探伤记录。

表7-12　一、二级焊缝质量等级及缺陷分级

焊 缝 质 量 等 级		一 级	二 级
内部缺陷超声波探伤	评定等级	Ⅱ	Ⅲ
	检验等级	B 级	B 级
	探伤比例	100%	20%
内部缺陷射线探伤	评定等级	Ⅱ	Ⅲ
	检验等级	AB 级	AB 级
	探伤比例	100%	20%

注：探伤比例的计数方法应按以下原则确定：（1）对工厂制作焊缝，应按每条焊缝计算百分比，且探伤长度应不小于200 mm，当焊缝长度不足200 mm时，应对整条焊缝进行探伤；（2）对现场安装焊缝，应按同一类型、同一施焊条件的焊缝条数计算百分比，探伤长度应不小于200 mm，并应不少于1条焊缝。

说明：根据结构的承载情况不同，现行国家标准《钢结构设计标准》（GB 50017—2017）中将焊缝的质量分为三个质量等级。内部缺陷的检测一般可用超声波探伤和射线探伤。射线探伤具有直观性、一致性好的优点，过去人们觉得射线探伤可靠、客观。但是射线探伤成本高、操作程序复杂、检测周期长，尤其是钢结构中大多为T形接头和角接头，射线检测的效果差，且射线探伤对裂纹、未熔合等危害性缺陷的检出率低。超声波探伤则正好相反，操作程序简单、快速，对各种接头形式的适应性好，对裂纹、未熔合的检测灵敏度高，因此世界上很多国

家对钢结构内部质量的控制采用超声波探伤，一般已不采用射线探伤。

随着大型空间结构应用的不断增加，对于薄壁大曲率 T、K、Y 形相贯接头焊缝探伤，国家现行行业标准《钢结构焊接规范》(GB 50661—2011)中给出了相应的超声波探伤方法和缺陷分级。网架结构焊缝探伤应按现行国家标准《钢结构超声波探伤方法及质量分级法》(JG/T203—2007)的规定执行。

《钢结构工程施工质量验收标准》(GB 50205—2020)规定要求全焊透的一级焊缝100%检验，二级焊缝的局部检验定为抽样检验。钢结构制作一般较长，对每条焊缝按规定的百分比进行探伤，且每处不小于200 mm 的规定，对保证每条焊缝质量是有利的。但钢结构安装焊缝一般都不长，大部分焊缝为梁一柱连接焊缝，每条焊缝的长度大多在250～300 mm 之间，采用焊缝条数计数抽样检测是可行的。

(5)T 形接头、十字接头、角接接头等要求焊透的对接和角对接组合焊缝，其焊脚尺寸不应小于 $t/4$；设计有疲劳验算要求的吊车梁或类似构件的腹板与上翼缘连接焊缝的焊脚尺寸为 $t/2$，且不应小于 10 mm。焊脚尺寸的允许偏差为 0～4 mm。

检查数量：资料全数检查；同类焊缝抽查10%，且不应少于3条。

检验方法：观察检查，用焊缝量规抽查测量。

说明：对 T 形、十字形、角接接头等要求焊透的对接与角接组合焊缝，为减少应力集中，同时避免过大的焊脚尺寸，参照国内外相关规范的规定，确定了对静载结构和动载结构的不同焊脚尺寸的要求。

(6)焊缝表面不得有裂纹、焊瘤等缺陷。一级、二级焊缝不得有表面气孔、夹渣、弧坑裂纹、电弧擦伤等缺陷。且一级焊缝不许有咬边、未焊满、根部收缩等缺陷。

检查数量：每批同类构件抽查10%，且不应少于3件；被抽查构件中，每一类型焊缝按条数抽查5%，且不应少于1条；每条检查1条，总抽查数不应少于10处。

检验方法：观察检查或使用放大镜、焊缝量规定和钢尺检查，当存在疑义时，采用渗透或磁粉探伤检查。

说明：考虑不同质量等级的焊缝承载要求不同，凡是严重影响焊缝承载能力的缺陷都是严禁的，本条对严重影响焊缝承载能力外观质量要求列入主控项目，并给出了外观合格质量要求。由于一、二级焊缝的重要性，对表面气孔、夹渣、弧坑裂纹、电弧擦伤应有特定不允许存在的要求，咬边、未焊满、根部收缩等缺陷对动载影响很大，故一级焊缝不得存在该类缺陷。

2)一般项目

(1)对于需要进行焊前预热或焊后热处理的焊缝，其预热温度或后热温度应符国家现行有关标准的规定或通过工艺试验确定。预热区在焊道两侧，每侧宽度均应大于焊件厚度的1.5 倍以上，且不应小于100 mm；后热处理应在焊后立即进行，保温时间应根据板厚按每25 mm 板厚 1 h 确定。

检查数量：全数检查。

检验方法：检查预、后热施工记录和工艺试验报告。

说明：焊接预热可降低热影响区冷却速度，对防止焊接延迟裂纹的产生有重要作用，是各国施工焊接规范关注的重点。由于我国有关钢材焊接试验基础工作不够系统，还没有条件就焊接预热温度的确定方法提出相应的计算公式或图表，目前大多通过工艺试验确定预热温度。必须与预热温度同时规定的是该温度区距离施焊部分各方向的范围，该温度范围越大，焊接热影响区冷却速度越小，反之则冷却速度越大。同样的预热温度要求，如果温度范围不确定，其预热的效果相差很大。

焊缝后热处理主要是对焊缝进行脱氢处理，以防止冷裂纹的产生，后热处理的时机和保温时间直接影响后热处理的效果，因此应在焊后立即进行，并按板厚适当增加处理时间。

(2)二级、三级焊缝外质量标准应符合《钢结构工程施工质量验收标准》(GB 50205—2020)附录 A 中表 A.0.1 的规定。三级对接缝应按二级焊缝标准进行外观质量检验。

检查数量：每批同类构件抽查10%，且不应少于3件；被抽查构件中，每一类型焊缝按条数抽查5%，且不应少于1条；每条检查1条，总抽查数不应少于10条。

检验方法：观察检查或使用放大镜、焊缝量规和钢尺检查。

(3)焊缝尺寸允许偏差应符合《钢结构工程施工质量验收标准》(GB 50205—2020)附录 A 中表 A.0.2 的规定。

检查数量：每批同类构件抽查10%，且不应少于3件；被抽查构件中，每种焊缝按条数各抽查5%，但不应少于1条；每条检查1条，总抽查数不应少于10处。

检验方法：用焊缝量规检查。

说明：焊接时容易出现的如未焊满、咬边、电弧擦伤等缺陷对动载结构是严禁的，在二、三级焊缝中应限制在一定范围内。对接焊缝的余高、错边，部分焊透的对接与角接组合焊缝及角焊缝的焊脚尺寸、余高等外型尺寸偏差也会影响钢结构的承载能力，必须加以限制。

(4)焊出凹形的角焊缝，焊缝金属与母材间应平缓过渡；加工成凹形的角焊缝，不得在其表面留下切痕。

检查数量：每批同类构件抽查10%，且不应少于3件。

检验方法：观察检查。

说明：为了减少应力集中，提高接头疲劳载荷的能力，部分角焊缝将焊缝表面焊接或加工凹型。这类接头必须注意焊缝与母材之间的圆滑过渡。同时，在确定焊缝计算厚度时，应考虑焊缝外形尺寸的影响。

(5)焊缝感观应达到：外形均匀、成型较好，焊道与焊道、焊道与基本金属间过渡较平滑，焊渣和飞溅物基本清除干净。

检查数量：每批同类构件抽查10%，且不应少于3件；被抽查构件中，每种焊缝按数量各抽查5%，总抽查处不应少于5处。

检验方法：观察检查。

3.钢构件组装工程的验收标准

本部分适用于钢结构制作中心构件组装的质量验收。

钢构件组装工程可按钢结构制作工程检验批的划分原则划分为一个或若干个检验批。

1)焊接 H 型钢

一般项目如下。

焊接 H 型钢的翼缘板拼接缝和腹板拼接缝的间距不应小于200 mm。翼缘板拼接长度不应小于2倍板宽；腹板拼接宽度不应小于300 mm，长度不应小于600 mm。

检查数量：全数检查。

检验方法：观察和用钢尺检查。

说明：钢板的长度和宽度有限，大多需要进行拼接，由于翼缘板与腹板相连有两条角焊缝,因此翼缘板不应再设纵向拼接缝,只允许长度拼接;而腹板或腹板缝应错开 200 mm 以上,以避免焊缝交叉和焊缝缺陷的集中。

焊接 H 型钢的允许偏差应符合《钢结构工程施工质量验收标准》(GB 50205—2020)附录 C 中表 C.0.1 的规定。

检查数量:按钢构件数抽查 10%,宜不应少于 3 件。

检验方法:用钢尺、角尺、塞尺等检查。

2)组装

(1)主控项目

吊车梁和吊车桁架不应下挠。

检查数量:全数检查。

检验方法:构件直立,在两端支承后,用水准仪和钢尺检查。

说明:起拱度或不下挠度均指吊车梁安装就位后的状况,因此吊车梁在工厂制作完后,要检验其起拱度或下挠与否,应与安装就位的支承状况基本相同,即将吊车梁立放并在支承点处将梁垫高一点,以便检测或消除梁自重对拱度或挠度的影响。

(2)一般项目

①焊接连接组装的允许偏差应符合《钢结构工程施工质量验收标准》(GB 50205—2020)附录 C 中表 C.0.2 的规定。

检查数量:按构件数抽查 10%,且不应少于 3 个。

检验方法:用钢尺检验。

②顶紧触面应有 75% 以上的面积紧贴。

检查数量:按接触面的数量抽查 10%,且不少于 10 个。

检验方法:用 0.3 mm 塞入面积应小于 25%,边缘间隙不应大于 0.8 mm。

③桁架结构杆件轴线交点错位的允许偏差不得大于 3.0 mm。

检查数量:按构件数抽查 10%,且不应少于 3 个,每个抽查构件按节点数抽查 10%,且不少于 3 个节点。

检验方法:尺量检查。

3)端部铣平及安装焊缝坡口

主控项目如下。

端部铣平的允许偏差应符合表 7-13 的规定。

表 7-13　端部铣平的允许偏差　　　　　　　　　　　　　　　　　(单位:mm)

项目	允许偏差
两端铣平时构件长度	±2.0
两端铣平时零件长度	±0.5
铣平面的平面度	0.3
铣平面对轴线的垂直度	l/1500

检查数量:按铣平面数量抽查 10%,且不应少于 3 个。

检验方法：用钢尺、角尺、塞尺等检查。

4）钢构件外形尺寸

（1）主控项目

钢构件外形尺寸主控项目的允许偏差应符合表7-14的规定。

检查数量：全数检查。

检验方法：用钢尺检查。

表7-14　钢构件外形尺寸主控项目的允许偏差　　　　　　　（单位：mm）

项目	允许偏差
单层柱、梁、桁架受力支托（支承面）表面至第一安装孔距离	±1.0
多节柱铣平面至第一安装孔距离	±1.0
实腹梁两端最外侧安装孔距离	±3.0
构件连接处的截面几何尺寸	±3.0
柱、梁连接处的腹板中心线偏移	2.0
受压构件（杆件）弯曲矢高	$l/1000$，且不应大于10.0

说明：根据多年工程实践，综合考虑钢结构工程施工中钢构件部分外形尺寸的质量指标，将对工程质量决定性影响的指标，如"单层柱、梁、桁架受力支托（支承面）表面至第一个安装孔距离"等6项作为主控项目，其余指标作为一般项目。

（2）一般项目

钢构件外形尺寸一般项目的允许偏差应符合《钢结构工程施工质量验收标准》（GB 50205—2020）附录C中表C.0.3～表C.0.9的规定。

检查数量：按构件数量抽查10%，且不应少于3件。

检验方法：见《钢结构工程施工质量验收标准》（GB 50205—2020）附录C中表C.0.3～表C.0.9。

4. 单层钢结构安装工程的验收标准

本部分适用于单层钢结构的主体结构、地下钢结构、檩条及墙架等次要构件、钢平台钢梯、防护栏杆等安装工程的质量验收。

单层钢结构安装工程可按变形缝或空间刚度单元等划分成一个或若干个检验批。地下钢结构可按不同地下层划分检验批。

钢结构安装检验批应在进场验收和焊接连接、紧固件连接、制作等分项工程验收合格的基础上进行验收。

安装的测量校正、高强度螺栓安装、负温度下施工及焊接工艺等，应在安装前进行工艺试验或评定，并应在此基础上制定相应的施工工艺或方案。

安装偏差的检测，应在结构形成空间刚度单元并连接固定后进行。

安装时，必须控制屋面、楼面、平台等的施工荷载，施工荷载和冰雪荷载等严禁超过梁、桁架、楼面板、屋面板、平台铺板等的承载能力。

在形成空间刚度单元后，应及时对柱底板和基础顶面的空隙进行细石混凝土、灌浆料等二次浇灌。

吊车梁或直接承受动力荷载的梁其受拉翼缘、吊车桁架或直接承受动力荷载的桁架其受拉弦杆上不得焊接、悬挂物和卡具等。

1)基础和支承面

(1)主控项目

建筑物的定位轴线、基础轴线和标高、地脚螺栓的规格及其紧固应符合设计要求。

检查数量:按柱基数抽查10%,且不应少于3个。

检验方法:用经纬仪、水准仪、全站仪和钢尺现场实测。

说明:建筑物的定位轴线与基础的标高等直接影响到钢结构的安装质量,故应给予高度重视。

基础顶面直接作为柱的支承面和基础顶面预埋钢板或支座作为柱的支承面时,其支承面、地脚螺栓(锚栓)位置的允许偏差应符合表6-1的规定。

检查数量:按柱基数抽查10%,且不应少于3个。

检验方法:用经纬仪、水准仪、全站仪、水平尺和钢尺实测。

采用座浆垫板时,座浆垫板的允许偏差应符合表6-3的规定。

检查数量:资料全数检查。按柱基数抽查10%,且不应少于3个。

检验方法:用水准仪、全站仪、水平尺和钢尺现场实测。

说明:考虑到座浆垫板设置后不可调节的特性,所以规定其顶面标高0~3.0 mm。

采用杯口基础时,杯口尺寸的允许偏差应符合表6-4的规定。

检查数量:按基础数抽查10%,且不应少于4处。

检验方法:观察及尺量检查。

(2)一般项目

地脚螺栓(锚栓)尺寸的偏差应符合表6-5的规定。

地脚螺栓(锚栓)的螺纹应受到保护。

检查数量:按柱基数抽查10%,且不应少于3个。

检验方法:用钢尺现场实测。

2)安装和校正

(1)主控项目

钢构件应符合设计要求和《钢结构工程施工质量验收标准》(GB 50205—2020)的规定。运输、堆放和吊装等造成钢构件变形及涂层脱落,应进行矫正和修补。

检查数量:按构件数抽查10%,且不应少于3个。

检验方法:用拉线、钢尺现场实测或观察。

说明:依照全面质量管理中全过程进行质量管理的原则,钢结构安装工程质量应从原材料质量和构件质量抓起,不但要严格控制构件制作质量,而且要控制构件运输、堆放和吊装质量。采取切实可靠措施,防止构件在上述过程中变形或脱漆。如构件不慎产生变形或脱漆,应矫正或补漆后再安装。

设计要求顶紧的节点,接触面不应少于70%紧贴,且边缘最大间隙不应大于0.8 mm。

检查数量:按节点数抽查10%,且不应少于3个。

检验方法:用钢尺及0.3 mm和0.8 mm厚的塞尺现场实测。

说明：接触面顶紧与否直接影响节点荷载传递，是非常重要的。

钢屋(托)架、桁架、梁及受压杆件的垂直度和侧向弯曲矢高的允许偏差应符合表 6-15 的规定。

检查数量：按同类构件数抽查 10%，且不少于 3 个。

检验方法：用吊线、拉线、经纬仪和钢尺现场实测。

单层钢结构主体结构的整体垂直度和整体平面弯曲的允许偏差符合表 6-16 的规定。

检查数量：对主要立面全部检查。对每个所检查的立面，除两列角柱外，尚应至少选取一列是间柱。

检验方法：采用经纬仪、全站仪等测量。

(2)一般项目

钢柱等主要构件的中心线及标高基准点等标记应齐全。

检查数量：按同类构件数抽查 10%，且不应少于 3 件。

检验方法：观察检查。

说明：钢构件的定位标记(中心线和标高等标记)，对工程竣工后正确地进行定期观测，积累工程档案资料和工程的改、扩建至关重要。

当钢桁架(或梁)安装在混凝土柱上时，其支座中心对定位轴线的偏差不应大于 10 mm，当采用大型混凝土屋面板时，钢桁架(或梁)间距的偏差不应该大于 10 mm。

检查数量：按同类构件数抽查 10%，且不应少于 3 榀。

检验方法：用拉线和钢尺现场实测。

钢柱安装的允许偏差应符《钢结构工程施工质量验收标准》(GB 50205—2020)附录 E 中表 E.0.1 的规定。

检查数量：按钢柱数抽查 10%，且不应少于 3 件。

检验方法：见《钢结构工程施工质量验收标准》(GB 50205—2020)附录 E 中表 E.0.1。

钢吊车梁或直接承受动力荷载的类似构件，其安装的允许偏差应符合《钢结构工程施工质量验收标准》(GB 50205—2020)附录 E 中表 E.0.2 的规定。

检查数量：按钢吊车梁抽查 10%，且不应少于 3 榀。

检验方法：见《钢结构工程施工质量验收标准》(GB 50205—2020)附录 E 中表 E.0.2。

檩条、墙架等构件数安装的允许偏差应符合《钢结构工程施工质量验收标准》(GB 50205—2020)附录 E 中表 E.0.3 的规定。

检查数量：按同类构件数抽查 10%，且不应少于 3 件。

检验方法：见《钢结构工程施工质量验收标准》(GB 50205—2020)附录 E 中表 E.0.3。

说明：将立柱垂直度和弯曲矢高的允许偏差均加严到 H/1000，期望与现行国家标准《钢结构设计规范》(GB 50017—2017)中柱子的计算假定吻合。

钢平台、钢梯、栏杆安装应符合现行国家标准《固定式钢梯及平台安全要求》(GB 4053—2009)的规定。钢平台、钢梯和防护栏杆安装的允许偏差应符合《钢结构工程施工质量验收标准》(GB 50205—2020)附录 E 中表 E.0.4 的规定。

检查数量：按钢平台总数抽查 10%，栏杆、钢梯按总长度各抽查 10%，但钢平台不应少于 1 个，栏杆不应少于 5 m，钢梯不应少于 1 跑。

检验方法：见《钢结构工程施工质量验收标准》(GB 50205—2020)附录 E 中表 E.0.4。

现场焊缝组对间隙的允许偏差应符合表 7-15 的规定。

检查数量：按同类节点数抽查 10%，且不应少于 3 个。

检验方法：尺量检查。

表 7-15　现场焊缝组对间隙的允许偏差　　　　（单位：mm）

项目	允许偏差
无垫板间隙	+3.0；0.0
有垫板间隙	+3.0；0.0

钢结构表面应干净，结构主要表面不应有疤痕、泥沙等污垢。

检查数量：按同类构件数抽查 10%，且不应少于 3 件。

检验方法：观察检查。

说明：在钢结构安装工程中，由于构件堆放和施工现场都是露天，风吹雨淋，构件表面极易黏结泥沙、油污等脏物，不仅影响建筑物美观，而且时间长还会侵蚀涂层，造成结构锈蚀。因此，本条提出要求。

5. 多层及高层钢结构安装工程的验收标准

适用于多层及高层钢结构的主体结构、地下钢结构、檩条及墙架等次要构件、钢平台、钢梯、防护栏杆等安装工程的质量验收。

多层及高层钢结构安装工程可按楼层或施工段等划分为一个或若干个检验批。地下钢结构可按不同地下层划分检验批。

柱、梁、支撑等构件的长度尺寸应包括焊接收缩余量等变形值。

说明：多层及高层钢结构的柱与柱、主梁与柱的接头，一般用焊接方法连接，焊缝的收缩值以及荷载对柱的压缩变形，对建筑物的外形尺寸有一定的影响。因此，柱与主梁的制作长度要做如下考虑：柱要考虑荷载对柱的压缩变形值和接头焊缝的收缩变形值；梁要考虑焊缝的收缩变形值。

安装柱时，每节柱的定位轴线应从地面控制轴线直接引上，不得从下节柱的轴线引上。

说明：多层及高层钢结构每节柱的定位轴线，一定要从地面的控制轴线直接引上来。这是因为下面一节柱的柱顶位置有安装偏差，所以不得用下节柱的柱顶位置线作上节柱的定位轴线。

结构的楼层标高可按相对标高或设计标高进行控制。

说明：多层及高层钢结构安装中，建筑物的高度可以按相对标高控制，也可按设计标高控制，在安装前要先决定选用哪一种方法。

钢结构安装检验批应在进场验收和焊接连接、紧固件连接、制作等分项工程验收合格的基础上进行验收。

1）基础和支承面

（1）主控项目

建筑物的定位轴线、基础上柱的定位轴线和标高、地脚螺栓（锚栓）的规格和位置、地脚螺栓（锚栓）紧固应符合设计要求。当设计无要求时，应符合表 7-16 的规定。

检查数量：按柱基数抽查 10%，且不应少于 3 个。

检验方法：采用经纬仪、水准仪、全站仪和钢尺实测。

表 7-16 建筑物定位轴线、基础上柱的定位轴线和标高、地脚螺栓（锚栓）的允许偏差

（单位：mm）

项目	允许偏差
建筑物定位轴线	$L/20000$，且不应大于 3.0
基础上柱的定位轴线	1.0
基础上柱底标高	±2.0
地脚螺柱（锚栓）位移	2.0

多层建筑以基础顶面直接作为柱的支承面，或以基础顶面预埋钢板或支座作为柱的支承面时，其支承面、地脚螺栓（锚栓）位置的允许偏差应符合《钢结构工程施工质量验收标准》（GB 50205—2020）的规定。

检查数量：按柱基数抽查 10%，且不应少于 3 个。

检验方法：用经纬仪、水准仪、全站仪、水平尺和钢尺实测。

多层建筑采用座浆垫板时，座浆垫板的允许偏差应符合《钢结构工程施工质量验收标准》（GB 50205—2020）的规定。

检查数量：资料全数检查。按柱基数抽查 10%，且不应少于 3 个。

检验方法：用水准仪、全站仪、水平尺和钢尺实测。

当采用杯口基础时，杯口尺寸的允许偏差应符合《钢结构工程施工质量验收标准》（GB 50205—2020）的规定。

检查数量：按基础数抽查 10%，且不应少于 4 处。

检验方法：观察及尺量检查。

b. 一般项目。

地脚螺栓（锚栓）尺寸的允许偏差应符合《钢结构工程施工质量验收标准》（GB 50205—2020）的规定。地脚螺栓（锚栓）的螺纹应受保护。

检查数量：按柱基数抽查 10%，且不应少于 3 个。

检验方法：用钢尺现场实测。

2）安装和校正

（1）主控项目

钢构件应符合设计要求和规范。运输、堆放和吊装等造成的钢构件变形及涂层脱落，应进行矫正和修补。

检查数量：按构件数检查 10%，且不应少于 3 个。

检验方法：用拉线、钢尺现场实测或观察。

柱子安装的允许偏差应符合表 7-17 的规定。

检查数量：标准柱全部检查；非标准柱抽查 10%，且不应少于 3 根。

检验方法：用全站仪或经纬仪和钢尺实测。

244

表 7-17　柱子安装的允许偏差 （单位：mm）

项目	允许偏差
底层柱柱底轴线对定位轴线偏移	3.0
柱子定位轴线	1.0
单节柱的垂直度	$h/1000$，且应大于 10.0

设计要求顶紧的节点，接触面不应少于 70% 紧贴，且边缘最大间隙不应大于 0.8 mm。

检查数量：按节点数抽查 10%，且不应少于 3 个。

检验方法：用钢尺及 0.3 mm 和 0.8 mm 厚的塞尺现场实测。

钢主梁、次梁及受压杆件的垂直度和侧向弯曲矢高的允许偏差应符合《钢结构工程施工质量验收标准》（GB 50205—2020）中有关钢屋（托）架允许偏差的规定。

检查数量：按同类构件数抽查 10%，且不应少于 3 个。

检验方法：用吊线、拉线、经纬仪和钢尺现场实测。

多层及高层钢结构主体结构的整体垂直度和整体平面弯曲矢高的允许偏差符合表 6-18 的规定。

检查数量：对主要立面全部检查。对每个所检查的立面，除两列角柱外，尚应至少选取一列中间柱。

检验方法：对于整体垂直度，可采用经纬仪、全站仪测量，也可根据各节柱的垂直度允许偏差累计（代数和）计算。对于整体平面弯曲，可按产生的允许偏差累计（代数和）计算。

（2）一般项目

钢结构表面应干净，结构主要表面不应有疤痕、泥沙等污垢。

检查数量：按同类构件数抽查 10%，且不应少于 3 件。

检验方法：观察检查。

钢柱等主要构件的中心线及高基准点等标记应齐全。

检查数量：按同类构件数抽查 10%，且不应少于 3 件。

检验方法：观察检查。

钢构件安装的允许偏差应符合《钢结构工程施工质量验收标准》（GB 50205—2020）附录 E 中表 E.0.5 的规定。

检查数量：按同类构件或节点数抽查 10%。其中柱和梁各不应少于 3 件，主梁与次梁连接节点不应少于 3 个，支承压型金属板的钢梁长度不应少于 5 mm。

检验方法：见《钢结构工程施工质量验收标准》（GB 50205—2020）附录 E 中表 E.0.5。

主体结构总高度的允许偏差应符合《钢结构工程施工质量验收标准》（GB 50205—2020）附录 E 中表 E.0.6 的规定。

检查数量：按标准柱列数抽查 10%，且不应少于 4 例。

检验方法：采用全站仪、水准仪和钢尺实测。

当钢构件安装在混凝土柱上时，其支座中心对定位轴线的偏差不应大于 10 mm；当采用大型混凝土屋面板时，钢梁（或桁架）间距的偏差不应大于 10 mm。

检查数量：按同类构件数抽查 10%，且不应少于 3 榀。

检验方法：用拉线和钢尺现场实测。

多层及高层钢结构中钢吊车梁或直接承受动力荷载的类似构件，其安装的允许偏差应符合《钢结构工程施工质量验收标准》（GB 50205—2020）附录 E.0.2 的规定。

检查数量：按钢吊车梁数抽查 10%，且不应少于 3 榀。

检验方法：见 GB50205—2020 附录 E.0.2。

多层及高层钢结构中檩条、墙架等次要构件安装的允许偏差应符合《钢结构工程施工质量验收标准》（GB 50205—2020）附录 E.0.3 的规定。

多层及高层钢结构中钢平台、钢梯、栏杆安装应符合现行国家标准《固定式钢梯及平台安全要求》（GB 4053—2009）的规定。钢平台、钢梯和防护栏杆安装的允许偏差应符合《钢结构工程施工质量验收标准》（GB 50205—2020）附录 E 中表 E.0.4 的规定。

检查数量：按钢平台总数抽查 10%，栏杆、钢梯按总长度各抽查 10%，但钢平台不应少于 1 个，栏杆不应少于 5 mm，钢梯不应少于 1 跑。

检验方法：见《钢结构工程施工质量验收标准》（GB 50205—2020）附录 E 中表 E.0.4。

多层及高层多结构中现场焊缝组对间隙的允许偏差应符合《钢结构工程施工质量验收标准》（GB 50205—2020）的规定。

检查数量：按同类节点数抽查 10%，且不应少于 3 个。

检验方法：尺量检查。

6. 压型金属板工程的验收标准

适用于压型金属板的施工现场制作和安装工程质量验收。

压型金属板的制作和安装工程可按变形缝、楼层、施工段或屋面、墙面、楼面等划分为一个或若干个检验批。

压型金属板安装应在钢结构安装工程检验批质量合格后进行。

压型金属制作

(1)压型金属板成型后，其基板不应有裂纹。

检查数量：按计件数抽查 5%，且不应少于 10 件。

检验方法：观察和用 10 倍放大镜检查。

说明：压型金属板的成型过程，实际上也是对基板加工性能的再次评定，必须在成型后，用肉眼和 10 倍放大镜检查。

(2)有涂层、镀层压型金属板成型后，涂、镀层不应有肉眼可见的裂纹、剥落和擦痕等缺陷。

检查数量：按计件数抽查 5%，且不应少于 10 件。

检验方法：观察检查。

说明：压型金属板主要用于建筑物的维护结构，兼结构功能与建筑功能于一体，尤其对于表面有涂层时，涂层的完整与否直接影响压型金属板的使用寿命。

7. 钢结构涂装工程的验收标准

适用于钢结构的防腐涂料（油漆类）涂装和防火涂料涂装工程的施工质量验收。

钢结构涂装工程可按钢结构制作或钢结构安装工程检验批的划分原则划分成一个或若干个检验批。

钢结构普通涂料涂装工程应在钢结构构件组装、预拼装或钢结构安装工程检验的施工质量验收合格后进行。

涂装时的环境温度和相对湿度应符合涂料产品说明书的要求,当产品说明书无要求时,环境温度宜在5~38℃之间,相对湿度不应大于85%。涂装时构件表面不应有结露;涂装后4 h内应保护免受雨淋。

说明:本条规定涂装时的温度以5~38℃为宜,但这个规定只适合在室内无阳光直接照射的情况,一般来说钢材表面温度要比气温高2~3℃。如果在阳光直接照射下,钢材表面温度能比气温高8~9℃,涂装时漆膜的耐热性只能在40℃以下,当超过43℃时,钢材表面上涂装的漆膜就容易产生气泡而局部鼓起,使附着力降低。低于0℃时,在室外钢材表面涂装容易使漆膜冻结而不易固化;湿度超过85%时,钢材表面有露点凝结,漆膜附着力差。最佳涂装时间是当日出3 h之后,这时附在钢材表面的露点基本干燥,日落后3 h之内停止(室内作业不限),此时空气中的相对湿度尚未回升,钢材表面尚存的温度不会导致露点形成。涂层在4 h之内,漆膜表面尚未固化,容易被雨水冲坏,故规定在4 h之内不得淋雨。

1)主控项目

(1)涂装前钢材表面除锈应符合设计要求和国家现行有关标准和规定。处理后的钢材表面不应有焊渣、焊疤、灰尘、油污、水和毛刺等。当设计无要求时,钢材表面除锈等级应符合表7-18的规定。

检查数量:按构件数量抽查10%,且同类构件不应少于3件。

检验方法:用铲刀检查和用现行国家标准《涂装前钢材表面锈蚀等级和除锈等级》(GB 8923—2011)规定的图片对照观察检查。

表7-18　各种底漆或防锈漆要求最低的除锈等级

涂料品种	除锈等级
油性酚醛、醇酸等底漆或防锈漆	St2
高氯化聚乙烯、氯化橡胶、氯磺化聚乙烯、环氧树脂、聚氨酯等底漆或防锈漆	Sa2
无机富锌、有机硅、过氯乙烯等底漆	Sa2

说明:目前国内各大、中型钢结构加工企业一般都具备喷射除锈的能力,所以应将喷射除锈作为首选的除锈方法,而手工和动力工具除锈仅作为喷射除锈的补充手段。

(2)漆料、涂装遍数、涂层厚度均应符合设计要求。当设计对涂层厚度无要求时,涂层干漆膜总厚度:室外应为150 μm,室内应为125 μm,其允许偏差-25 μm。每遍涂层干漆膜厚度的允许偏差-5 μm。

检查数量:按构件数抽查10%,且同类构件不应少于3件。

检验方法:用干漆膜测量厚仪检查。每个构件检测5处,每处的数值为3个相距50 mm测点涂层干漆膜厚度的平均值。

2)一般项目

(1)构件表面不应误漆、漏涂,涂层不应脱皮和返锈等。涂层应均匀、无明显皱皮、流坠、针眼和气泡等。

检查数量:全数检查。

检验方法：观察检查。

说明：在涂装后的钢材表面施焊，焊缝的根部会出现密集气孔，影响焊缝质量。误涂后，用火焰吹烧或用焊条引弧吹烧都不能彻底清除油漆，焊缝根部仍然会有孔产生。

(2)当钢结构处在有腐蚀介质环境或外露且设计有要求时，应进行涂层附着力测试，在检测处范围内，当涂层完整程度达到70%以上时，涂层附着力达到合格质量标准的要求。

检查数量：按构件数抽查10%，且不应少于3件，每件测3处。

检验方法：按照现行国家标准《漆膜附着力测定法》(GB/T 1720—1989)或《色漆和清漆、漆膜的划格试验》(GB/T 9286—1998)执行。

说明：涂层附着力是反映涂装质量的综合性指标，其测试方法简单易行，故增加该项检查以便综合评价整个涂装工程质量。

(3)涂装完成后，构件的标志、标记和编号应清晰完整。

检查数量：全数检查。

检验方法：观察检查。

说明：对于安装单位来说，构件的标志、标记和编号(对于重大构件应标注重量和起吊位置)是构件安装的重要依据，故要求全数检查。

7.3.4 钢结构工程竣工验收资料

质量控制资料应完整，核查和归纳各检验批的验收记录资料，查对其是否完整；检验批验收时，应具备的资料应准确完整才能验收；注意核对各种资料的内容、数据及验收人员的签字是否规范；钢结构工程竣工验收时，应提供下列文件和记录。

(1)钢结构工程竣工图纸及相关设计文件；

(2)施工现场质量管理检查记录；

(3)有关安全及功能的检验和见证检测项目检查记录；

(4)有关观感质量检验项目检查记录；

(5)分部工程所含各分项目工程质量验收记录；

(6)分项工程所含各检验批质量验收记录；

(7)强制性条文检验项目检查记录及证明文件；

(8)隐蔽工程检验项目检查验收记录；

(9)原材料、成品质量合格证明文件、中文标志及性能检测报告；

(10)不合格项的处理记录及验收记录；

(11)重大质量、技术问题实施及验收记录；

(12)其他有关文件和记录。

任务7.4　钢结构工程施工质量验收中质量问题的处理

当钢结构工程质量不符合规范规定的合格质量标准时，应按下列规定进行处理：

(1)经返工重做或更换材料、构件、成品等的检验批，应重新进行验收；

(2)经有资质的检测单位检测鉴定，能够达到设计要求或规范规定的合格质量标准的检验批，应予以验收；达不到设计要求，但经原设计单位核算认可，能够满足结构安全和使用

功能的检验批,可予以验收;

(3)经返修或加固处理的分项、分部工程,虽然改变外形尺寸但仍然满足安全使用要求,可按处理技术方案和协商文件进行二次验收;

(4)通过返修或加固处理仍不能满足安全使用要求的,严禁验收。

能力训练题

1.钢结构工程竣工验收资料有哪些?

2.钢结构原材料的验收标准是什么?

3.钢结构各分项、分部工程的验收标准是什么?

实训项目七　钢结构工程施工质量验收

钢结构工程施工质量验收职业活动实习内容、教学设计实训项目详见表7-19。

表7-19　钢结构工程施工质量验收职业活动实训教学设计项目卡

项目	实训场所:校外实训基地		学期:　　　日期:		
工程质量验收	计划学时:2学时		班级:		
教学目标	能力目标	能进行钢结构构件加工和安装施工的质量验收			
	知识目标	钢结构构件加工和安装施工质量验收			
教学重点难点	加工质量验收要点;施工质量验收知识				
设计思路	在教师的引导和讲解钢结构工程施工质量验收内容下,让学生观看钢结构工程施工质量验收录像,使学生掌握钢结构施工质量验收知识				
序号	工作任务	教学设计与实施			参考学时
		课程内容和要求	活动设计		
1	验收记录	熟悉工程质量验收记录表	活动:学习钢结构质量验收记录		
2	验收标准	掌握原材料和分项工程的验收标准	活动:学习原材料和分项工程质量验收标准		2
3	验收活动	掌握施工现场检测方案的编制,实操原材料和分项工程质量验收	活动1:现场质量检测方案的编制 活动2:钢结构连接质量验收 活动3:构件安装施工质量验收		
4	学时总计				2
课前回顾	钢结构的典型过程应用特点				
教学引入	通过观看结构工程施工质量验收录像、图片,引入钢结构工程质量验收的内容				
实训小结	根据本次实训写一篇心得体会				
课外训练	到钢结构加工厂、钢结构施工场地等参观钢结构工程质量验收过程				

项目八　钢结构识图

【知识目标】

1. 熟悉钢结构施工图的基本组成部分;

2. 熟悉钢结构施工图的基本内容;

3. 掌握钢结构施工图中图示符号的名称,看图方法和步骤。

【能力目标】

1. 能识读钢结构施工图;

2. 能绘制钢结构施工图。

【素质目标】

1. 培养学生的团队协作意识;

2. 培养学生的职业道德;

3. 培养学生的严谨科学态度。

任务8.1　钢结构工程施工图的基本概念

钢结构施工图与其他建筑施工图一样,由于专业的分工不同,分为建筑施工图(简称建施)、结构施工图(简称结施)和设备施工图。

一套完整的钢结构工程施工图也是按专业顺序编排,由图纸目录、设计施工总说明、建筑施工图、结构施工图、设备施工图等组成。其中,各专业的图纸应按图纸内容的主次关系、逻辑关系,并且遵循"先整体,后局部"以及施工的先后顺序进行排列。图纸编号通常称为图号,其编号方法一般是将专业施工图的简称和排列序号组合在一起,如建施-1、结施-1等。

图纸目录中应包括建设单位名称、工程名称、图纸的类别及设计编号、各类图纸的图号、图名及图幅的大小等。

8.1.1　钢结构工程施工图

钢结构工程的建造一般需经过设计和施工两个过程。设计工作一般又分为两个阶段:初步设计和施工图设计。对一些技术上复杂而又缺乏设计经验的工程,还需增加技术设计(又称扩大初步设计)。

初步设计　设计人员根据设计单位的要求,收集资料、调查研究,经过多方案比较做出初步方案图。初步设计的内容包括平面布置图,建筑平、立、剖面图,设计说明,相关技术和经济指标等。初步方案图需按一定比例绘制,并送交有关部门审批。

技术设计　在已审定的初步设计方案的基础上,进一步解决构件的选型、布置、各工种之间的配合等技术问题,统一各工种之间的矛盾,进行深入的技术分析以及必要的数据处理等。绘制出技术设计图,大型、重要建筑的技术设计图也应报相关部门审批。

施工图设计　施工图设计主要是将已经批准的技术设计图按照施工的要求予以具体化。为施工安装,施工预算编制,材料安排、设备和非标准构配件的制作提供完整、正确的图纸依据。

1.建筑施工图

建筑施工图一般包括施工总说明(有时包括结构总说明)、总平面图、门窗表、建筑平、立、剖面图和构件详图等图纸。

施工总说明主要包括工程概况、设计依据、施工要求等,还包括对图样上未能详细注写的用料和做法等要求做出具体的文字说明。中小型建筑的施工总说明一般放在建筑施工图内。

建筑总平面图也称为总图,它是整套施工图中领先的图纸。它是说明建筑物所在的地理位置和周围环境的平面图。建筑总平面图是表明新建筑物所在基地有关范围内的总体布局,它反映新建筑物、构筑物等位置和朝向,室外场地、道路、绿化等的布置,地形、地貌、标高以及原有环境的关系和临街情况等;也是建筑物及其他设施施工定位、土方施工以及绘制水、暖、电等管线总平面图和施工总平面图的依据。

建筑总平面图一般包括以下几个方面:

(1)图名、比例。

(2)应用图例来表明新建区、扩建区或改建区的总体布置,表明各建筑物和构筑物的位置,道路、广场、室外场地和绿化等的布置情况以及各建筑物的层数等。

(3)确定新建或扩建工程的具体位置,一般根据原有建筑或道路来定位,并以 m 为单位标注出定位尺寸。当新建成片的建筑物和构筑物或较大的公共建筑或厂房时,往往用坐标来确定每一建筑物及道路转折点等的位置。在地势起伏较大的地区,还应画出地形等高线。

(4)注明新建筑物、构筑物底层室内地面和室外整平地面的绝对坐标。

(5)画上风向频率玫瑰图及指北针,来表示该地区的常年风向频率和建筑物、构筑物等的朝向,有时也可只画单独的指北针。

建筑部分的施工图主要是说明建筑物、构筑物建筑构造的图纸,简称为建筑施工图,在图框中以"建施××图"标志,以区别其他类图纸。建筑施工图主要将建筑物的造型、规模、外形尺寸、细部构造、建筑装饰和建筑艺术表示出来。它包括建筑平面图、立面图、剖面图和建筑构造的大样图,还要注明采用的建筑材料和做法要求等。

建筑施工图是在确定了建筑平面图、立面图、剖面图初步设计的基础上绘制的,它必须满足施工的要求。建筑施工图是表示建筑物的总体布局、外部造型、内部布置、细部构造、内外装饰以及一些固定设施和施工要求的图样,它所表达的建筑构配件、材料、轴线、尺寸和固定设施等,必须与结构、设备施工图取得一致,并互相配合与协调。总之,建筑施工图主要用来作为施工放线,砌筑基础及墙身,铺设楼板、楼梯、屋面,安装门窗,室内外装饰以及编制预算和施工组织计划等的依据。

2.钢结构施工图

钢结构施工图部分是说明建筑物基础和主体部分的结构构造和要求的图纸。是以图形和必要的文字、表格描述结构设计结果,是加工、制造构件和结构安装的主要依据。它包括结构类型、结构尺寸、结构标高、使用材料和技术要求以及结构构件的详图。这类图纸在图标上的图号区内常写为"结施××图"。一般有基础图(含基础详图)、上部结构的布置图和结构详图等。主要包括结构设计总说明、基础平面图、基础详图、柱网布置图、支撑布置图、各层(包括屋面)结构平面图、框架图、楼梯(雨篷)图、构件及钢结构节点详图等。

结构施工图主要表达结构设计的内容,它是表示建筑物各承重构件(如基础、墙、柱、梁、板、屋架等)布置、形状、大小、材料、构造及其相互关系的图样。它还要反映出其他专业(如建筑、给排水、暖通、电气等)对结构的要求。结构施工图主要用来作为施工放线、挖基槽、支模板、绑扎钢筋、设置预埋件和预留孔洞、浇捣混凝土板,安装钢结构梁、柱等构件以及编制预算和施工组织设计等的依据。

钢结构的施工图数量与工程大小和结构复杂程度有关,一般十几张至几十张。结构施工图的图幅大小、比例、线型、图例、图框以及标注方法等要依据《房屋建筑制图统一标准》(GB/T 50001—2010)和《建筑结构制图标准》(GB/T 50105—2010)进行绘制,以保证制图质量,符合设计、施工和存档的要求。图面要清晰、简明,布局合理,看图方便。具体内容详见案例。

另外还有设备施工图,包括电气设备施工图、给水和排水施工图、采暖和通风空调施工图等。

8.1.2 施工图的编排顺序

一项工程中各工种图纸的编排一般是全局性图纸在前,说明局部的图纸在后;先施工的在前,后施工的在后;重要的图纸在前,次要的图纸在后。一般顺序为是图纸目录、设计总说明、总平面图、建筑施工图、结构施工图、设备施工图(其顺序为水、电、暖)。

(1)图纸目录:包括图纸的目录、类别、名称与图号等,目的是便于查找图纸。

(2)设计总说明:包括设计依据,工程的设计规模和建筑面积,工程的用料说明,相对标高与绝对标高的关系,门窗表等。

(3)建筑施工图:主要表示建筑的总体布局,包括总平面图、平面图、立面图、剖面图、构造详图等。

(4)结构施工图:包括结构平面布置图和构件的详图等。

(5)设备施工图:包括给水排水、采暖通风、电气等设备的布置平面图和详图等。

8.1.3 识图方法与步骤

1.识图的方法

识图的方法一般是先要弄清是什么图纸,要根据图纸的特点来看。将识图经验归结为:从上往下看、从左往右看、从外往里看、由大到小看、由粗到细看,图样与说明对照看,建施结施结合看。必要时还要把设备图参照看,这样才能得到较好的效果。

2.识图的步骤

初步识图 拿到图纸后,一般接以下步骤来识图。先把目录看一遍,了解是什么类型的建筑,是工业厂房还是民用房屋,建筑面积有多大,是单层、多层还是高层,是哪个建设单位、哪个设计单位,图纸共有多少张等。这样对这份图纸的建筑类型就有了一点初步认识。

准备识图 按照图纸目录检查各类图纸是否齐全,图纸编号与图名是否相符合。如采用相配套的标准图,则要看标准图是哪一类的,图集的编号和编制单位。然后把它们准备好放在手边以便随时查看。在图纸齐全后就可以按图纸顺序看图了。

详细识图　识图程序是先看设计总说明，以了解建筑概况、技术要求等，然后再进行看图。一般按目录的排列逐张往下看，如先看建筑总平面图，了解建筑物的地理位置、高程、坐标、朝向以及与建筑物有关的一些情况。作为施工技术人员，看过建筑总平面图以后，就需要进一步考虑施工时如何进行施工的平面布置。看完建筑总平面图之后，一般先看施工图中的平面图，从而了解建筑物的长度、宽度、开间尺寸、开间大小、内部一般的布局等。看了平面图之后可再看立面图和剖面图，从而对建筑物有一个总体的了解。最好是通过看这三种图之后，能在头脑中形成这栋建筑物的立体形象，能想象出它的规模和轮廓。这就需要运用自己的生产实践经验和想象能力了。

反复识图　在对建筑、结构、水、电设备的大致了解之后，回过头来可以根据施工程序的先后，从基础施工图开始深入看图。先从基础平面图、剖面图了解挖土的深度，基础的构造、尺寸、轴线位置等开始仔细看图。按照基础→钢结构→建筑→结构设施(包括各类详图)这个施工程序进行看图，遇到问题可以记下来，以便在继续看图中进行解决，或到设计交底时再提出并得到答复。在看基础施工图时，还应结合看地质勘探图，了解土质情况，以便施工中核对土质构造，保证地基土的质量。在图纸全部看完之后，可按不同工种有关部分进行施工，将图纸再细读。

任务8.2　钢结构制图标准

8.2.1　图纸幅面与比例

1.图纸的幅面

图纸的幅面是指图纸尺寸规格的大小，图纸幅面及图框尺寸应符合表8-1的规定。一般A0—A3图纸宜横式使用，必要时也可立式使用。如果图纸幅面不够，可将图纸长边加长，短边不得加长。在一套图纸中应尽可能采用同一规格的幅面，不宜多于两种幅面(图纸目录可用A4幅面除外)。

表8-1　图纸幅面及图框尺寸　　(单位：mm×mm)

幅面	A0	A1	A2	A3	A4
尺寸 $b×l$	841×1189	594×841	420×594	297×420	210×297

2.图样的比例

图样的比例，应为图形与实物相对应的线性尺寸之比。比例的大小，是指其比值的大小，如1:50大于1:1000。比值大于1的比例，称为放大的比例，如5:1；比值小于1的比例称为缩小的比例，如1:1000建筑工程图中所用的比例。绘图应根据图样的用途与被绘对象的复杂程度从表8-2中选用，并应优先选用表中的常用比例。

表 8-2　图纸常用比例

图名	常用比例
总平面图	1：300　1：500　1：1000　1：2000
总图专业的场地断面图	1：100　1：200　1：1000　1：2000
建筑平面图、立面图、剖面图	1：50　1：100　1：150　1：200　1：300
配件及构造详图	1：1　1：2　1：5　1：10　1：15　1：20　1：25　1：30　1：50

图纸上图形应按比例绘制，一般情况下，建筑布置的平、立、剖面采用 1：100，1：200；构件图用 1：50；节点图用 1：10，1：15，1：20，1：25。图形宜选用同一种比例，几何中心线用较小比例，截面用较大比例。图名一般在图形下面写明，并在图名下绘一粗与一细实线来显示，一般比例注写在图名的右侧。当一张图纸上用一种比例时，也可以只标在图标内图名的下面。标注详图的比例，一般都写在详图索引标志的右下角。

8.2.2　常用符号

1. 标高

标高是表示建筑物的地面或某一部位的高度。在图纸上标高尺寸的注法都是以米为单位的。一般标注到小数点后三位，在总平面图上只要注写到小数点后两位就可以了。总平面图上的标高用全部涂黑的三角表示。

在建筑施工图纸上用绝对标高和建筑标高两种方法表示不同的相对高度。它们的标高符号见图 8-1。

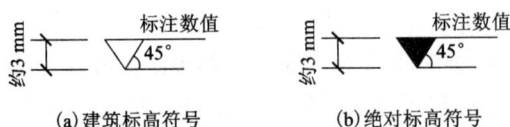

(a)建筑标高符号　　　　(b)绝对标高符号

图 8-1　标高符号

绝对标高：是以海平面高度为 0 点(我国以青岛黄海海平面为基准)，图纸上某处所注的绝对标高的高度，就是说明该图面上某处的高度比海平面高出的距离。绝对标高一般只用在总平面图上，以标志新建筑处地面的高度。有时在建筑施工图的首层平面也有注写，例如标注方法▼50.00，表示该建筑的首层地面比黄海海面高出 50 m，绝对标高的图式是黑色三角形。

建筑标高：除总平面图外，其他施工图上用来表示建筑物各部位的高度，都是以该建筑物的首层(即底层)室内地面高度作为 0 点(写作±0.000)来计算的。比 0 点高的部位称为正标高，如比 0 点高出 3 m 的地方，标成▽^{3.000}，而数字前面不加"+"号。反之比 0 点低的地方，如室外散水低 45 cm，标成▽^{-0.450}，在数字前面加上了"-"号。

2. 指北针与风玫瑰图

在总平面图及首层的建筑平面图上，一般都绘有指北针，表示该建筑物的朝向。提北针的形式见图8-2。圆的直径为8~20 mm。主要的画法是在尖头处要注明"北"字。如为对外设计的图纸则用"N"表示北字。

风玫瑰图是总平面图上用来表示该地区每年风向频率的标志。它是以十字坐标定出东、南、西、北、东南、东北、西南、西北等16个方向后，根据该地区多年平均统计的各个方向吹风次数的百分数值绘成的折线图，称为风频率玫瑰图。风玫瑰的形状见图8-3，此风玫瑰说明该地多年平均的最频风向是西北风。虚线表示夏季的主导风向。

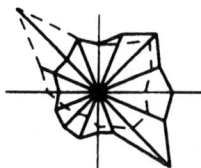

图8-2 指北针

图8-3 风玫瑰

3.定位轴线和编号

定位轴线及编号圆圈以细实线绘制，圆的直径为8~10 mm。平面及纵横剖面布置图的定位轴线及编号应以设计图为准，横为列，竖为行。纵横轴线分别以数字和大写字母表示。

4.构件及截面表示符号

为了说明使用型钢的类型、型号用型钢的符号来表示，在项目3中将详细介绍。

构件的符号是为了书写的简便，在结构施工图中，构件中的梁、柱、板等一般用构件汉语拼音首字母代表构件名称，常见的构件代号见表8-3。

5.符号

(1)索引标志符号。图样中的某一局部或构件需另见详图时，以索引符号索引，如图8-4所示。索引符号用圆圈表示，圆圈的直径一般为8~10 mm。索引标志的表示方法有以下几种：所索引的详图，如在本张图纸上，其表示方法见图8-4(a)，所索引的详图，如不在本张图纸上，其表示方法见图8-4(b)；所索引的详图，如采用详图标准，其表示方法见图8-4(c)。索引符号用于索引剖视详图时，在被剖切的部位绘制剖切位置线，并用引出线引出索引符号，引出线所在一侧表示剖视方向，如图8-4(d)所示。

(2)对称符号。施工图中的对称符号由对称线和两对平行线组成。对称线用细点划线表示，平行线用实线表示。平行线长度为6~10 mm，每对平行线的间距为2~3 mm，对称线垂直平分于两对平行线，两端超出平行线2~3 mm，如图8-5所示。

(3)剖切符号是剖切符号图形，只表示剖切处的截面形状，并以粗线绘制。

表8-3 常见构件代号

序号	名称	代号	序号	名称	代号	序号	名称	代号
1	板	B	15	吊车梁	DL	29	基础	J
2	屋面板	WB	16	圈梁	QL	30	设备基础	SJ
3	空心板	KB	17	过梁	GL	31	桩	ZH

序号	名称	代号	序号	名称	代号	序号	名称	代号
4	槽型板	CB	18	连系梁	LL	32	柱间支撑	ZC
5	折板	ZB	19	基础梁	JL	33	垂宜支撑	CC
6	密肋板	MB	20	楼梯梁	TL	34	水平支撑	SC
7	楼梯板	TB	21	檩条	LT	35	梯	T
8	盖板或地沟盖板	GB	22	屋架	WJ	36	雨篷	YP
9	檐口板或挡雨板	YB	23	托架	TJ	37	阳台	YT
10	吊车安全走道板	DB	24	天窗架	CJ	38	梁垫	LD
11	墙板	QB	25	框架	KJ	39	预埋件	M
12	天沟板	TGB	26	刚架	GJ	40	天窗端壁	TD
13	梁	L	27	支架	ZJ	41	钢筋网	W
14	屋面梁	WL	28	柱	Z	42	钢筋骨架	G

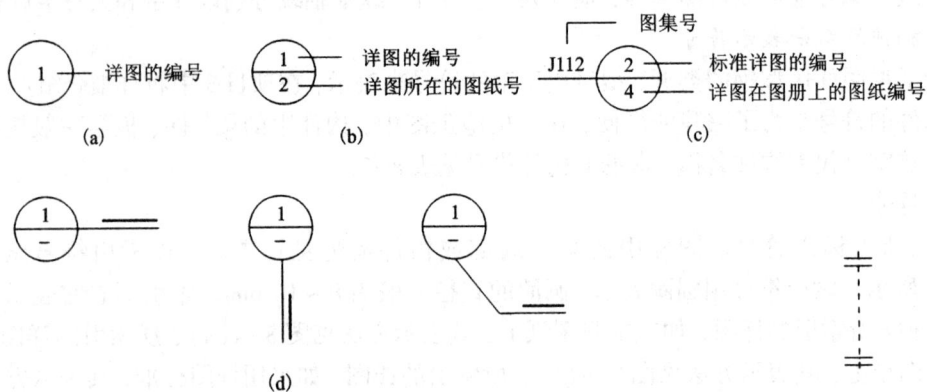

(a) — 详图的编号
(b) — 详图的编号 / 详图所在的图纸号
(c) 图集号 J112 — 标准详图的编号 / 详图在图册上的图纸编号
(d)

图 8-4　详图索引

图 8-5　对称符号

任务8.3　焊缝及螺栓的表示方法

8.3.1　螺栓、孔、电焊铆钉的表示方法

螺栓、孔、电焊铆钉的表示方法见表8-4。

表8-4 螺栓、孔、电焊铆钉的表示方法

序号	名称	图例	序号	名称	图例
1	永久螺栓	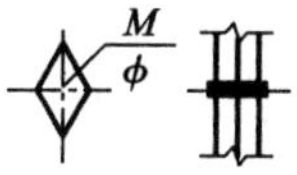	4	圆形螺栓孔	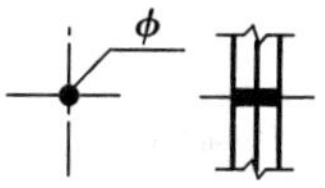
2	高强度螺栓	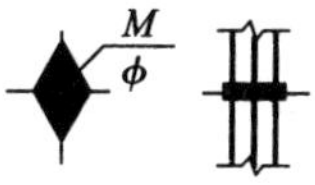	5	长圆形螺栓孔	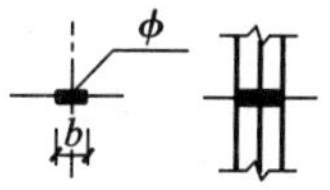
3	安装螺栓	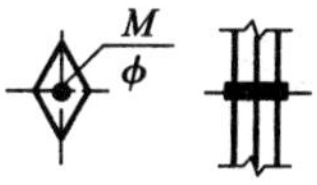	6	电焊铆钉	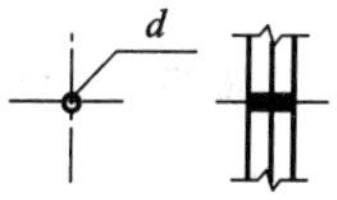

注：(1)细"+"表示定位线；(2)M表示螺栓型号；(3)ϕ表示螺栓孔直径；(4)采用引出线表示螺栓时，横线上标注螺栓规格，横线下标注螺栓孔规格。

8.3.2 焊缝的表示方法

1.焊缝的基本符号

常用的13种基本符号分别为：(1)角焊缝 ⊿；(2)I形焊缝 ‖；(3)V形焊缝 ⋁；(4)单边V形焊缝 ⋁；(5)带钝边V形焊缝 ⋎；(6)带钝边单边V形焊缝 ⋎；(7)带钝边U形焊缝 ⋎；(8)带钝边J形焊缝 ⋼；(9)封底焊缝 ▽；(10)塞焊缝或槽焊缝 ⊓；(11)点焊缝 ○；(12)平面连接(钎焊) ＝；(13)缝焊缝 ⊕。

组合符号有：双面V焊缝(X焊缝)X、双面单V形焊缝(K焊缝)K、带钝边双面V形焊缝X、带钝边双面单V形焊缝K、带钝边双面U形焊缝X。

2.常用焊缝的标注方法

常见焊缝的标注方法见表8-5。

表8-5 常见焊缝的标注方法

焊缝名称	形式	标准标注方法
I形焊缝	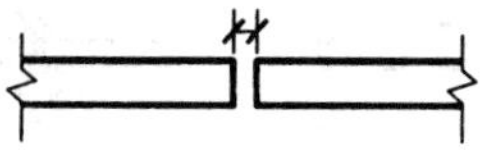	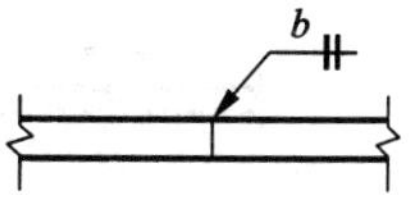
单边V形焊缝	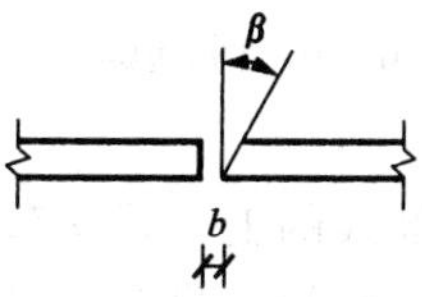	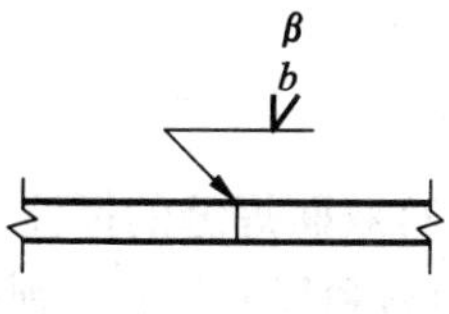

焊缝名称	形式	标准标注方法
带钝边单边 V 形焊缝		
带垫板 V 形焊缝		
Y 形焊缝		

焊接钢结构的焊缝除应按现行的国家标准《焊接符号表示法》(GB/T 324—2008)中的规定外,还应符合下列各项规定:

(1)单面焊缝的标注方法当引出线的箭头指向对应焊缝所在的一面时,应将焊缝符号和尺寸标注在基准线的上方,如图8-6(a)所示;当箭头指向对应焊缝所在的另一面时,应将焊缝符号和尺寸标注在基准线的下方,如图8-6(b)所示。

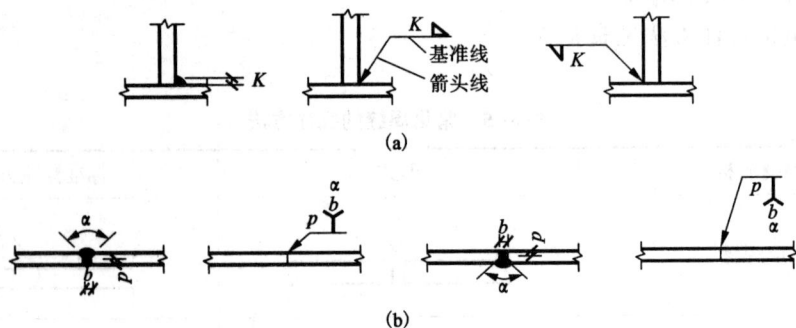

(a)

(b)

图8-6 单面焊缝的标注方法

(2)双面焊缝的标注方法应在基准线的上、下方都进行标注,上方表示箭头指向一面的焊缝符号和尺寸,下方则表示另一面的焊缝符号和尺寸,当两面焊缝的尺寸相同时,只需在基准线上方标注,如图8-7所示。

(3)三个及三个以上的焊缝不得作为双面焊缝标注,应逐一标注各焊缝的符号和尺寸,如图8-8所示。

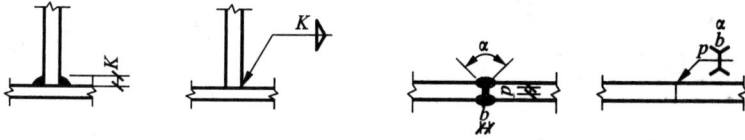

图8-7　双面焊缝的标注方法

（4）两焊件对接焊，且为单面带双边不对称坡口焊缝时，引出线箭头必须指向坡口较大的焊件，若$\alpha_1 > \alpha_2$，如图8-9所示；若只有一焊件带坡口时，引出线箭头必须指向带坡口的焊件，如图8-10所示。

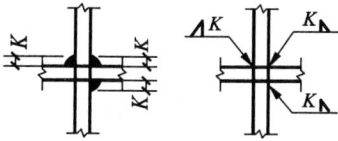

图8-8　三个以上焊缝的标注方法

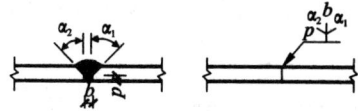

图8-9　不对称坡口焊缝的标注方法

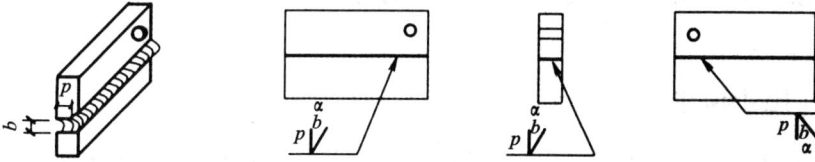

图8-10　一个焊件带坡口焊缝的标注方法

（5）断续焊缝，在标注焊缝符号的同时，应在焊缝处沿焊缝方向加中实线（表示可见焊缝），或垂直方向加细线（表示可不见焊缝），如图8-11所示。

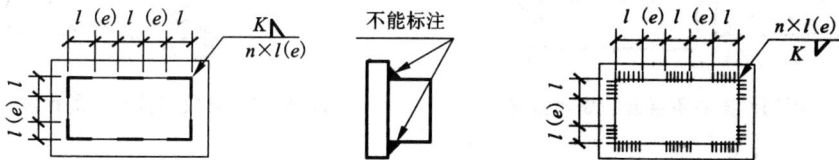

图8-11　不规则等长焊缝的标注方法

（6）相同焊缝符号应按下列方法表示

①在同一图形上，当焊缝形式、断面尺寸和辅助要求均相同时，可只选择一处标注焊缝的符号和尺寸，并加注"相同焊缝符号"，相同焊缝符号为2/3圆弧，绘在引出线的转角处，如图8-12（a）所示。

图8-12 同类焊缝的标注方法

图8-13 现场焊缝的标注方法

②在同一图形上，当有数种相同焊缝时，不同类焊缝采用 A、B、C…进行分类编号，在同一类焊缝中可选择一处标注焊缝的符号和尺寸，如图8-12(b)所示。

(7)现场焊缝按如图8-13所示标注。

(8)较长的角焊缝按如图8-14所示标注。

(9)局部焊缝按如图8-15所示标注。

(10)熔透角焊缝按如图8-16所示标注。

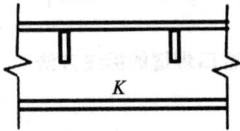

图8-14 较长角焊缝的标注方法

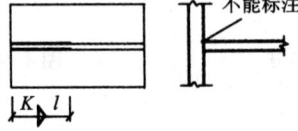

图8-15 局部焊缝的标注方法

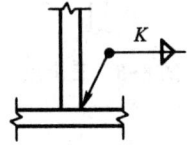

图8-16 熔透角焊缝的标注方法

8.3.3 尺寸标注

(1)两构件的两条很近的重心线，应在交汇处将其各自向外错开，如图8-17所示。

(2)弯曲构件的尺寸应沿其弧度的曲线标注弧的轴线长度，如图8-18所示。

(3)切割的板材，应标注各线段的长度及位置，如图8-19所示。

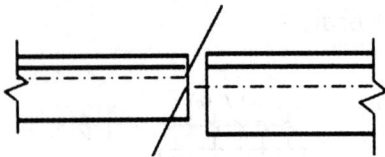

图8-17 两构件重心不重合的表示方法

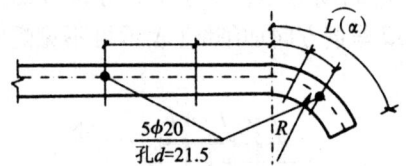

图8-18 弯曲构件尺寸的标注方法

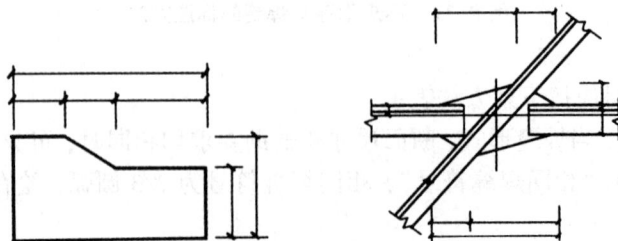

图8-19 切割板材尺寸的标注方法

（4）不等边角钢构件，必须标注出角钢一肢的尺寸，如图 8-20 所示。

（5）节点尺寸，应注明节点板的尺寸和各杆件螺栓孔中心或中心距，以及杆件端部至几何中心线交点的距离，如图 8-21 所示。

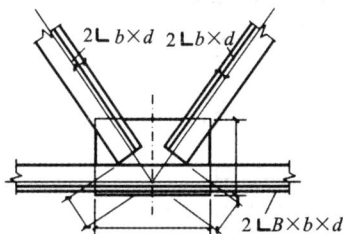

图 8-20 节点尺寸及不等边角钢的标注方法

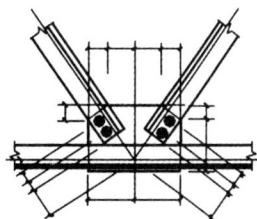

图 8-21 节点尺寸的标注方法

（6）双型钢组合截面构件，应注明缀板的数量及尺寸，如图 8-22 所示。引出横线上方标注缀板的数量及缀板的宽度、厚度，引出横线下方标注缀板的长度尺寸。

（7）非焊接节点板，应注明节点板的尺寸和螺栓孔中心与几何中心线交点的距离，如图 8-23 所示。

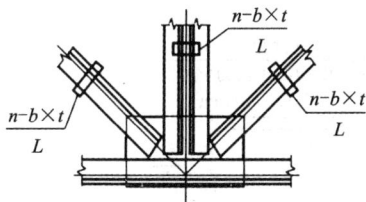

图 8-22 缀板的标注方法

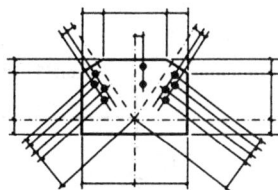

图 8-23 非焊接节点板尺寸的标注方法

任务8.4 钢结构节点详图

钢结构的连接方式有焊缝连接、铆钉连接、普通螺栓连接和高强度螺栓连接，其连接部位统称为节点。节点的连接设计是整个钢结构设计的一个重要环节，设计是否合理直接影响到整个钢结构的使用安全、施工工艺和工程造价。其设计原则是安全可靠、构造简单、施工方便和经济合理。

8.4.1 梁柱节点连接详图

梁柱连接按转动刚度不同分为刚性、半刚性、和铰接三类。图 8-24 为梁柱刚性连接节点详图，采用螺栓和焊缝混合连接梁柱，梁翼缘与柱翼缘为坡口对接焊缝，梁腹板与柱翼缘用螺栓与剪切板相连接，剪切板与柱翼缘采用双面角焊缝。

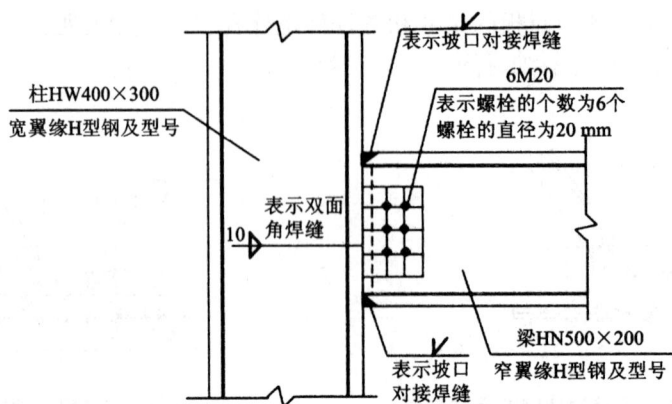

图 8-24　梁柱刚性连接节点详图

8.4.2　梁拼接详图

图 8-25 为梁刚性拼接连接详图。从图中可以看出，两段梁采用螺栓和焊缝混合连接拼接，翼缘为坡口对接焊缝连接，腹板采用两侧双盖板高强度螺栓连接。

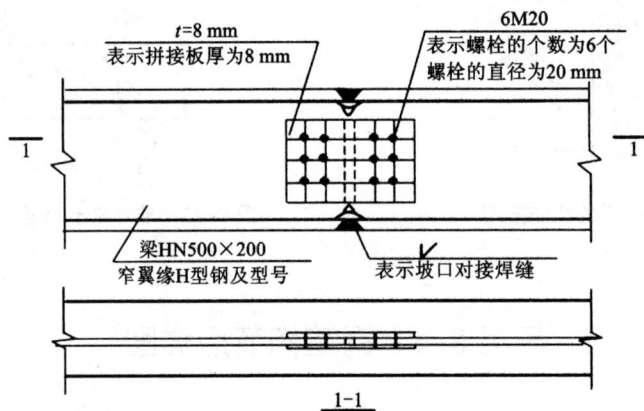

图 8-25　梁拼接节点详图

8.4.3　柱与柱连接详图

图 8-26 为柱与柱刚性连接详图。此钢柱为等截面拼接，拼接板均采用双盖板高强度螺栓连接。

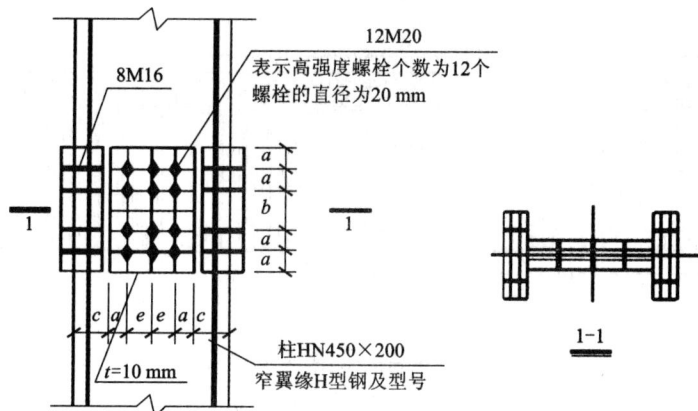

图 8-26 柱与柱连接节点详图

任务 8.5 钢结构工程施工图实例

8.5.1 钢结构施工图

某公司供热锅炉房的建筑施工平面图、立面图、剖面图如图 8-27 ~ 图 8-31 所示。

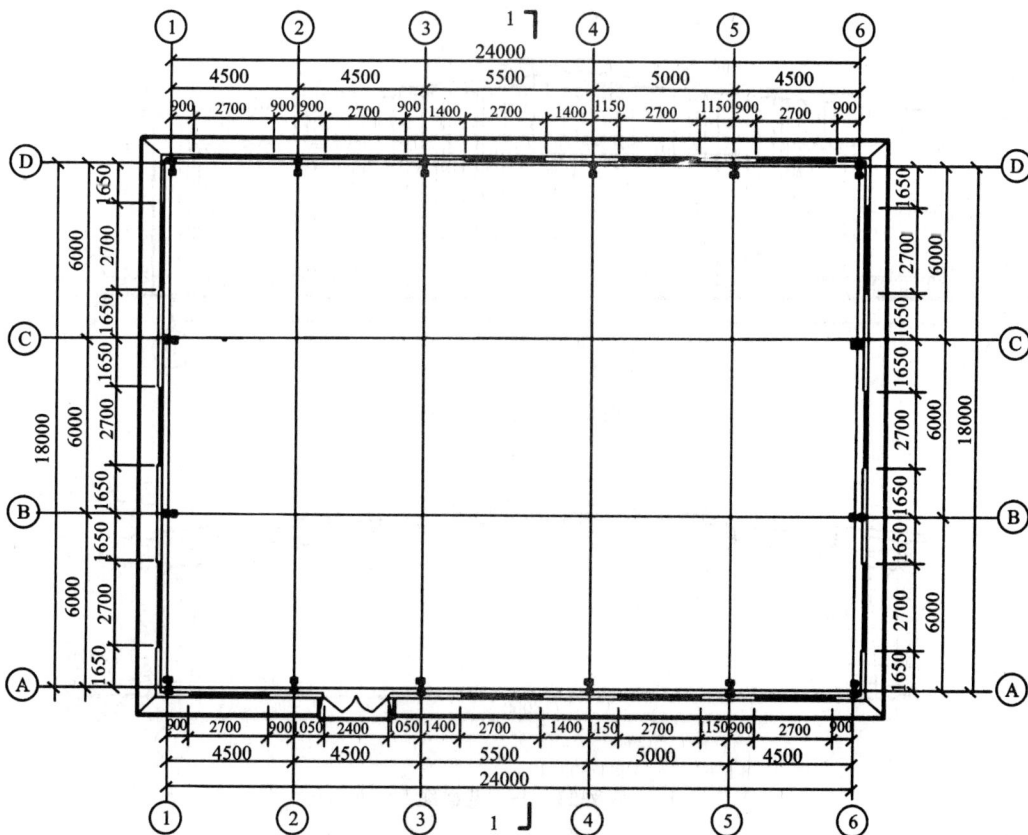

图 8-27 一层平面布置图

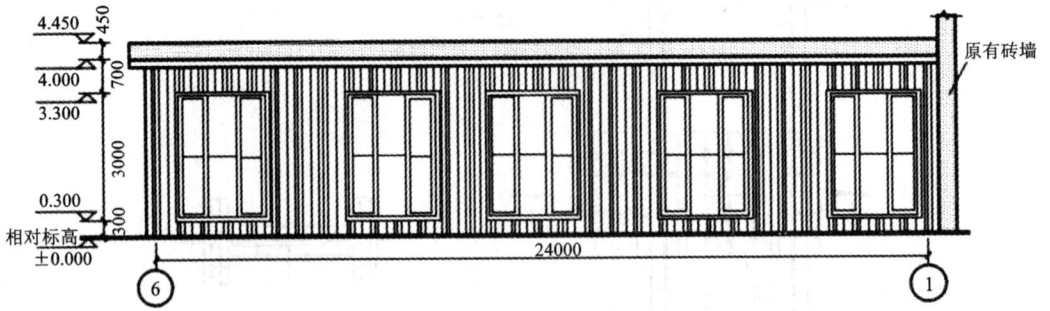

图 8-28　正立面图

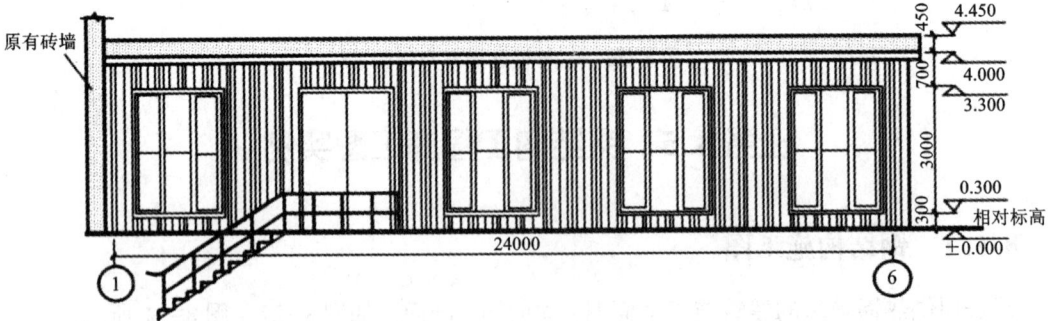

图 8-29　背立面图

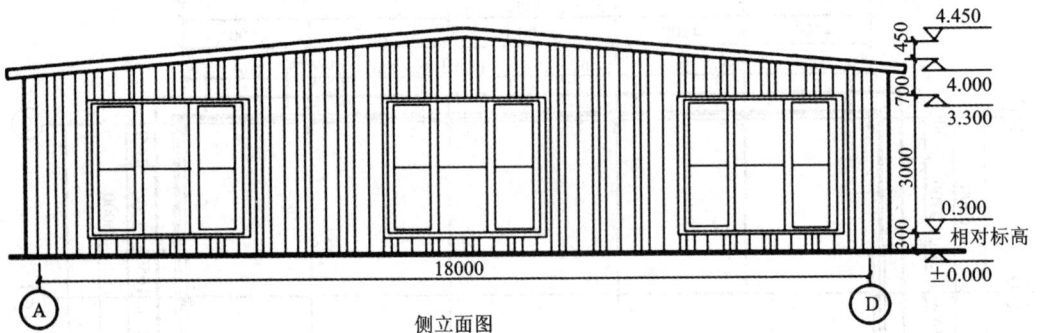

侧立面图

图 8-30　侧立面图

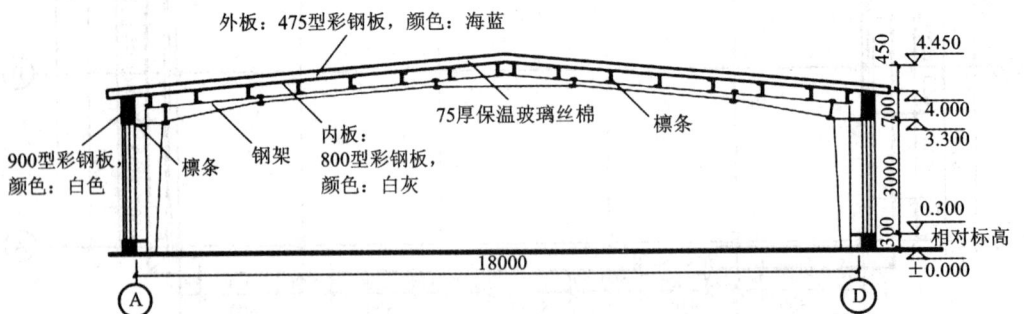

图 8-31　1-1 剖面图

264

8.5.2　结构平面图

1. 结构设计总说明

结构设计总说明是结构施工图的前言，一般包括结构设计概况、设计依据和遵循的规范，主要荷载取值(风、雪、恒、活荷载以及设防烈度等)，材料(钢材、焊条、螺栓等)的牌号或级别，加工制作、运输、安装的方法、注意事项、操作和质量要求，防火与防腐，图例，以及其他不易用图形表达或为简化图面而该用文字说明的内容(如未注明的焊缝尺寸、螺栓规格、孔径等)。除了总说明外，必要时在相关图纸上还需提供有关设计材质、焊缝要求、制造和安装的方式、注意事项等文字内容。

结构设计总说明要简要、准确、明了，要用专业技术术语和规定的技术标准，避免漏说、含糊及措辞不当。否则，会影响钢构件的加工、制作与安装质量，影响编制预决算进行招标投标和投资控制，以及安排施工进度计划。

2. 基础图

基础图是表示建筑物室内地面以下基础部分的平面布置和详细构造的图样，它是施工时放线、开挖基坑和施工基础的依据。基础图通常包括基础平面图和基础详图。

(1)基础平面图：是表示基础在基槽未回填时基础平面布置的图样，主要用于基础的平面定位、名称、编号以及各基础详图索引号等，制图比例可取 1∶100 或 1∶200。在基础平面图中，只要画出基础墙、构造柱、承重柱的断面以及基础地面的轮廓线，基础墙和柱的外形线是剖切的轮廓线，应画成粗实线；基础的细部投影可以省略不画，在基础详图中表示；条形基础和独立基础的外形线是可见轮廓线，则画成中实线。在基础平面图中，必须标明基础的大小尺寸和定位尺寸；基础代号注写在基础剖切线的一侧，以便在相应的基础断面图中查到基础底面的尺寸。基础的定位尺寸也就是基础墙、柱的轴线尺寸，定位轴线及其编号必须与建筑平面图一致。基础平面图的主要内容包括：

①图名、比例；

②纵横定位轴线及其编号；

③基础的平面布置，即基础墙、柱以及基础底面的形状、大小及其与轴线的关系；

④基础梁(圈梁)的位置和代号；

⑤断面图的剖切线及其编号(或注写基础代号)；

⑥轴线尺寸、基础大小尺寸和定位尺寸；

⑦施工说明；

⑧当基础底面标高有变化时，应在基础平面图对应部位的附近画出一段基础垫层的垂直剖面图，来表示基底标高的变化，并标注相应的基底标高。

(2)基础详图：一般采用垂直断面图来表示，主要绘制各基础的立面图、剖(断)面图，制图比例可取 1∶10 或 1∶50。基础详图的主要内容包括：

①图名、比例；

②基础断面图中轴线及其编号(若为通用断面图，则轴线圆圈内不予编号)；

③基础断面形状、大小、材料、配筋；

④基础梁(圈梁)的截面尺寸及配筋；

⑤基础圈梁与构造柱的连接做法；

⑥基础断面的详细尺寸、锚栓的平面位置及其尺寸和室内外地面、基础垫层底面的标高;

⑦防潮层的位置和做法;

⑧施工说明等。

图 8-32 是该锅炉房的基础预埋锚栓平面布置图,图中反映了锚栓的布置情况。

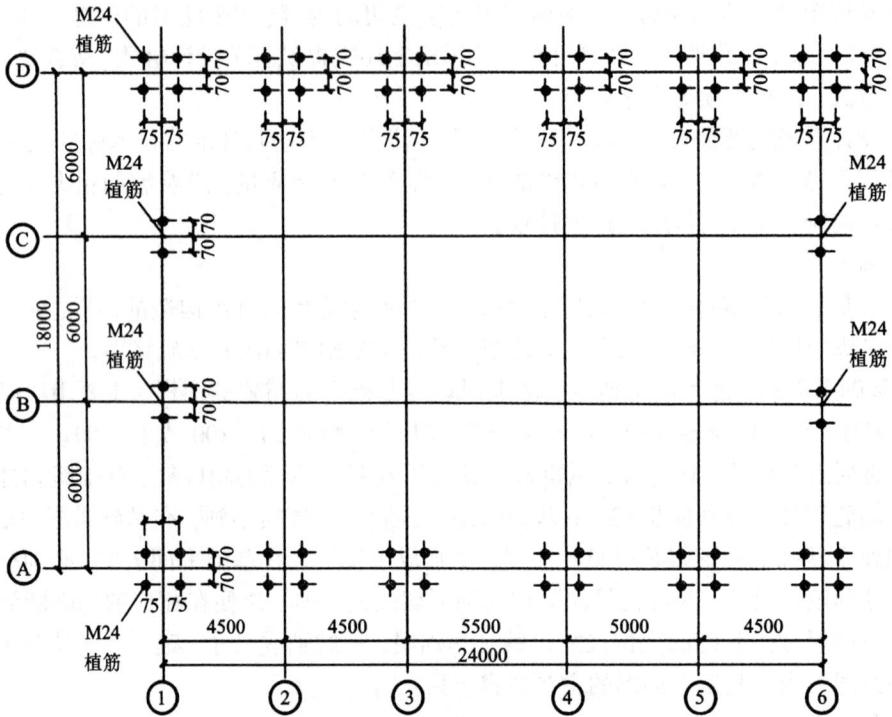

图 8-32 基础预埋锚栓平面布置图

3. 结构平面布置图

结构布置图表示建筑物上部结构布置的图样,一般采用结构平面图的形式。它是表示建筑物室外地面以上各层平面承重构件布置的图样,是施工时布置或安放各层承重构件的依据。从二层到屋面,各层均需绘制结构平面图。当有标准层时,相同的楼层可绘制一个标准层结构平面图,但需注明从哪一层至哪一层及其相应标高。楼层结构平面图的内容包括梁柱的位置、名称、编号,连接节点详图索引号,混凝土楼板的配筋图或预制楼板的排版图,也包括支撑的布置。结构平面图的制图比例一般取 1∶100。如图 8-33 所示。

4. 钢框架、门式刚架施工图及其他详图

在单层、多层钢框架和门式刚架结构中,框架和刚架的榀数很多,为了简化设计和方便施工,通常将层数、跨度相同且荷载区别不大的框架和刚架按最不利情况归类设计成一种,因而框架和刚架的种类较少。框架和刚架图即用于绘制各类框架和刚架的立面组成、标高、尺寸、梁柱编号及名称,以及梁与柱、梁与梁、柱与柱的连接详图索引号等;如在框架和刚架平面内有垂直支撑,还需绘制支撑的位置、编号和节点详图索引号、零部件编号等。框架和

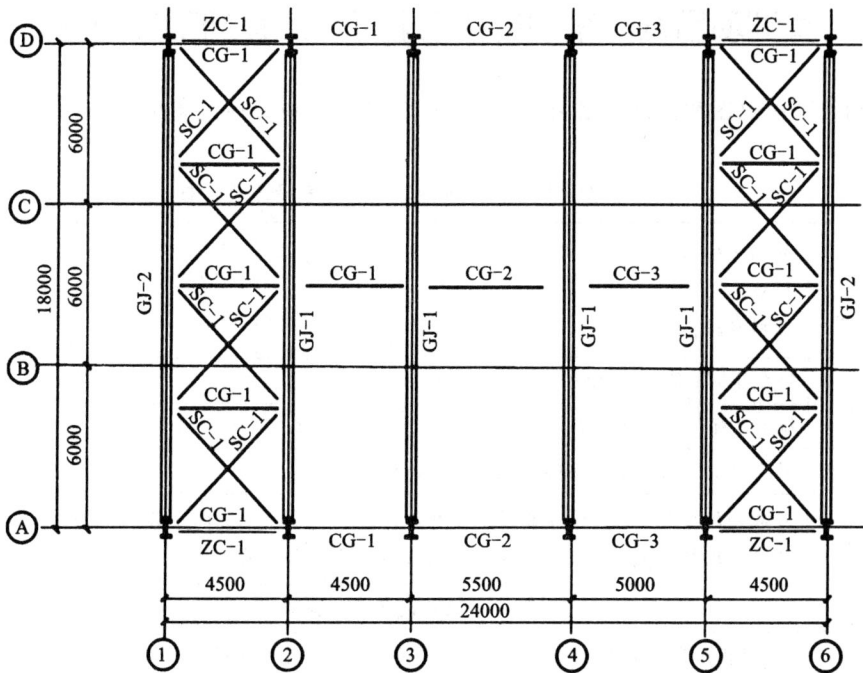

图 8-33　钢架平面布置图

刚架图的制图比例分两种，一种是轴线比例一般取 1∶50，另一种是构件截面比例可取 1∶10～1∶30。

　　楼梯图和雨篷图分别绘制出楼梯和雨篷的结构平、立(剖)面详图，包括标高、尺寸、构件编号(配筋)、节点详图、零部件编号等。构件图和节点详图应详细注明全部零部件的编号、规格、尺寸，包括加工尺寸、拼装尺寸、孔洞位置等，制图比例一般为 1∶10 或 1∶20。材料表用于配合详图进一步明确各零部件的规格、尺寸，按构件(并列出构件数量)汇总全部零部件的编号、截面规格、长度、数量、重量和特殊加工要求，为材料准备、零部件加工和保管以及技术指标统计提供资料和方便。除了总说明外，必要时在相关图纸上还需提供有关设计、材质、焊接要求、制造和安装的方式、涂装、注意事项等文字内容。

能力训练题

1. 简述钢结构设计详图与施工图的主要区别。
2. 钢结构施工图内容有哪些？施工图是如何编排顺序的？
3. 如何看施工图？

实训项目八　某钢结构工业厂房工程施工图识图

钢结构施工图识图职业活动实习内容、教学设计实训项目详见表8-7。

表8-7　钢结构认知职业活动实训教学设计项目卡

项目	某钢结构工业产房工程施工图（详见附录钢结构工程施工图实例）			学期：　　　　日期：
钢结构识图	计划学时：2学时			班级：
教学目标	能力目标	能识读钢结构工程施工图		
	知识目标	钢结构节点详图、加工要求和施工要求		
教学重点难点	柱与柱的连接、柱与梁的连接、梁与梁的连接			
设计思路	在教师的引导下，让学生识读钢结构施工图纸，统计施工图中各构件的材料，了解钢结构工程连接方式、构件加工要求和安装施工方法和工艺			

序号	工作任务	教学设计与实施		参考学时
		课程内容和要求	活动设计	
1	施工图识图	识读钢结构施工图	活动1：识读钢结构施工图总说明 活动2：统计结构设计采用的规范和施工采用的规范	2
2	钢材的选用	了解该钢结构工程所用钢材品种、规格及牌号	活动1：统计施工图中柱和梁的材料 活动2：识别钢材品种、牌号及规格 活动3：统计施工图中所有节点连接个数	
3	学时总计			2

课前回顾	钢结构建筑的应用特点
教学引入	先观看钢结构的应用的录像、图片，引入识读钢结构施工图
实训小结	根据本次实训写一篇心得体会。
课外训练	到建筑钢结构工地等参观钢结构工程施工，采用分散进行，安排在课余时间、周六日和节假日进行。

参考文献

［1］中华人民共和国住房和城乡建设部. 钢结构设计标准（GB 50017—2017）. 北京：中国建筑工业出版社，2018.

［2］中华人民共和国住房和城乡建设部. 钢结构工程施工规范（GB 50755—2020）. 北京：中国计划出版社，2020.

［3］中华人民共和国住房和城乡建设部. 钢结构工程施工质量验收标准（GB 50205—2020）. 北京：中国计划出版社，2020.

［4］中华人民共和国住房和城乡建设部. 钢结构焊接规范（GB50661—2011）. 北京：中国建筑工业出版社，2012.

［5］中华人民共和国住房和城乡建设部. 建筑结构荷载规范（GB 50009—2019）. 北京：中国建筑工业出版社，2019.

［6］中华人民共和国住房和城乡建设部. 建筑抗震设计规范（GB 50011—2010）. 北京：中国建筑工业出版社，2016.

［7］湖北省发展计划委员会. 冷弯薄壁型钢结构技术规范（GB 50018—2016）. 北京：中国计划出版社，2016.

［8］国家市场监督管理总局，中国国家标准化管理委员会. 钢结构防火涂料（GB 14907—2018）. 北京：中国质检出版社，2018.

［9］中华人民共和国住房和城乡建设部. 建筑制图标准（GB/T 50104—2010）. 北京：中国计划出版社，2011.

［10］中华人民共和国国家质量监督检验检疫总局，中国国家标准化管理委员会. 碳素结构钢（GB/T 700—2006）. 北京：中国质检出版社，2006.

［11］尹显奇. 钢结构制作安装工艺手册. 北京：中国计划出版社，2006.

［12］陈绍蕃，顾强. 钢结构（上册）. 北京：中国建筑工业出版社，2014.

［13］徐锡权，李达. 钢结构. 北京：冶金工业出版社，2012.

［14］胡建琴，温鸿武. 钢结构施工技术与实训. 北京：化学工业出版社，2016.

［15］哈尔滨焊接研究所. 气焊、焊条电弧焊、气体保护焊和高能束焊的推荐坡口. 北京：机械工业出版社，2008.

［16］沈祖炎. 钢结构基本原理. 北京：中国建筑工业出版社，2005.

［17］丁阳. 钢结构设计原理. 天津：天津大学出版社，2004.

［18］唐丽萍，乔志远. 钢结构制造与安装. 北京：机械工业出版社，2008.

［19］王全凤. 快速识读钢结构施工图. 福州：福建科技出版社，2004.

［20］乐嘉龙. 学看钢结构施工图. 北京：中国电力出版社，2006.

［21］杜绍棠. 钢结构施工. 北京：高等教育出版社，2005.

［22］钟汉华，李念国. 建筑工程施工技术. 北京：北京大学出版社，2009.

［23］徐伟. 现代钢结构工程施工. 北京：中国建筑工业出版社，2006.

附录　钢结构工程施工图实例

说明：

1. 本工程为钢结构屋顶，限于篇幅，只选用屋顶图样。

2. 钢屋架及构架选用图集 05G517 中 GWJ18—5A。

3. 屋面檩条材料及做法详图参见图集 05G517。

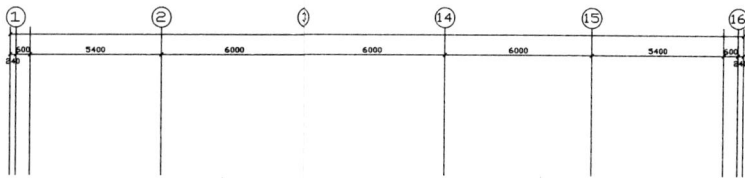

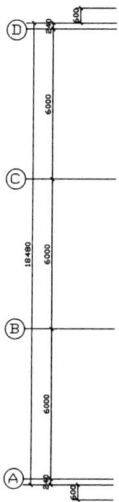

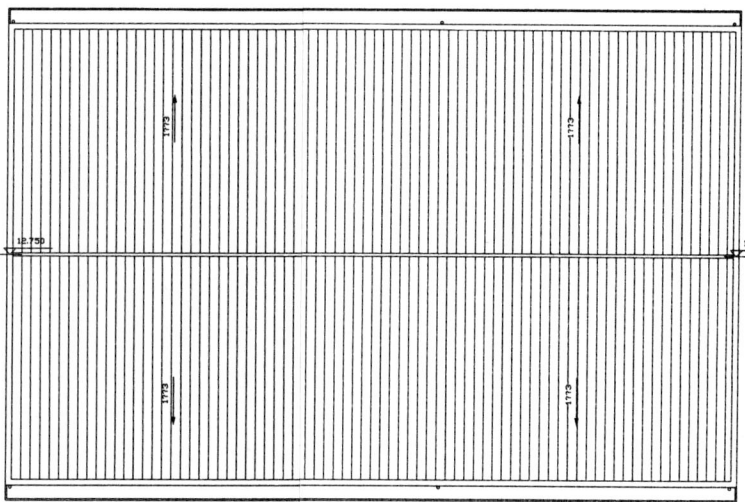

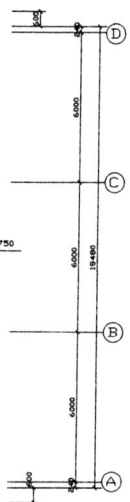

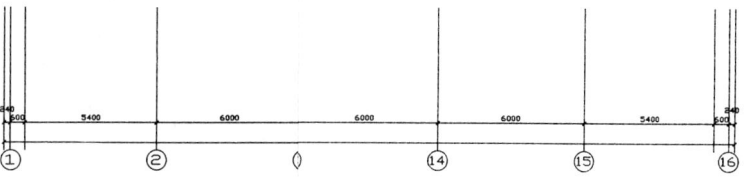

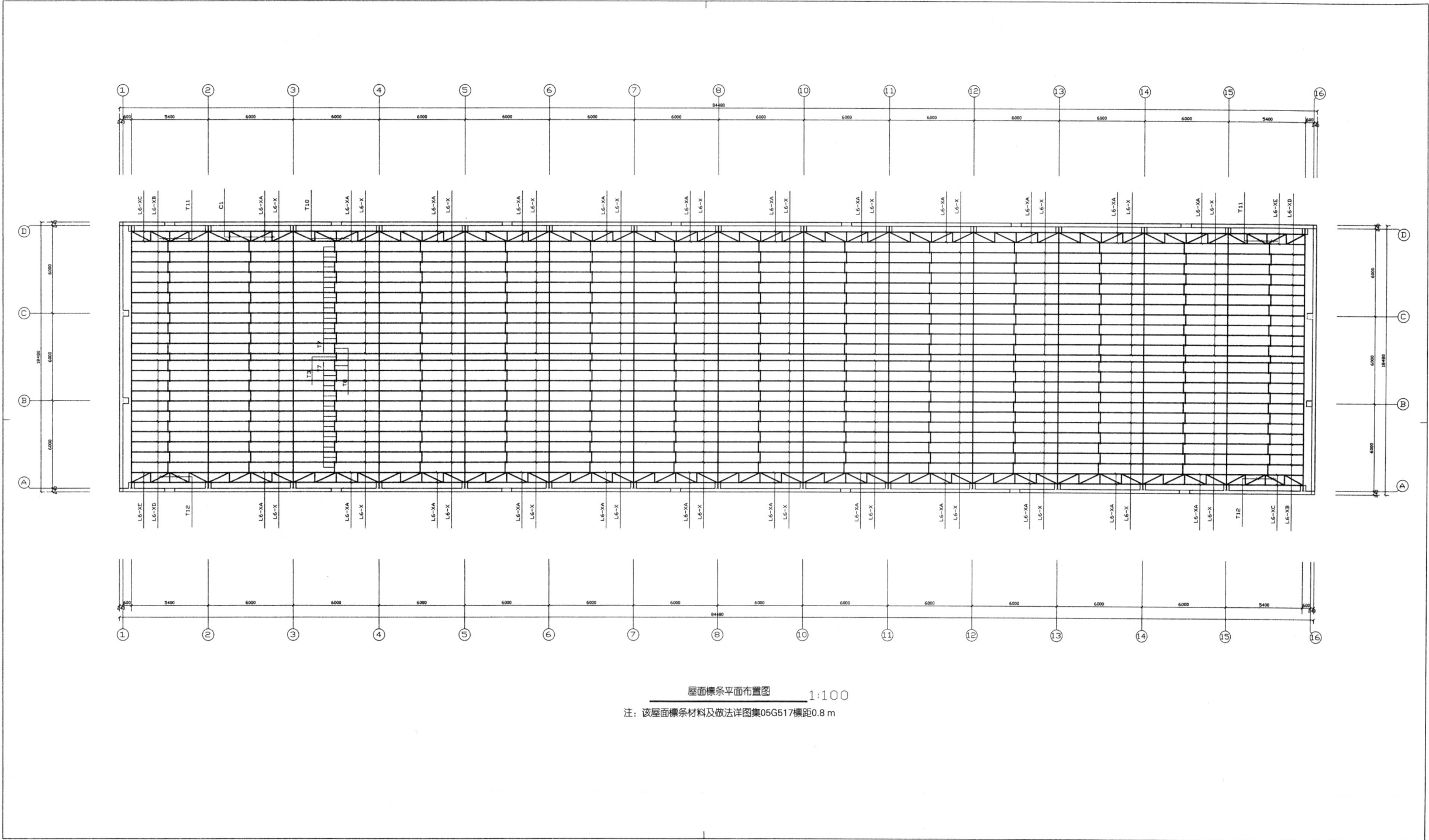

屋面檩条平面布置图 1:100

注：该屋面檩条材料及做法详图集05G517檩距0.8 m

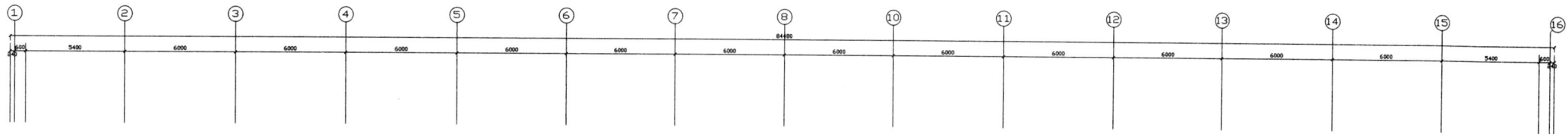

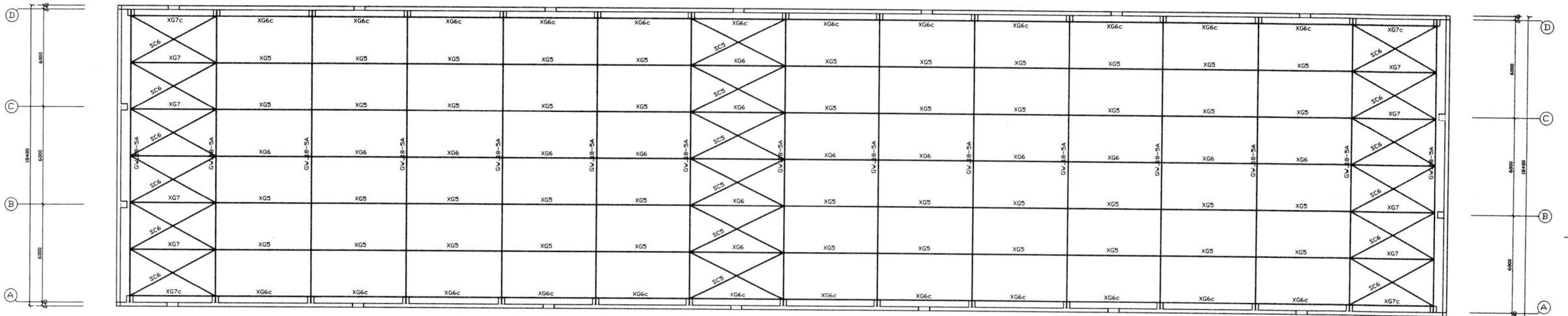

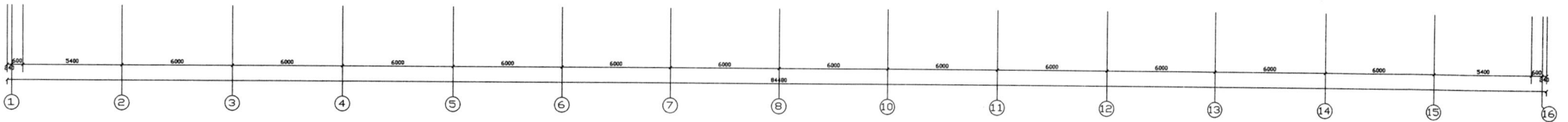

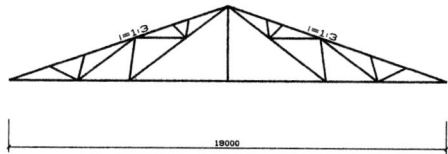

钢屋架及上弦支撑平面布置图　　1:100

注：钢屋架及构架选用图集05G517中GWJ18-5A

1—1

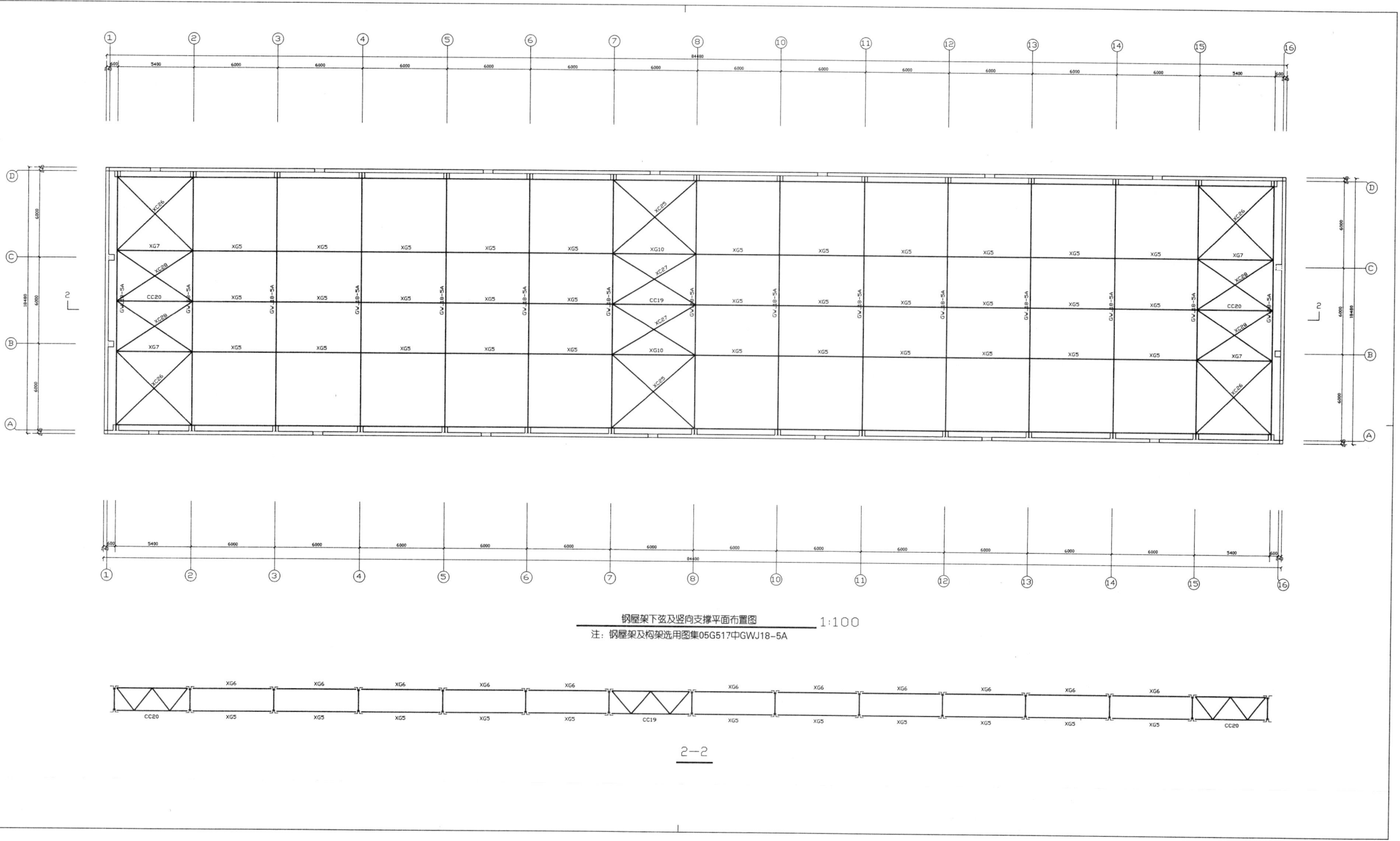

钢屋架下弦及竖向支撑平面布置图   1:100

注：钢屋架及构架选用图集05G517中GWJ18-5A

2-2